浙江省社会科学重点研究基地（江南文化研究中心）社科规划课题成果

项目编号：10JDJN03YB

江南文化世家研究丛书

梅新林　陈玉兰◎主编

江南望族家训研究

曾礼军／著 ●

中国社会科学出版社

图书在版编目（CIP）数据

江南望族家训研究/曾礼军著.—北京：中国社会科学出版社，
2017.4

ISBN 978 - 7 - 5203 - 0212 - 8

Ⅰ.①江…　Ⅱ.①曾…　Ⅲ.①家庭道德—研究—中国
Ⅳ.①B823.1

中国版本图书馆 CIP 数据核字（2017）第 070730 号

出 版 人	赵剑英
责任编辑	郭晓鸿
特约编辑	席建海
责任校对	韩海超
责任印制	戴 宽

出　　版	中国社会科学出版社
社　　址	北京鼓楼西大街甲 158 号
邮　　编	100720
网　　址	http://www.csspw.cn
发 行 部	010 - 84083685
门 市 部	010 - 84029450
经　　销	新华书店及其他书店

印刷装订	北京君升印刷有限公司
版　　次	2017 年 4 月第 1 版
印　　次	2017 年 4 月第 1 次印刷

开　　本	710 × 1000　1/16
印　　张	26.25
插　　页	2
字　　数	286 千字
定　　价	108.00 元

凡购买中国社会科学出版社图书，如有质量问题请与本社营销中心联系调换
电话：010 - 84083683

总　序

　　《江南文化世家研究丛书》是浙江省社会科学重点研究基地——浙江师范大学江南文化研究中心（下文简称"中心"）重大研究项目的系列成果。"江南"的区域定位、"文化世家"的中心主题以及"研究丛书"的发表方式，鲜明地体现了"江南文化世家研究丛书"的学术意旨。

一

　　"江南"是一个同时兼容自然地理与文化地理、历史意涵与现实意涵的充满活力与魅力的空间概念，主要包含了地理方位、行政区划以及意象空间三重意涵，彼此有分有合，相互交融，由此形成"大江南""中江南""小江南"的不同空间指向。

　　1. "江南"的初始定位

　　江南，即长江以南之谓也，最初为一自然地理概念，然后逐步赋予其文化意义。在二十四史中，以司马迁《史记》有关"江南"

的记载为最早：

> （舜）年六十一代尧践帝位。践帝位三十九年，南巡狩，崩
> 于苍梧之野。葬于江南九疑，是为零陵。(《史记·五帝本纪》)
> 禹会诸侯江南，计功而崩，因葬焉，命曰会稽。(《史记·夏本
> 纪》) 秦昭襄王三十年，蜀守若伐楚，取巫郡及江南为黔中郡。
> (《史记·秦本纪》) 王翦遂定荆江南地；降越君，置会稽郡。
> (《史记·秦始皇本纪》) 吴王濞弃其军，而与壮士数千人亡走，
> 保于江南丹徒。(《史记·周勃世家》)

以上所载"江南"，正如同"中原""塞北""岭南"等地理名词一样，仅用以表现特定的地理方位，涉及今长江中下游的广大区域，所指区域范围相当宽泛，却难以明确其边界所在。可见这里的"江南"是一个泛指地理方位的"大江南"概念。

此外，《史记·货殖列传》将全国物产与民俗地理分为四大区域："夫山西饶材、竹、谷、纑、旄、玉石；山东多鱼、盐、漆、丝、声色；江南出棻、梓、姜、桂、金、锡、连、丹沙、犀、玳瑁、珠玑、齿革；龙门、碣石北多马、牛、羊、旃裘、筋角；铜、铁则千里往往山出釭置：此其大较也。""江南"作为与山西、山东及龙门、碣石并列的四大区域之一，同时兼具标识经济（物产）地理和民俗地理方位的意涵。值得注意的是，《史记·货殖列传》还有一段有关"楚越之地"与"江淮以南"经济（物产）地理和民俗地理的记载："总之，楚越之地，地广人希，饭稻羹鱼，或火耕而水耨，果隋嬴蛤，不待贾而足，地埶饶食，无饥馑之患，以故呰窳偷生，无

积聚而多贫。是故江淮以南，无冻饿之人，亦无千金之家。"以"江淮以南"与"楚越之地"相对应，则已大致确定了江南的区域范围，即主要是指今长江中下游以南地区。

司马迁《史记》虽出于西汉，但其中所反映的地理观念则渊源有自。所以，《史记》所谓之"江南"，或许不仅代表了汉代，而且也代表了此前更早时期的比较通行的"大江南"观。

在《史记》之后，《汉书》《后汉书》也大致沿承了这一"大江南"概念：

> 楚有江汉川泽山林之饶；江南地广，或火耕火耨。民食鱼稻，以渔猎山伐为业，果蓏蠃蛤，食物常足。故呰窳偷生，而亡积聚，饮食还给，不忧冻饿，亦亡千金之家。（《汉书·地理志》）吴地，斗分野也。今之会稽、九江、丹阳、豫章、庐江、广陵、六安、临淮郡，尽吴分也。……吴东有海盐章山之铜，三江五湖之利，亦江东之一都会也。豫章出黄金，然堇堇物之所有，取之不足以更费。江南卑湿，丈夫多夭。会稽海外有东鳀人，分为二十余国，以岁时来献见云。（《汉书·地理志》）江南宗贼大盛……唯江夏贼张庄、陈坐拥兵据襄阳城，表使越与庞季往譬之，及降。江南悉平。（《后汉书·刘表传》）更始元年……，天下新定，道路未通，避乱江南者皆未还中土，会稽颇称多士。（《后汉书·循吏传》）

仍然泛指今长江中下游以南地区，但重心似呈东移之势。

与"江南"相近的还有"江东""江左""江浙"等。"江东"

又称"江左",其地理方位的确定是由于长江在安徽境内向东北方向斜流,于是以此处为标准确定东西和左右。魏禧《日录杂说》对此解释道:"江东称江左,江西称江右,盖自江北视之,江东在左,江西在右耳。""江东""江左"的区域范围也有广义、狭义之分,广义是指芜湖、南京一带,狭义是指以芜湖为轴心的长江下游南岸地区,大致与春秋时期的吴国相批接近。以此对应于古代有关"江东"的记载,诸如《史记·春申君列传》:"(春申君黄歇)献淮北十二县。请封于江东。考烈王许之。春申君因城故吴墟,以自为都邑。"《史记·项羽本纪》:"江东虽小,地方千里,众数十万人,亦足王也。""且籍与江东子弟八千人渡江而西,今无一人还,纵江东父兄怜而王我,我何面目见之!"《史记·黥布列传》:"项梁定江东会稽,涉江而西。"《三国志·吴书·周瑜传》:"将军(孙权)……割据江东,地方数千里,兵精足用";有关"江左"的记载,诸如《晋书·王导传》:"京洛倾覆,中州士女避乱江左者十六七。"《晋书·温峤传》:"于时江左草创,纲维未举,峤殊以为忧。及见王导共谈,欢然曰:'江左自有管夷吾,吾复何虑!'"邵雍《洛阳怀古赋》:"晋中原之失守,宋江左之画畿。"区域范围即在狭义与广义的"江东""江左"之间游动。周振鹤曾从历时性的角度总括"江南"与"江东""江左"的关系,谓"汉代人视江南已比先秦及秦人宽泛了,包括今天的江西及安徽、江苏南部。这时候,江南的概念大于江东,说江南可以概江东了。到了南北朝隋代,江南一词已多用来代替江东与江左"①。比较而言，尽管"江东""江左"与"江南"一样，都有广义、狭义之分，然而一者"江南"所指的区域范围相当宽泛，而"江东""江左"则较为确切；二者"江南"区域范围原先大于"江东""江左"，然后随着时间的推移，"江南"的区域范围逐步向"江东""江左"靠拢，以至彼此可以相互替代。至于"江浙"之称，源于北宋设立江南东路、江南东西路和两浙路，南宋再分两浙路为浙江东路、浙江西路，区域范围大致相当于今天的上海、浙江、江西全境以及江苏、安徽的长江以南部分。元代设立江浙行省，区域范围大致相当于今浙江、福建两省全境。清代分别设立江苏省与浙江省，后人合称为"江浙"，在区域范围上与江南与江东、江左有分合。

　　2. "江南"的行政区划

　　以"江南"为行政建制究竟始于何时？学界存有争议。裴骃《史记集解》引徐广曰："高帝所置。江南者，丹阳也，秦置为鄣郡，武帝改名丹阳。"张守节《史记正义》则认为："徐说非。秦置鄣郡，在湖州长城县西南八十里，鄣郡故城是也。汉改为丹阳郡，徙郡宛陵，今宣州地也。上言吴有章山之铜，明是东楚之地。此言大江之南豫章、长沙二郡，南楚之地耳。徐、裴以为江南丹阳郡属南楚，误之甚矣。"由于缺少其他相关文献的佐证，《史记集解》所引徐广之说终究难以定论。据班固《汉书·地理志》载，西汉末王莽曾改夷道县（今湖北宜都）为江南县②，此为"江南"由地理方

①　周振鹤：《释江南》，《中华文史论丛》第49辑，上海古籍出版社1992年版。
②　班固：《汉书》卷二八《地理志第八上》，中华书局2006年版，第1566页。

位转化并落实为行政区划之始，然以"江南"局限于一县之区域范围，实与当时通行的"大江南"地理空间概念不相称。再唐代贞观元年（627），分天下为十道，其中之一道即名之为"江南道"，区域范围涵盖自今湖南西部东至江浙地区，较之西汉王莽时首设的江南县，已在政区空间的层面与"大江南"地理空间概念相衔接。开元二十一年（733），再将江南道一分为三（江南东道、江南西道、黔中道），其中江南东道（简称江东道）大致包括了今浙江、福建二省以及江苏、安徽二省的南部地区。中唐时期，又将江南东道细分为浙西、浙东、宣歙、福建四个观察使辖区。北宋至道三年（997），分天下为十五路，其中两浙路、江南东路、江南西路大致相当于今江苏、安徽长江以南地区与上海、浙江、江西全境。元代改路为省，所设江浙行省的区域范围大致相当于今浙江、福建两省全境。明代设立南北直隶，南直隶所辖区域缩小至今江苏省、上海市和安徽省全境的范围。清代顺治二年（1645）以此另设江南省，所辖与明代南直隶区域范围大致相当。

3. "江南"的意象空间

"江南"意象空间之与地理、政区空间所不同者，似乎在于更具感觉化、个性化、诗意化色彩，因而令人时有随心所欲、变动不居之感。自古而今，在历代文人笔下都曾不断出现对"江南"的追忆和描述，南朝齐谢朓《入朝曲》："江南佳丽地，金陵帝王州。逶迤带绿水，迢递起朱楼。飞甍夹驰道，垂杨荫御沟。凝笳翼高盖，叠鼓送华辀。献纳云台表，功名良可收。"咏的是金陵，显然以金陵为江南之代表。南朝梁丘迟《与陈伯之书》："暮春三月，江南草长，杂花生树，群莺乱飞。见故国之旗鼓，感平生于畴日，抚弦登陴，岂不怆恨。所以廉公之思赵将，吴子之泣西河，人之情也；将军独无情哉！想早励良规，自求多福。"宋代王安石《泊船瓜洲》："京口瓜洲一水间，钟山只隔数重山。春风又绿江南岸，明月何时照我还。"严绳孙《江南好》："江南好，最好石头城。细雨湿回矶燕小，暖风扶上纸鸢轻，遮莫近清明。"所写所咏也都是金陵。唐代白居易《忆江南》三首追忆江南之美，先总后分。其一："江南好，风景旧曾谙。日出江花红胜火，春来江水绿如蓝。能不忆江南？"为总写江南之美；其二："江南忆，最忆是杭州。山寺月中寻桂子，郡亭枕上看潮头。何日更重游？"诗人咏的是杭州；其三："江南忆，其次忆吴宫。吴酒一杯春竹叶，吴娃双舞醉芙蓉。早晚复相逢？"咏的是苏州。白居易曾先后任杭州刺史、苏州刺史，显然以苏杭为江南之代表。龚自珍《吴山人文徵沈书记锡东饯之虎邱》："一天幽怨欲谁谙？词客如云气正酣。我有箫心吹不得，落花风里别江南。"所咏也是苏州，同样以苏州为江南之代表。唐代杜牧《寄扬州韩绰判官》："青山隐隐水迢迢，秋尽江南草未凋。二十四桥明月夜，玉人何处教吹箫。"龚自珍《过扬州》："春灯如雪浸兰舟，不载江南半点愁。谁信寻春此狂客，一茶一偈过扬州。"咏的是扬州，则以扬州为江南之代表。元代虞集《听雨》诗："屏风围坐鬓毵毵，绛蜡摇光照暮酣。京国多年情态改，忽听春雨忆江南。"又《风入松》词："画堂红袖倚清酣，华发不胜簪。几回晚直金銮殿，东风软花里停骖。书诏许传宫烛，香罗初剪朝衫。御沟冰泮水拖蓝，飞燕又呢喃。重重帘幕寒犹在，凭谁寄金字泥缄。为报先生归也，杏花春雨江南。"咏的是故乡江西崇仁。朱彝尊《卖花声》："背郭鹊山村，客舍云根，落花时节正销魂。又是东风吹雨过，灯火黄昏。独自引清樽，乡思谁论，声声滴滴夜深闻。梦到江南烟水阔，小艇柴门。"咏的是故乡浙江秀水，皆以故乡为江南之代表。但就其总体趋势观之，多聚焦于长江三角洲地带，尤其是环太湖流域地区的金陵苏杭为核心区域。

综观"江南"作为地理方位、行政区划与意象空间三重意涵的演变与交融，并参考诸多学者的意见，大致可以划定"大江南""中江南""小江南"的空间区域范围："大江南"对应于长江以南地区，源起最早，但随着时代的推移而逐渐被人们所抛弃；"小江南"对应于环太湖流域地区，近代以来渐居上风，当代许多学者如王家范、刘石吉、樊树志、范金民、包伟民、陈学文等在有关江南问题的专题研究论著中对"江南"区域范围的界定与确认，以及如李伯重《简论"江南地区"的界定》①、周振鹤《释江南》② 等对"江南"的专业性释义，也基本持此观点；"中江南"则有一定的分歧，或包括今浙江省、江西省与上海市之全部以及江苏、安徽两省的长江以南部分，大致与宋代的江南东路、江南西路与两浙路区域范围相当，或将其中的江西省排除在外，接近于通行的"江东""江左"的区域范围。本丛书之"江南"所取为后一意义，同时又以环太湖流域为核心区域。

---

① 李伯重：《简论"江南地区"的界定》，《中国社会经济史研究》1991 年第 1 期。
② 周振鹤：《释江南》，《中华文史论丛》第 49 辑，上海古籍出版社 1992 年版。

二

　　江南文化孕育和发展于江南区域，然后逐步从边缘走向中心，进而引领全国、走向世界，向世人充分展示了其超越区域文化之上的独特意义与魅力。这是基于建都、移民与文化发展三大要素综合作用于江南区域的核心成果。

　　1. 从文化边缘到文化中心的跨越

　　追本溯源，江南同样有着深厚的文化积累与悠久的文化传统，远古时代的河姆渡文化、马家滨文化、崧泽文化、良渚文化等的相继出现，已经为后来江南文化的发展与繁荣开启了源头。然而，三代以降直至东晋之前，各主要王朝皆建都于黄河流域中原地区，因而全国文化中心也相应的在黄河流域作东西向移动。期间，尽管前有春秋战国时期吴、越建都江南，吴越文化发展成为江南区域文化的代表，后有三国鼎立时代东吴立国江南，对于区域开发、人才聚集与文化发展都产生了重要作用，在一定程度上带动了江南区域文化地位的上升，但终究无法改变长期处于边缘状态的局面。

　　东晋建都建康，全国文化中心首次由中原迁于江南，由此形成了江南文化发展史上的第一次高峰。陈正祥尝谓西晋末"永嘉之乱"、唐代"安史之乱"、北宋末"靖康之难"，为逼使中国文化中心南迁的三次波澜①。由"永嘉之乱"引发的直接后果：一是迁都，

---

　　①　陈正祥：《中国文化地理》，生活·读书·新知三联书店 1983 年版。

从西晋洛阳到东晋建康，江南文化首次由边缘走向中心；二是移民，史载西晋末年"永嘉之乱"发生之际，"京洛倾覆，中州士女避乱江左者十六七"①，因而为安置大量北方移民而特别设立的"侨郡"也重点分布于江南地区。此后，以王、谢为代表的北方"侨姓"不仅主导了东晋政局，从"王（导）与马，共天下"经历"庾（亮）与马，共天下"、"桓（温）与马，共天下"，一直延续至"谢（谢安）与马，共天下"，而且主导了东晋文坛，通过与江南本土文化的交融与重建，最终熔铸为一种由武而文、由刚而柔、由质而华的新江南文化精神。由东晋延续于南朝，在南北文化之间，又时时交织着士族与寒族文化的冲突与交融，两者一同成为本时期江南区域文化创新活力的主要源泉。"永嘉之乱"第一次波澜发之于中原，而最终落之于江南，首次确立了江南文化引领全国的中心地位，在江南文化发展史上无疑是一次具有划时代意义的质的飞跃。

2. 从文化次中心到文化中心的回归

由隋而唐统一全国建都长安，至北宋建都洛阳，全国文化中心再次北返，江南区域文化随之退出中心地位。然而，由唐代"安史之乱"引发的第二次波澜虽然未尝导致迁都之后果，但却再次引发了大规模的移民浪潮，尤其是大批上层移民的迁居江南，对于江南区域文化的发展起到了极为重要的作用。再至五代时期，偏安于江南的吴越国、南唐经济与文化的局部繁荣，也有益于巩固中唐以来江南区域文化发展的良好态势。所以，隋唐至北宋时期江南区域文

---

① 房玄龄等：《晋书》卷六五《王导传》，中华书局 2003 年版，第 1746 页。

化地位的下降，只是从东晋南朝的中心地位降至次中心地位，而与东晋以前长期处于边缘化状态有所不同。事实上，由于中唐以来江南地位的回升，江南区域文化的积累日益丰厚，到了北宋时期已渐与中原并驾齐驱。

南宋建都临安，全国文化中心再次由中原迁于江南，由此形成了江南文化发展史上的第二次高峰。作为促使中国文化中心南迁的第三次波澜，北宋末年"靖康之难"的爆发，同样产生了两个直接后果：一是迁都，从北宋汴京到南宋临安，江南文化从次中心走向中心；二是移民，本次北方大移民潮尤其是上层移民远远超过唐代"安史之乱"的第二波澜，而与西晋末"永嘉之乱"第一波澜相当，迁居重地落在以首都临安为中心的江南地区，只是不再如东晋特别设立"侨郡"而是让北方移民分散迁居各地，直接融入本土文化，显然更有利于促进南北文化的交融。另一方面，宋代商业经济的发展与市民文化的兴盛，既对传统文化造成了不同程度的冲击，同时也为儒学道统的重建提供了新的机遇和活力。由永康学派、永嘉学派、金华学派所组成的浙东学派于江南东南部的崛起，在倡导事功与重商主张上与理学主流意识形态的分流，以及诸如陈亮与朱熹的义利之辩，都可以视为不同文人学士群体对待市井文化挑战、重建儒学文化传统所作出的不同回应。不妨可以这样说，由陈亮、叶适、吕祖谦等倡导义利兼顾，甚至直接为商业、商人辩护，实际上开启了经世致用的另一儒学新传统，而且更具近世意义与活力，具有解构理学的潜在功能。所以，本时期江南区域文化的创新活力不仅源自于南北文化同时也源自于士商文化的冲突与交融。"靖康之难"第三次波澜发之于中原，而最终落之于江南，进一步巩固了江南文化引领全国的中心地位。

3. 从一元文化中心到双重文化中心的建构

元代建都大都，对江南业已形成的全国文化中心地位提出了严峻的挑战，但其结果并没有重复隋唐至北宋的北返命运，而是形成了一种新的二元模式：一是政治中心与文化中心的分离，大都作为元代首都，同时必然是全国政治中心，但江南因为两次文化高峰奠定的独特优势与惯性作用，依然居于全国文化中心地位；二是南北双重文化中心的形成，即江南因其区域文化优势而成为优秀人才及其文化创造成果的输出中心，而首都大都则因其政治地位而成为全国文人群体荟萃之地与文化活动中心，前者不妨称之为"本籍"文化中心，后者则不妨称之为"客居"文化中心，前者对后者具有重要的支撑作用。

明代建都南京，而后迁都北京，但仍以南京为陪都，全国文化中心业已牢固地确立于江南，由此形成了江南文化发展史上的第三次高峰。与南北双都结构相契合，明代文化中心先由二元分离回归统一，继之再成南北对应之格局。清代继续建都北京，但取消了南京的陪都建制，其政治中心与文化中心的两相分离、"客居"与"本籍"双重文化中心的南北对应的二元模式与元代相承，而与明代明显有别。但不管如何，在经历上述三次高峰之后，江南作为全国文化中心的地位已牢固确立，再也无法改变。然而，从社会历史进程的坐标上看，与明代同时的西方已进入文艺复兴时代，文艺复兴、思想启蒙、宗教改革等此呼彼应，成为摧毁封建专制主义、开创资本主义文明、实现社会转型的主体力量，并逐步形成一种张扬人性、肯定人欲的新文化思潮，即初具近代启蒙性质的文化思潮。而明代也同样进入了近世时代，一方面，日趋僵化的程朱理学已经无法适应基于商品经济发展的新的文化生态与文化精神的需要，而宋元两代以来日益高涨的市民思想意识，则在不断地通过士商互动而向上层渗透，这是推动中国社会与文化转型的重要基础；另一方面，明代尤其是从明中叶开始，由王阳明心学对官方禁锢人性的理学的变革，再经王学左派直到李贽"童心说"的提出与传播，实已开启了一条以禁锢人性、人欲始，而以弘扬人性、人欲终的启蒙之路，王学之伦理改革的意义正可与西方马丁·路德的宗教改革相并观。这说明基于思想启蒙与商业经济刺激的双向推动，理学的衰落与启蒙思潮的兴起势不可当，而起于南宋的陈亮、叶适、吕祖谦等事功之学以及陆九渊心学在江南的传播及其后续影响，便通过从王学到王学左派，由思想界而文艺界、科学界引发了联动效应。江南文化在其第三次高峰到来之际，最充分地显示了源自于士商文化冲突与交融的创新活力，同时也更加牢固地确立了其引领全国的中心地位。

近代以来，上海凭借其地缘优势发展为近代中国的一个新兴国际都会与中西文化交流中心，元代以来传统的南北双重文化中心模式借此得以革新和重塑。在走向世界与现代的历史进程中，明清时期理学的禁锢与衰落，意味着中国文化需要再次借助和吸纳一种新的异质文化资源进行艰难的重建工作，而在中国文化或东方文化内部，已无提供新的文化资源的可能，这就迫切需要通过中西文化的交流与融合，推进中国传统文化的重建与转型，继而实现中华民族文化的伟大复兴。若以历史的眼光略作回溯，那么，可以 16 世纪中叶西方传教士陆续进入中国进行"知识传教""学术传教"为前锋，以五四新文化运动与当代改革开放时期为前后两次高潮，前一次高潮的核心主题是推进中国传统文化的重建与转型，后一次高潮的核心主题则是实现中华民族文化的伟大复兴。基于这一历史机遇与使命，江南再次显示出了开风气之先、领时代新潮的气度与实力，在经过一番自我调整而将区域重心东移之后，于是以上海为轴心，以长三角为舞台，以环渤海与珠三角为两翼，以内陆广大地区为后盾，然后以江南区域文化带动和推动中国文化从本土走向世界，从传统走向现代。

武廷海在《中国城市文化发展史上的"江南现象"》一文[①]中曾提出"江南之江南""中国之江南""世界之江南"的三阶段论，颇有启示意义。以此对应于上文所述江南文化发展历程，则从远古到东晋江南成为全国文化中心之前，为"江南之江南"阶段，也是以江南本土文化为主导的阶段，历时最长，但积淀不厚，所以一直处于文化边缘地位；东晋南朝从文化边缘走向中心以后，由"江南之江南"进入了"中国之江南"阶段，并在南北、士商文化的冲突与交融中先后形成三次高峰；近代以来，在中西文化冲突与交融的背景下，再由"中国之江南"进入"世界之江南"阶段，江南文化由此开始了走向世界与现代转型的历史新征程。

---

① 武廷海：《中国城市文化发展史上的"江南现象"》，《华中建筑》2000 年第 9、12 期。

三

　　江南文化世家作为江南区域文化的杰出成果与重要标志，既孕育和诞生于江南区域肥沃的文化土壤之中，又伴随着江南区域文化的发展而发展。

　　1. 汉代至西晋：江南文化世家的初兴时期

　　文化世家发源于巫史子的家族文化化与文化家族化的缓慢进程，在春秋战国诸子百家的学派传承中，曲阜孔氏世家——由孔子上溯于七世祖正考父①，下延于孔子孙子思、七世孙孔穿、九世孙孔鲋，已具早期文学世家之特征，也可以说是开启了汉代经学文化世家之先河。到了两汉时期，得益于经学博士制度的有力推动，由经学世家成功的家学传承，孕育和产生了一批著名文化世家，诸如彭城韦氏、南阳杜氏、雒阳贾氏、沛郡桓氏、扶风班氏、马氏、窦氏、汝南应氏、博陵崔氏、弘农杨氏、颖川荀氏、安定梁氏、酒泉张氏世家等等，但多密集分布于北方，实与当时全国文化中心一直居于黄河流域，江南长期处于边缘化地位相契合。与此同时，江南土著"吴姓"文化世家也正在逐步成长。唐人柳芳《氏族论》谓"过江则为'侨姓'，王、谢、袁、萧为大；东南则为'吴姓'，朱、张、顾、陆为大；山东则为'郡姓'，王、崔、卢、李、郑为大；关中亦

---

　　① 《国语·鲁语下》载正考父曾于周太史处发现并与其共同整理《商颂》12 篇。《史记·宋微子世家》："宋襄公之时，修行仁义，欲为盟主，其大夫正考父美之，欲追道契、汤、高宗殷所以兴，作《商颂》。"学者对此看法有分歧。

号'郡姓'，韦、裴、柳、薛、杨、杜首之；代北则为'虏姓'，元、长孙、宇文、于、陆、源、窦首之"①。这里所说的东南"吴姓"——朱氏、张氏、顾氏、陆氏四大世家，发端于两汉时期，代表了江南土著文化世家的主体成就。除了"四姓"之外，又有"八族"之说。《文选》卷二十四陆士衡《吴趋行》："属城咸有士，吴邑最为多。八族未足侈，四姓实名家。"李善注引张勃《吴录》："八族：陈、桓、吕、窦、公孙、司马、徐、傅也；四姓：朱、张、顾、陆也。"这些土著大族一开始多为政治家族、学术家族、军功家族，随着文化的积累和传承，才慢慢地衍生出文化的因子，并最终成为显著的文化世家，其中以陆氏世家地位最显，贡献最大。但与源远流长、积淀深厚的关中、山东"郡姓"相比，无论于量于质都颇有差距。此为江南文化世家初兴阶段。

2. 东晋南朝：江南文化世家的第一个黄金时期

如果说东晋南朝建都建康全国文化中心首次迁于江南为其提供了表演的舞台，大移民潮中大批北方"侨姓"世家南迁江南为其提供了演员群体，那么，由北方南迁"侨姓"与江南本土"吴姓"世家的冲突与交融则为其提供了创新活力。上引唐人柳芳《氏族论》所论"侨姓""吴姓""郡姓""虏姓"同时具有共时性与历时性意义。其中"侨姓"与"吴姓"既经历了从冲突道融合的艰难历程，同时又有各自不同的生命周期，但居于主流地位的仍是外来"侨姓'世家，东晋皇权从"王（导）与马，共天下"经历"庾（亮）与

① 宋祁、欧阳修等：《新唐书》卷一九九《儒学中·柳冲传》，中华书局2003年版，第5677—5678页。

马，共天下""桓（温）与马，共天下"，到谢安出将入相，指挥谢氏家族的谢石、谢玄、谢琰赢得"淝水之战"，而发展为"谢与马，共天下"，创造了谢氏世家的空前辉煌。从政治文化制度层面考察，这是九品中正制度通过赋予各种政治、经济、教育、文化特权，促成门阀文化世家迅速走向鼎盛时期的必然结果。所以，在以王、谢、袁、萧为代表的"侨姓"与以朱、张、顾、陆为代表的江南本土"吴姓"世家之间，既有不可避免的相互冲突，又有寻求共同应对和压制寒族世家的合作意向。进入南北之后，以刘裕代晋立宋为标志，庶族的崛起与皇权的复归，宣告了门阀政治的结束，门阀士族与寒门庶族在退出与走向政治权力中心过程中发生易位。然而就文化地位而言，则仍然以北方"侨姓"为主导，以本土"吴姓"为辅助，彼此一同江南文化世家的第一个黄金时期。

3. 隋唐：江南文化世家的回落时期

由隋而唐统一全国之后，实施门荫和科举双轨并行制度，由山东、关中"郡姓"以及代北"虏姓"组合而成的北方文化世家群体占有绝对的优势。据王伟考证，这些世家高居相位者，依次为：韦氏20人，赵郡李氏、河东裴氏各17人，博陵崔氏15人，赵郡崔氏、陇西李氏各12人，京兆杜氏、弘农杨氏、京兆杜氏、荥阳郑氏各11人，太原王氏、范阳卢氏各8人，琅琊王氏4人，河东薛氏、柳氏各3人。[1] 与此同时，这些世家也都通过家族文化化与文化家族化的积累与延续，逐步形成了一个人才辈出、阵容庞大的家族文人

---

[1] 王伟：《唐代京兆韦氏家族与文学研究》，博士学位论文，西北大学，2009年。

群体，在代际延续与文化创造方面充分显示了与世俱变、与时俱进的生存发展能力。相比之下，江南文化世家的实力与地位明显从高峰回落。然而由于东晋南朝时期第一个黄金时期的惯性作用，以及江南原有"吴姓"与"侨姓"两大群体的长期融合，江南文化世家尚能进入关中、山东、江南三大士族三足鼎立的新格局。据李浩研究，关中、山东、江南三大士族次序，在唐前期为山东、关中、江南，而至唐后期则变为山东、江南、关中①，这也大致反映了唐代文化世家的整体区域分布与流向，意味着江南区域文化以及文化世家在失去中心地位后的回升，这是唐代"安史之乱"第二次文化中心南迁波澜的重要成果。

4. 宋代：江南文化世家的第二个黄金时期

五代时期偏安于江南的吴越、南唐经济与文化发展的局部积累，已为宋代江南文化世家优势的恢复直至形成第二个黄金时期奠定了良好的基础。而更为重要的是，宋代承续隋唐科举制度而在多方面加以改革与完善，一是着眼于制度自身的严格规范，以便于创造更好的公平竞争的环境与机制；二是大幅增加科举录取名额，以最为重要的进士为例，唐代录取进士总量为 7516 人，宋代增至为 36131 人，② 为唐代的 4.8 倍，这就为一大批中下层士人通过科举改变命运和改写历史提供了广阔的舞台。所以，到了宋代的科举制度，才真正起到了抑制豪门、提携寒族、加快社会阶层流动，不断为统治阶

① 李浩：《唐代三大地域文学士族研究》，中华书局 2002 年版，第 79、142 页。
② 吴建华：《科举制度下的社会结构和社会流动》，《苏州大学学报》（哲学社会科学版）1994 年第 1 期。

层补充新鲜血液的作用，由科举制度产生的科宦世家才真正成为士人阶层的主体。

北宋时代，尽管仍然建都北方，但由于江南书院教育的高度发达，家族举业教育与文化学术传承的巨大成功，在当时几乎唯以科举为仕途的制度设计与时代氛围中，江南文化世家逐渐脱颖而出，较之北方世家普遍拥有更多的优势。范纯仁《上神宗乞设特举之科分路考校取人》："然进士举业文赋，闽蜀江浙之人所长。"吴孝宗《余干县学记》云："古者江南不能与中土等。宋受天命，然后七闽、二浙与江之西东，冠带诗书，翕然大肆，人才之盛，遂甲于天下。"宋代江浙闽蜀之所以能成为科举最强、人才最盛的地区，即受惠于书院与家庭教育的高度发达及其与科举制度的成功对接。即便如钱塘钱氏世家这样的旧豪门也在转型为新兴科宦—文化世家方面取得了巨大成功。据钱氏十三世孙钱国基的《钱氏宗谱》卷三统计，宋代钱氏擢进士者有三百二十余人，其情势之盛、人数之多为其他家族所不及。①科举的发达不仅再度奠定了钱氏家族的显赫地位，也造就了钱氏家族文人群体的庞大。厉鹗《宋诗纪事》著录有钱氏能诗者包括钱惟演、钱惟济、钱易、钱昆、钱勰、钱端礼等 30 余人，其中钱惟演与杨亿、刘筠同为宋初西昆派领袖，这的确是旧豪门成功转型的新的典范案例。至于通过科举的成功直接通向文化世家的更是多不胜举。

北宋以来江南文化世家的良好发展态势，借助于"靖康之难"

---

① 参见俞樟华、冯丽君《论宋代江浙家族型文学家群体》，《浙江师范大学学报》（社会科学版）2004 年第 5 期。

第三次北方大移民浪潮的有力推动而迅速进入一个新的黄金时期。以南宋首都临安为中心，陆续迁入的大批北方文学世家与本土文化世家的冲突与交融，再次激发了江南文化世家的创新活力，并确立了在全国文化世家的区域分布与流向中的核心地位。

5. 明清：江南文化世家的鼎盛时期

元代建都大都，明代先建都南京而后又迁都北京，以及清代建都北京，对由南宋再次确立的江南文化世家的绝对优势地位也同样造成一定程度的冲击，但在总体上已无法撼动。尤其是明中叶以来，随着商品经济的迅猛发展，市镇数量及其人口的快速增长，以及藏书刻书、读书著述等文化风气的浓厚，江南地区的文化世家不仅遍地开花，触处皆是，而且各自规模庞大，一般都绵延数代，甚至十数代，成员数量动不动即达数十人。其中不乏累世延续而经久不衰的巨型文学世家。近人薛凤昌《吴江文献保存会书目序》曰："吾吴江地钟具区之秀，大雅之才，前后相望，振藻扬芬，已非一日。下逮明清，人文尤富，周、袁、沈、叶、朱、徐、吴、潘，风雅相继，著书满家，纷纷乎盖极一时之盛。"① 其他如昆山归氏世家、常州庄氏世家、钱塘许氏世家、海宁查氏世家、湖州董氏世家、无锡秦氏世家、慈溪郑氏世家等等，彼此共同展示了明清时期江南文化世家传承之久之盛，更印证了江南文化世家发展史上一个空前繁荣的巅峰时刻的到来。此外，由不同类型文化世家的多元化发展，商业世家成功转型为新型文化世家的逐步壮大，孕育和延续女性作家

---

① 薛凤昌：《吴江叶氏诗录序》，《邃汉斋文存》。

群的文化世家的明显增多……也都为明清时期江南文化世家增添了新的亮色。

6. 近现代：江南文化世家的转型时期

光绪三十二年（1906），科举制度的改革与废止，不仅成为促进现代新式教育制度诞生的核心动力，同时也为传统文化世家的现代转型铺平了道路，因为正是出于现代新式教育的新型知识群体的形成与壮大，才使现代新型文化世家有了新的主体力量。其中一个特别突出的现象是随着现代学科的建立与分化，以往具有泛文化传统的文化世家逐步走上文理分科的专业化道路，尤其在当时科学救国、实业救国的鼓动下，许多家庭成员弃文而从理、工、医、军、商等，从而有力地促进了现代文化世家的多元化与丰富性。仍以钱塘钱氏世家为例，近代以来，无锡钱穆、钱伟长叔侄，钱基博、钱钟书父子，吴兴钱玄同、钱三强父子，以及钱钟韩、钱仲联、钱临照、钱君陶、钱松嵒、钱致标、钱令希、钱保功等等，在苏浙一带形成了一个教育、科技、学术、文学、艺术世家的最大群体。据统计，国内外仅科学院院士以上的钱氏名人就有 100 多人，其中不少是吴越王钱氏后裔。① 钱氏世家从五代一直将世家盛势延续于今，各类人才辈出，灿若星河，不能不说是一个文化奇迹。然而由于现代家族制度彻底变革的严重冲击，集中表现在家族结构的重要变化，即由过去普遍的"家庭—家族—宗族"三维结构的大家族逐步转向一夫一妻制的核心家庭，家族规模的快速缩小，家族成员的普遍减少，大

---

① 参见吴光主编《中国文化世家·吴越卷》，湖北教育出版社 2004 年版，第 302—303 页。

大削弱了现代文化世家成员数量扩张与代际延续的能量。这是对现代文化世家最严重也是根本性的伤害。就此而论,现代及未来文化世家逐步趋于衰落的命运已无法避免。

从中国通代文化世家的历史演变与区域轮动观之,江南文化世家不仅起步迟,而且起点低,然而借助中国文化中心南迁三次波澜的有力推动,通过从边缘走向中心、从两个黄金时期到一个鼎盛时期的起伏链接,终于后来居上,大放光彩。

四

《江南文化世家研究丛书》作为浙江省社会科学重点研究基地——浙江师范大学江南文化研究中心重大研究项目,正式启动于2006 年 5 月,这是"中心"鉴于江南文化世家本身的重要地位与价值,试图以开放性的方式,通过课题招标的平台,整合校内外研究力量,集中推出一批高质量的重要成果,以期将目前的江南文化世家研究提高到一个崭新的水平。

1. 基于对江南文化世家研究意义的认知

首先,是对推进江南文化世家研究的意义。与全国其他区域相比,江南文化世家最具典范性:一是数量众多。在东晋南朝、宋代两个黄金时期以及明清的鼎盛时期,江南文化世家数量占有绝对优势,即使在从高峰回落的唐代,据童岳敏统计,京都道占 16%,都畿道占 13.8%,两都合之为 29.8%;江南东道、江南西道紧随其后，占全国的 24.3%，① 与李浩《唐代三大地域文学士族研究》关中、山东、江南三大士族的排次——唐前期为山东、关中、江南，唐后期则变为山东、江南、关中②可以相印证。二是分布密集。江南文化世家的区域分布大致可以分为核心区与外缘区，从环太湖流域之外的外缘区，到环太湖流域的核心区，文化世家分布的密集度依次上升，其中尤以南京、苏州、杭州分布最为密集，为核心区的核心之所在。三是类型齐全。主要有学术、文学、艺术、科技、教育、医药、藏书、刻书、商业世家等，囊括了文化世家的重要类型。四是历时悠久。江南文化世家的代际延续普遍较长，十代乃至二十、三十代以上而不衰的大型、巨型文化世家为数不少。五是人才辈出。通观文化世家的盛衰历史，可以得出这样的结论：人才兴，则世家兴；人才衰，则世家衰。江南文化世家尤其是其中的大型与巨型文化世家中，往往拥有一个为数众多、代代相继的庞大人才群体，这既是文化世家长期累积与培育的核心成果，又是继续保障文化世家生命延续的主体条件。六是成果丰硕。江南文化世家普遍具有旺盛的文化创造力，文化积淀深厚，成果卓著，而且特别注重家族文集的编辑与刊刻，所以能将这些丰硕的文化成果惠于当世，传之后人。七是贡献巨大。江南重要文化世家的贡献往往基于家族而又超越家族，乃至超越区域，起到引领全国的示范与导向作用。八是影响深远。一是超越时间，对后代产生重要影响；二是部分杰出文化世家还能超越空间，在世界上产生重要影响。从根本上说，正是江南文

---

① 童岳敏：《唐代文学家族的地域性及其家族文化探究》，《人文杂志》2009 年第 3 期。
② 李浩：《唐代三大地域文学士族研究》，中华书局 2002 年版，第 79、142 页。

化世家的典范性，决定了研究价值的重要性。

其次，是对推进江南区域文化研究的意义。江南区域文化与江南文化世家具有先天的同构关系，从历时性的意义上说，江南区域文化与江南文化世家的发展曲线与节律大致相近；从共时性的意义上说，江南文化世家孕育和诞生于江南区域文化土壤之中，江南区域文化则建立在江南文化世家的坚实根基之上，彼此密不可分；再从江南区域文化与江南文化世家的特殊性来看，江南移民世家与本土世家的文化冲突与交融激烈而持久，是促进江南人文传统形成与演变的核心动力。大者如西晋末年"永嘉之乱"、唐代"安史之乱"、北宋末年"靖康之难"引发的三次大移民浪潮，大批北方世家迁居江南之地；小者如明清时期，全国各地又有不少商业世家迁居江南，这既是居于全国前列的江南商业经济快速发展强力吸引的结果，同时又是促进江南商业经济的更加繁荣的动力，由此开创了士商互动的文化世家发展的新局面。持续不断的移民世家迁居江南，即意味着持续不断地为江南世家带来异质文化，然后从文化冲突走向文化融合，产生新质文化形态与文化精神，这也是江南文化世家特别具有生机与活力的根本动因。

最后，是对推进中国文化研究的意义。研究中国文化，离不开文化世家；研究文化世家，离不开江南这一典范区域。只有对文化世家有了全面、系统、深入的了解与研究，才能比较准确地把握江南特定区域的总体风貌，才能比较真实还源于江南特定区域的原生状态。进而言之，只有真实、准确把握住了江南特定区域的总体风貌与原生状态，才能为区域文化版图进而整合为中国文化版图奠定坚实的基础。概而言之，江南文化之于推进中国文化研究的意义：一是在于拓展中国文化研究视野。家族是社会的细胞，文化世家是文化殿堂的基石，江南文化世家在中国文化世家发展史上的举足轻重的地位，决定了江南文化世家研究对于拓展中国文化研究视野的重要意义与价值。二是在于丰富中国文化研究成果。对江南文化世家展开全面、系统、深入的研究，可以从一个重要层面拓展中国文化研究领域，丰富中国文化研究成果。三是在于创新中国文化研究模式。通过对当前江南文化世家研究成果的反思与总结，探索诠释江南文化以及中国文化形态与精神的新路径，借以建构一种以文化世家为中心的文化史研究新模式，并以此弥补当前文化史研究的缺失。

2. 基于对江南文化世家研究成果的评估

在《江南文化世家研究丛书》作为重大研究项目立项之前，"中心"曾对目前研究成果与不足进行了综合评估，认为自潘光旦[①]、陈寅恪等现代学者"导夫先路"之后，江南文化世家研究伴随新时期的改革开放进程而勃兴，尤其在进入 21 世纪之后，研究进程明显加快，研究方向明显拓宽，研究水平明显提高，但从更高的要求衡量，还存在着诸多缺憾，迫切需要进行整体性的策划和推进。

目前学界有关江南文化世家的研究，大致可以归纳为两大阵营、双重路向、一个重心和四点不足。

两大阵营：一是史学界的研究，侧重于历史、文化、政治等方

---

① 潘光旦：《明清两代嘉兴的望族》，商务印书馆 1947 年版（成书于 1937 年）。

面的研究，但多限于断代，且仍多集中于六朝；二是文学界的研究，
则以六朝与明清两头为盛。

双重路向：一是专门性的江南文化世家的研究，代表性论著有：
王欣《中古吴地文学世家研究》①，张承宗《三国"吴四姓"考
释》②，王绍卫《孙吴的世家大族与学术》③，方北辰《魏晋南朝江东
世家大族述论》④，王永平《六朝江东世族之家风家学研究》⑤，景遐
东《唐代江南家族诗人群体及其家学渊源》⑥，顾向明《关于唐代江
南士族兴衰问题的考察》⑦，俞樟华、冯丽君《论宋代江浙家族型文
学家群体》⑧，吴仁安《明清时期上海地区的著姓望族》⑨、《明清江
南望族与社会经济文化》⑩、《明清江南著姓望族史》⑪，〔美〕基
恩·海泽顿《明清徽州社会的大家族与社会流动性》⑫，王日根《明
清东南家族文化发展与经济发展的互动》⑬，江庆柏《明清苏南望族

---

① 王欣：《中古吴地文学世家研究》，《苏州科技学院学报》2004 年第 3 期。
② 张承宗：《三国"吴四姓"考释》，《江苏社会科学》1998 年第 3 期。
③ 王绍卫：《孙吴的世家大族与学术》，《阜阳师范学院学报》2007 年第 5 期。
④ 方北辰：《魏晋南朝江东世家大族述论》，台湾文津出版社 1991 年版。
⑤ 王永平：《六朝江东世族之家风家学研究》，江苏古籍出版社 2003 年版。
⑥ 景遐东：《唐代江南家族诗人群体及其家学渊源》，《安徽师范大学学报》2005 年
第 4 期。
⑦ 顾向明：《关于唐代士族兴衰问题的考察》，《文史哲》2005 年第 4 期。
⑧ 俞樟华、冯丽君：《论宋代江浙家族型文学家群体》，《浙江师范大学学报》（社
会科学版）2004 年第 5 期。
⑨ 吴仁安：《明清时期上海地区的著姓望族》，上海人民出版社 1997 年版。
⑩ 吴仁安：《明清江南望族与社会经济文化》，上海人民出版社 2001 年版。
⑪ 吴仁安：《明清江南著姓望族史》，上海人民出版社 2009 年版。
⑫ 〔美〕基恩·海泽顿：《明清徽州社会的大家族与社会流动性》，《安徽师范大学
学报》（人文社会科学版）1986 年第 1 期。
⑬ 王日根：《明清东南家族文化发展与经济发展的互动》，《东南学术》2001 年第
6 期。

研究》①，童岳敏、罗时进《明清时期无锡家族文化探论——兼论顾氏家族之文学实践》②，王培华《明中期吴中故家大族的盛衰》③，罗时进《清代江南文化家族雅集与文学》④、《清代江南文化家族的文学文献建设》⑤，罗时进、陈燕妮《清代江南文化家族的特征及其对文学的影响》⑥，凌郁之《苏州文化世家与清代文学》⑦，宋路霞《上海望族》⑧，等等；二是全局性研究中的江南文化世家研究，规模最大的是曹月堂主编的《中国文化世家》，分江淮、江右、荆楚、中州、齐鲁、燕赵辽海、三晋、巴蜀、岭南、吴越、关陇等 11 卷⑨，其中吴光主编《吴越卷》与江南区域范围比较接近。其他代表性论著有：李朝军《家族文学史建构与文学世家研究》⑩，杨晓斌、甄芸《我国古代文学家族的渊源及形成轨迹》⑪，吴桂美《东汉家族文学与文学家族》⑫，吴桂美的《东汉家族文学生态透视》⑬，孟祥娟《汉末迄魏晋之际文学家族述论》⑭，何忠盛《魏晋南北朝的世家大族与

---

①　江庆柏：《明清苏南望族研究》，南京师范大学出版社 1999 年版。

②　童岳敏、罗时进：《明清时期无锡家族文化探论——兼论顾氏家族之文学实践》，《苏州大学学报》（哲学社会科学版）2010 年第 1 期。

③　王培华：《明中期吴中故家大族的盛衰》，《安徽史学》1997 年第 3 期。

④　罗时进：《清代江南文化家族雅集与文学》，《文学遗产》2009 年第 2 期。

⑤　罗时进：《清代江南文化家族的文学文献建设》，《古典文学知识》2009 年第3 期。

⑥　罗时进、陈燕妮：《清代江南文化家族的特征及其对文学的影响》，《江苏社会科学》2009 年第 2 期。

⑦　凌郁之：《苏州文化世家与清代文学》，齐鲁书社 2008 年版。

⑧　宋路霞：《上海望族》，文汇出版社 2008 年版。

⑨　曹月堂主编：《中国文化世家》，湖北教育出版社 2004 年版。

⑩　李朝军：《家族文学史建构与文学世家研究》，《学术研究》2008 年第 10 期。

⑪　杨晓斌、甄芸：《我国古代文学家族的渊源及形成轨迹》，《新疆大学学报》2005 年第 1 期。

⑫　吴桂美：《东汉家族文学与文学家族》，《中国文学研究》2008 年第 3 期。

⑬　吴桂美：《东汉家族文学生态透视》，黑龙江出版社 2008 年版。

⑭　孟祥娟：《汉末迄魏晋之际文学家族述论》，硕士学位论文，吉林大学，2005 年。

文学》①，田彩仙《魏晋文学家族的家族意识与创作追求》②，毛汉光《魏晋南北朝士族政治之研究》③，杨洪权《两晋之际士族移徙与"门户之计"浅论》④，徐茂明《东晋南朝江南士族之心态嬗变及其文化意义》⑤，王大建《东晋南朝士族家学论略》⑥，秦冬梅《论东晋北方士族与南方社会的融合》⑦，程章灿《世族与六朝文学》⑧，杨东林《略论南朝的家族与文学》⑨，周淑舫《南朝家族文化探微》⑩，孔毅《南朝刘宋时期门阀士族从中心到边缘的历程》⑪、《论南朝齐梁士族对政治变局的回应》⑫，韩雪《略述南朝士庶政治势力之消长》⑬，牛贵琥《南朝世家大族衰亡论》⑭，李浩《唐代关中士族与文

---

① 何忠盛：《魏晋南北朝的世家大族与文学》，硕士学位论文，四川师范大学，2002 年。

② 田彩仙：《魏晋文学家族的家族意识与创作追求》，《中州大学学报》2001 年第 2 期。

③ 毛汉光：《魏晋南北朝士族政治之研究》，台北中国学术著作奖助委员会 1996 年版。

④ 杨洪权：《两晋之际士族移徙与"门户之计"浅论》，《武汉大学学报》（人文社会科学版）1998 年第 1 期。

⑤ 徐茂明：《东晋南朝江南士族之心态嬗变及其文化意义》，《学术月刊》1999 年第 12 期。

⑥ 王大建：《东晋南朝士族家学论略》，《山东大学学报》（社会科学版）1995 年第 2 期。

⑦ 秦冬梅：《论东晋北方士族与南方社会的融合》，《北京师范大学学报》（社会科学版）2003 年第 5 期。

⑧ 程章灿：《世族与六朝文学》，黑龙江教育出版社 1998 年版。

⑨ 杨东林：《略论南朝的家族与文学》，《文学评论》1994 年第 3 期。

⑩ 周淑舫：《南朝家族文化探微》，吉林大学出版社 2008 年版。

⑪ 孔毅：《南朝刘宋时期门阀士族从中心到边缘的历程》，《江海学刊》1999 年第 5 期。

⑫ 孔毅：《论南朝齐梁士族对政治变局的回应》，《重庆师院学报》（哲学社会科学版）2000 年第 3 期。

⑬ 韩雪：《略述南朝士庶政治势力之消长》，《辽宁大学学报》（哲学社会科学版）1998 年第 5 期。

⑭ 牛贵琥：《南朝世家大族衰亡论》，《山西大学学报》1994 年第 4 期。

学》①、《唐代三大地域文学士族研究》②，童岳明《唐代文学家族的地域性及其家族文化探究》③，张剑、吕肖奂《宋代的文学家族与家族文学》④，吕肖、奂张剑《两宋科举与家族文学》⑤、《两宋家族文学的不同风貌及其成因》⑥，宋三平《宋代家族教育述论》⑦，李真瑜《吴江沈氏文学世家作家与明清文坛之联系》⑧，杨经建《论现代化进程中的家族文学》⑨，等等。就全国区域分布而言，无论是文化世家本身还是学术研究，都是以江南为最盛。

一个重心：是指江南文化世家的个案研究，论著最多，但学术质量参差不齐，时代分布也不均衡。代表性成果有：跃进《从武力强宗到文化士族——吴兴沈氏的衰微与沈约的振起》⑩，唐燮军《论吴兴沈氏在汉晋之际的沉浮》⑪、《六朝吴兴沈氏宗族文化的传承与变易》⑫、《从南朝士族到晚唐衣冠户——吴兴沈氏在萧梁至唐末的

① 李浩：《唐代关中士族与文学》，中国社会科学出版社 2003 年版。
② 李浩：《唐代三大地域文学士族研究》，中华书局 2002 年版。
③ 童岳明：《唐代文学家族的地域性及其家族文化探究》，《人文杂志》2009 年第 3 期。
④ 张剑、吕肖奂：《宋代的文学家族与家族文学》，《文学评论》2006 年第 4 期。
⑤ 吕肖奂、张剑：《两宋科举与家族文学》，《西北师范大学学报》（社会科学版）2008 年第 4 期。
⑥ 吕肖奂、张剑：《两宋家族文学的不同风貌及其成因》，《文学遗产》2007 年第 2 期。
⑦ 宋三平：《宋代家族教育述论》，《南昌大学学报》（社会科学版）1996 年第 1 期。
⑧ 李真瑜：《吴江沈氏文学世家作家与明清文坛之联系》，《文学遗产》1999 年第 11 期。
⑨ 杨经建：《论现代化进程中的家族文学》，《学术研究》2005 年第 6 期。
⑩ 跃进：《从武力强宗到文化士族——吴兴沈氏的衰微与沈约的振起》，《浙江学刊》1990 年第 4 期。
⑪ 唐燮军：《论吴兴沈氏在汉晋之际的沉浮》，《宁波大学学报》（人文科学版）2006 年第 1 期。
⑫ 唐燮军：《六朝吴兴沈氏宗族文化的传承与变易》，《重庆社会科学》2007 年第 3 期。

变迁》①，张兆凯《东晋南朝王、谢两大侨姓士族盛衰探析》②，丁福林《东晋南朝的谢氏文学集团》③，萧华荣《华丽家族——六朝陈郡谢氏家传》④，郭凤娟《南朝吴郡陆氏研究》⑤，杜志强《兰陵萧氏家族及其文学研究》⑥，毛策《孝义传家——浦江郑氏家族研究》⑦，张剑《家族与地域风习之关系——以宋代宗泽及其家族为中心》⑧，张蕾、周扬波《元代湖州花溪沈氏家族概述》⑨，李真瑜《文学世家与女性文学——以明清吴江沈、叶两大文学世家为中心》⑩、《文学世家的联姻与文学的发展——以明清时期吴江叶、沈两家为例》⑪、《文学世家的文化意涵与中国特色——以明清吴江沈氏文学世家个案为例》⑫、《沈氏文学世家的家学传承及其文化指向——关于文学世

---

① 唐燮军：《从南朝士族到晚唐衣冠户——吴兴沈氏在萧梁至唐末的变迁》，《浙江师范大学学报》（社会科学版）2004 年第 5 期。

② 张兆凯：《东晋南朝王、谢两大侨姓士族盛衰探析》，《湘潭师范学院学报》1996 年第 1 期。

③ 丁福林：《东晋南朝的谢氏文学集团》，黑龙江教育出版社 1998 年版。

④ 萧华荣：《华丽家族——六朝陈郡谢氏家传》，生活·读书·新知三联书店 1994 年版。

⑤ 郭凤娟：《南朝吴郡陆氏研究》，硕士学位论文，山东大学，2008 年。

⑥ 杜志强：《兰陵萧氏家族及其文学研究》，巴蜀书社 2008 年版。

⑦ 毛策：《孝义传家——浦江郑氏家族研究》，浙江大学出版社 2009 年版。

⑧ 张剑：《家族与地域风习之关系——以宋代宗泽及其家族为中心》，《中国文化研究》2007 年第 1 期。

⑨ 张蕾、周扬波：《元代湖州花溪沈氏家族概述》，《湖州师范学院学报》2008 年第 4 期。

⑩ 李真瑜：《文学世家与女性文学——以明清吴江沈、叶两大文学世家为中心》，《湖南文理学院学报》（社会科学版）2008 年第 4 期。

⑪ 李真瑜：《文学世家的联姻与文学的发展——以明清时期吴江叶、沈两家为例》，《中州学刊》2004 年第 2 期。

⑫ 李真瑜：《文学世家的文化意涵与中国特色——以明清吴江沈氏文学世家个案为例》，《社会科学辑刊》2004 年第 1 期。

家的家族文化特征的探讨》①、《吴江沈氏文学世家作家与明清文坛之联系》②、《明清吴江沈氏文学世家略论》③，郝丽霞《吴江沈氏文学世家研究》④，陈书录《德、才、色主体意识的复苏与女性群体文学的兴盛——明代吴江叶氏家族女性文学研究》⑤，蔡静平《明清之际汾湖叶氏文学世家研究》⑥，吴碧丽《明末清初吴江叶氏家族的文化生活与文学》⑦，朱丽霞、罗时进《松江宋氏家族与几社之关系》⑧，徐茂明《清代徽苏两地的家族迁徙与文化互动——以苏州大阜潘氏为例》⑨，朱丽霞《明清之际松江宋代家族的散曲创作及文学史意义》⑩，许霁《清代延令季氏家族文学研究》⑪，等等。概而言之，目前的江南文化世家个案研究主要有三种取向：一是对特定文化世家的系统研究；二是对特定文化世家某一层面的专题研究；三是对特定文化世家与相关问题的关系研究。

---

①　李真瑜：《沈氏文学世家的家学传承及其文化指向——关于文学世家的家族文化特征的探讨》，《中国社会科学院研究生院学报》2004 年第 1 期。

②　李真瑜：《吴江沈氏文学世家作家与明清文坛之联系》，《文学遗产》1992 年第 2 期。

③　李真瑜：《明清吴江沈氏文学世家略论》，香港国际学术文化资讯出版公司 2003 年版。

④　郝丽霞：《吴江沈氏文学世家研究》，博士学位论文，华东师范大学，2004 年。

⑤　陈书录：《德、才、色主体意识的复苏与女性群体文学的兴盛——明代吴江叶氏家族女性文学研究》，《南京师范大学学报》（社会科学版）2001 年第 5 期。

⑥　蔡静平：《明清之际汾湖叶氏文学世家研究》，博士学位论文，复旦大学，2003 年。

⑦　吴碧丽：《明末清初吴江叶氏家族的文化生活与文学》，硕士学位论文，南京师范大学，2005 年。

⑧　朱丽霞、罗时进：《松江宋氏家族与几社之关系》，《北京大学学报》（哲学社会科学版）2005 年第 2 期。

⑨　徐茂明：《清代徽苏两地的家族迁徙与文化互动——以苏州大阜潘氏为例》，《史林》2004 年第 2 期。

⑩　朱丽霞：《明清之际松江宋代家族的散曲创作及文学史意义》，《上海大学学报》（社会科学版）2006 年第 5 期。

⑪　许霁：《清代延令季氏家族文学研究》，硕士学位论文，扬州大学，2009 年。

四点不足：一是侧重于个体研究而忽视综合研究；二是侧重于六朝研究而忽视通代研究；三是侧重于家族谱系研究而忽视家族的文化研究；四是侧重于现象描述而忽视理论研究。就目前国内外学术界的现有成果而言，还没有一部有关江南文化世家系统研究的学术专著问世，所以具有进一步深入研究的意义与价值。

3. 基于对江南文化世家研究取向的定位

通过基于个案研究而逐步走向综合研究的整体设计，着力于江南文化世家研究全面、系统、深入的拓展，突破以往文化世家研究限于一时，或限于数家的狭仄格局，从时间和空间上使文化世家研究系统化和完备化，努力建构契合江南文化世家特点与规律的学术体系，使现有的文化世家研究提高到一个新的水平。鉴此，本丛书着力于以下五个重点方向的整体配合与有序推进。

（1）个案研究。世纪之交江南文化世家研究最大的成果在于个案研究的丰盛。尤其是一些博士论文和硕士论文，大多属于微观研究。文化世家的个案研究是进而开展区域、断代、专题、综合研究的起点和基础，所以本丛书的基本着力点也在于此，鉴于目前的个案研究存在在地域上重内轻外、在朝代上重末轻初、在重心上集中望族的特点，要对江南区域的文化世家进行全面、系统、深入的梳理，遴选一批重要文化世家加以重点研究，然后分批推出系列成果。

（2）区域研究。即在江南大区域范围中选择若干亚区域展开系列研究。从目前已问世的学术著作来看，已涉及苏州与上海等地，还有许多区域尚待予以进一步的拓展。大致可以分四级范围展开：一是以南京、杭州、宁波、常州、镇江、湖州、绍兴、金华、徽州等现行行政区域为范围；二是以诸如苏南、浙西、皖南等超行政区域为范围；三是选择部分文化世家特别发达的县级区域展开研究；四是跨区域的比较研究，包括江南内部区域与江南与其他区域之间的比较研究。

（3）断代研究。目前江南文化世家的断代研究主要集中于汉魏六朝，其后各代研究力度与成果明显减弱，尤其是唐、宋、元代成果不著。与江南文化世家的亚区研究一样，断代研究具有向下链接特定个体文化世家与向上链接通代江南文化世家研究的中介作用，需要重点加强。

（4）专题研究。其中包括对江南文化世家中的学术、文学、艺术、科技、教育、医药、藏书、刻书、商业世家的不同类型的研究，江南文化世家的生态环境、生命周期、人才培养、文化传承、学术活动、社会交际以及婚姻关系等不同方面的研究，以及对文化世家内部的家谱、家训、家规、家学、家风、家集等问题的研究。就未来江南文化世家研究新的增长点而论，专题研究应该成为重点突破方向。

（5）综合研究。综合研究要重点把握和设计双重路向，一是江南文化世家内部的综合化研究，诸如基于个案、区域、断代、专题研究而向相关层面逐步拓展；二是江南文化世家与外部的综合化研究，比如就文化世家与政治史、经济史、文化史乃至军事史等得纵横交错关系展开综合化研究。

就江南文化世家研究的方法论而言，应追求实证与理论、微观与宏观、时间与空间、长度与高度、形态与规律研究的密切交融和辩证统一。

　　值此《江南文化世家研究》开始陆续出版之际，衷心感谢中国社会科学出版社总编辑赵剑英先生所给予的鼎力相助，责任编辑所付出的辛勤劳动，以及所有作者的积极参与和热忱支持。由于《丛书》出于众人之手，成于忙碌之间，难免存有诸多缺憾，或有未能臻于预期要求者，尚需同人倍加努力，使之更趋完善。

　　是为序。

浙江师范大学江南文化研究中心

梅新林　陈玉兰

2010 年秋

目　录

导　论

　　家训是古代家族教育的重要文化载体，也是古代家族文化的重要表现形态。家训既依附于个体独立的家庭和家族而生成演变，同时又对家庭和家族的文化教育及传承发展起到了重要推动作用。所以，传统家训对于家族文化研究具有重要的学术价值。钱穆说："'家族'是中国文化一个最主要的柱石……中国文化，全部都从家族观念上筑起，先有家族观念乃有人道观念，先有人道观念乃有其他的一切。……中国的家族观念，更有一个特征，是'父子观'之重要性更超过了'夫妇观'。……因此，中国人看夫妇缔结之家庭，尚非终极目标。家庭缔结之终极目标应该是父母子女之永恒联属，使人生绵延不绝。短生命融入于长生命，家族传袭，几乎是中国人的宗教安慰。"① 家族是中国文化最主要的柱石，而家训是家族文化的重要组成部分，因此，传统家训对于中国文化研究具有独特的学术意义。

---

① 钱穆：《中国文化导论》（修订本），商务印书馆 1994 年版，第 51 页。

第一节　家训与家族文化

所谓家训，是长辈留给后人的训诫，"主要是指父祖对子孙、家长对家人、族长对族人的直接训示、亲自教诲，也包括兄长对弟妹的劝勉，夫妻之间的嘱托"。① 家训又可称为家诫、家范、家法、家规、庭训、遗训、遗诫、规范、世范、劝言等。

家训是伴随着古代家庭与家族发展而产生和演变的家族教育文化载体，有着悠久的历史。大致而言，古代家训发展经历了形成期（汉代）、成熟期（三国两晋南北朝隋唐）、转型期（宋元）和繁荣期（明清）四个主要阶段。

由于传统家庭模式是在汉代才定型的，后世的家训文体最终生成和定型也是在汉代才完成的。《文心雕龙·诏策》曰："戒者，慎也，禹称'戒之用休'。君父至尊，在三罔极。汉高祖之《敕太子》，东方朔之《戒子》，亦《顾命》之作也。及马援以下，各贻家戒。班姬《女戒》，足称母师矣。"② 刘邦《敕太子》和东方朔《戒子诗》分别是最早的散体和韵体的家训，班昭《女诫》是最早的女训。此外，汉代家训名篇尚有孔臧《诫子琳书》、刘向《诫子歆书》、马援《诫兄子严、敦书》、张奂《诫兄子书》、郑玄《诫子益恩书》等。因此，汉代是家训的形成期。虽然《尚书》中《顾命》《逸周书》《康诰》《酒诰》《召诰》《梓材》《无逸》《立政》等篇

---

① 徐少锦、陈延斌：《中国家训史》，陕西人民出版社 2003 年版，第 1 页。
② 王利器校笺：《文心雕龙·诏策第十九》，上海古籍出版社 1980 年版，第 135 页。

章,《诗经》中《陟岵》《蓼莪》《斯干》《小宛》等诗篇,都涉及训诫和教化的内容,但《尚书》主要着眼于治国安邦,《诗经》是诗人的代拟之语,皆非真正的家训文本,只能算作家训的萌芽形态。

三国两晋南北朝隋唐是家训的成熟期。一是出现了成熟的家训著作,北齐颜之推《颜氏家训》被称为"家训之祖",对后世家训发展产生了重要影响,该书奠定了我国传统家训文献的基本形式。《颜氏家训》出现以前,家训著作绝大部分是以书信著作形式出现的。二是唐太宗李世民《帝范》为帝王家训撰写树立了典范,全书分为君体、建亲、求贤、审官、纳谏、去谗、诫盈、崇俭、赏罚、务农、阅武、崇文 12 篇,加上序和结语共 14 篇。该家训是唐太宗向儿子李治讲述如何做皇帝的训诫,具有重要的文化价值和历史意义。三是女训得到了进一步发展,出现了郑氏《女孝经》和宋若莘《女论语》等女训作品。四是诗体家训开始大量出现,唐代许多诗人都撰有家训诗,诸如杜甫《示宗武生日》《又示宗武》,韩愈《符读书城南》等都是著名的家训诗。五是出现了成文家法和家规。唐昭宗大顺元年(890),江州长史陈崇订立的《陈氏家法三十三条》是目前最早的成文家法,它以条文形式详细规定如何治理家族,除了教化作用外,还具有惩戒的作用。

宋元是家训的转型期。从家训作者的身份来看,由汉晋以来的世家子弟转为以新兴科举仕宦子弟为主导,如司马光撰有《家范》《居家杂仪》《训俭示康》、赵鼎撰有《家训笔录》等家训作品,他们均为新兴科举仕宦子弟。从家训内容来看,由单一的思想教化转变为多元的传家教化,即除了常见的思想教化外,尚有家族礼仪教化，如司马光《书仪》、吕祖谦《家范》、朱熹《家礼》等；有家族赈济教化，如范仲淹《义庄规矩》等；有专门的治生教化，如叶梦得《石林治生家训要略》、陆九韶《居家正本制用启》等。从家训文化本质来看，由汉晋时期"别贵贱"的门第训诫转向敬宗收族的宗法教化，儒家思想日益成为家训教化的核心导向。从地域分布来看，由以北方家训为主体逐渐转为以江南地区为中心的南方家训为主体，如上述所列举的范仲淹、叶梦得、吕祖谦、朱熹、陆九韶等人都属于南方人士。又如袁采《袁氏世范》被誉为"《颜氏家训》之亚"，影响深远；郑太和《郑氏规范》为"江南第一家"浙江浦江郑氏家训，其家族及家训更因受到元、明两个朝代皇帝的旌表而名扬天下。宋元家训发生转型与宋代日益完善和严格的科举制度密不可分，因为科考制度催生新兴科宦士人及其科宦家族，这些士人及其家族不是靠血缘关系的门阀传承而得到绵延，而是以读书仕宦而崛起于寒门平民之中。此外，宋代理学的兴起也对宋代家训转型起到了重要的推动作用，因为理学家非常重视家族制度重建和家族教育开展。理学家不仅推动了宋代家训的发展，还促进了专门为儿童教育撰写的蒙训走向繁荣，所以宋代蒙训作品也开始大量涌现。

明清是家训的繁荣期。其一，明清家训的数量极其庞大，从帝王名臣到普通百姓，许多家庭和家族都会有其形态各异的家训作品，作为家族子孙教育的文化载体。帝王家训如明太祖朱元璋《祖训录》《诫诸子书》，明成祖朱棣《圣学心法》，康熙玄炫《庭训格言》《庭训》《圣谕十六条》等；名臣家训如庞尚鹏《庞氏家训》，许相卿《许云邨贻谋》，张英《聪斋训语》《恒产琐言》，张廷玉《澄怀园语》，曾国藩《曾文正公家训》等；名儒家训如方孝孺《家人箴》《宗仪》、陈确《丛桂堂家约》、张履祥《训子语》、孙奇逢《孝友堂家训》、朱柏庐《治家格言》、焦循《里堂家训》等；文士家训如姚舜牧《药言》、许汝霖《德星堂家订》、汪辉祖《双节堂庸训》、石成金《传家宝》等。特别是家谱大量兴起后，几乎是每种家谱都会附有家训、家规以示教化。家训作者不仅有大量男性，而且还出现了不少女性。如明代温璜母亲陆氏即撰有《温氏母训》，由温璜记录而成。其二，明清家训的内容包罗万象，从个人内在的思想观念、外在的行为规范，到家族礼仪和礼节，乃至穿衣吃饭的细节、迎送往来的礼物，明清家训都有详细的规定和教化，家训内容走向了琐碎化和泛教化。其中有两点特别突出：一是儒家伦理纲常对家训教化思想的影响达到了前所未有的强度，体现了程朱理学成为官方意识形态后，对明清家训的影响和作用日益强化；二是明清家训撰写受到了很强的政治介入，朱元璋"教民六谕"、康熙《圣谕十六条》分别成为明清家训的基本教化内容而得到很多家族的普遍认可而自觉遵守。其三，明清家训的文化功能得到极大的拓展，家训的教化功能由家庭和家族教育延展到宗族教育，乃至成为整个乡村社会的乡规民约，家训同时兼有家族教育功能和社会教化功能。

家训作为古代家族文化的重要组成部分，其主要文化功能就是家族教育，而家族教育的根本对象是家族子孙，因此家族子孙教育是家训最核心的文化功能。家训中对于教子的重要性都有深刻认识。如颜之推《颜氏家训》曰：

上智不教而成，下愚虽教无益，中庸之人，不教不知也。

古者，圣王有胎教之法：怀子三月，出居别宫，目不邪视，耳不妄听，音声滋味，以礼节之。书之玉版，藏诸金匮。生子咳喴，师保固明孝仁礼义，导习之矣。凡庶纵不能尔，当及婴稚，识人颜色，知人喜怒，便加教诲，使为则为，使止则止。比及数岁，可省笞罚。父母威严而有慈，则子女畏慎而生孝矣。吾见世间，无教而有爱，每不能然；饮食运为，恣其所欲；宜诫翻奖，应诃反笑，至有识知，谓法当尔。骄慢已习，方复制之，捶挞至死而无威，忿怒日隆而增怨，逮于成长，终为败德。孔子云"少成若天性，习惯如自然"是也。俗谚曰："教妇初来，教儿婴孩。"诚哉斯语！①

颜之推认为上智和下愚者皆是少数，他们或不教而成，或教而无益，大多数人是中庸之人，他们是不教不知，因此教育对于中庸之人具有重要作用。颜之推认为孩童每个成长阶段都有其相应的教育内容，家长对于孩童的教育应该医时变化。清代石成金《传家宝·俚言》亦曰："世上接续宗祀，保守家业，扬名显亲，光前耀后，全靠子孙身上。子孙贤则家道昌盛，子孙不贤则家道消败，这子孙关系甚是重大。无论贫富贵贱，为父祖的，俱该把子孙加意爱惜。但是为父祖的，不知爱惜之道，所以把子孙都耽误坏了。何谓爱惜之道？'教'之一字，时刻也是少它不得。……子孙好与不好，只在个教与不教上。"② 家业兴旺与否，家道昌盛与否，全在于子孙是否贤达，而子孙的贤达则

---

① 王利器：《颜氏家训集解》（增补本），中华书局1993年版，第8页。
② 石成金编著，李惠德校点：《传家宝全集·福寿鉴》，中州古籍出版社2000年版，第15页。

在于家教，因此子孙教育对于家族传承和发展具有重要作用。

家训作为古代家族教育的重要文化载体，其家化内容主要按照儒家"修齐治平"的晋身序列来进行教化的，涉及修身、治家、处世和为官等内容。《礼记·大学》曰："古之欲明明德于天下者，先治其国。欲治其国者，先齐其家，欲齐其家者，先修其身。欲修其身者，先正其心。欲正其心者，先诚其意。欲诚其意者，先致其知。致知在格物。物格而后知至，知至而后意诚，意诚而后心正，心正而后身修，身修而后家齐，家齐而后国治，国治而后天下平。自天子以至于庶人，一是皆以修身为本。其本乱而末治者否矣。其所厚者薄，而其所薄者厚，未之有也。"这种"修齐治平"思想观念既是古代家训的主体内容，也是古代家训撰写的思想导向。

明人张一桂曰："三代而上，教详于国；三代而下，教详于家。"① 由于古代学校教育和社会都不够发达，家族教育是古代教育的主要承载者和最重要的教育形式，因此家训作为古代家族教育的重要文化载体，对于探讨古代家族教育、家族文化和家族传承都具有重要的价值和意义。

第二节　古代家训研究述评

伴随着传统文化的复兴，以家族为核心的家族史研究、家族文学研究和家训文化研究在世纪之交成了文史研究领域内的新兴课题。

---

① 明万历颜慎嗣刻本《颜氏家训》序，王利器《颜氏家训集解》（增补本），第615页。

其中，家族史研究自 20 世纪 90 年代开始就取得了瞩目的成就，家族文学研究于 21 世纪也有了不俗的成果，而家训文化研究则最为薄弱，虽然在 21 世纪初受到一些研究者的关注，开始进入研究的兴盛阶段，但主要是被一些在校硕士、博士研究生作为撰写学位论文的研究对象，因此研究的深度和广度尚有欠缺，研究的质量也有待于进一步提高。

家训研究在新中国成立之前基本无涉，新中国成立之后其研究大致可以分为三个阶段，即改革开放之前、改革开放之后至新旧世纪交替、21 世纪。改革开放之前的家训研究文章很少，且多为批判性研究，如邱汉生《批判"家训""宗规"里反映的地主哲学和宗法思想》（《历史教学》1964 年第 4 期）。改革开放之后至新旧世纪交替为家训研究的兴起阶段，特别是 20 世纪 90 年代，家训研究受到了普遍重视。这首先得益于王利器《〈颜氏家训〉集解》的撰写和出版，该书初稿撰于 1955 年，1978 年重稿，1989 年第三次增订。《颜氏家训》也由此成为此期的一个重要个案研究。其次是家训的文献整理也推动了家训研究的兴起。其代表作是徐少锦、范桥、陈延斌、许建良主编的《中国历代家训大全》（上下册）于 1993 年由中国广播电视出版社出版，这为人们研究家训提供了方便。最后，研究者对古代家训的内容和特点进行了初步的宏观探讨和研究。如徐少锦《试论中国历代家训的特点》（《道德与文明》1992 年第 3 期）、《中国古代家训的合理内容》（《审计与经济研究》1992 年增刊）、马玉山《"家训""家诫"的盛行与儒学的普及传播》（《孔子研究》1993 年第 4 期）、陈延斌《中国古代家训论要》（《徐州师范学院学报》1995 年第 5 期)、《论传统家训文化与我国家庭道德建设》(《道德与文明》1996 年第 5 期)、《论传统家训文化对中国社会的影响》(《江海学刊》1998 年第 3 期)、徐秀丽《中国古代家训通论》(《学术月刊》1995 年第 7 期),等等。特别是马镛《中国家庭教育史》(1997)的出版,虽着眼于家庭教育史研究,却大量引证家训文献,对于家训研究走向繁荣有着重要的推动作用。21 世纪则进入了家训研究的繁荣期。《颜氏家训》研究仍是此期的重要个案研究,围绕《颜氏家训》发表了大量单篇论文和硕士、博士学位论文。并且家训个案得到了极大拓展,诸如司马光《家范》、袁采《袁氏世范》以及关于张英、曾国藩等人的家训都有所涉及。综合性研究以费成康主编《中国的家法族规》(2002)最早,此书是第一部对条文式家训研究的著作。与此同时,家训史论研究大量兴起,徐少锦、陈延斌《中国家训史》(2003)和朱明勋《中国家训史论稿》(2004)是两部重要代表作。除了通史论著外,大量硕士、博士学位论文对断代家训史论进行了探讨和研究。家训综合研究也得到了开展,以王长金《传统家训思想通论》(2006)为代表。此外,家训文献研究也有新的进展,除了文献整理本出版外,还有家训目录学著作出版,以赵振《中国历代家训文献叙录》(2014)为代表。

古代家训研究主要集中在五个方面,即家训个案研究、家训史论研究、家训综合研究、家训专题研究和家训文献研究。

其一,家训个案研究。

个案研究以《颜氏家训》为突出代表,王利器《颜氏家训集解》为《颜氏家训》研究提供了极大方便,此方面的论文数量极多。早期的如谭家健《试谈颜之推和〈颜氏家训〉》（《徐州师范学院学报》1982 年第 3 期）、殳文阁《〈颜氏家训〉中的家庭道德思想初探》（《长沙水电师院学报》1989 年第 2 期）、诸伟奇《〈颜氏家训〉浅论》（《安徽大学学报》1992 年第 3 期）、王钦法《〈颜氏家训〉与中国传统家教》（《民俗研究》1993 年第 2 期）；等等。

21 世纪以来，《颜氏家训》更是成为硕士、博士学位论文的重要研究对象，人们从史学、伦理学、哲学、教育学、社会学、经济学、文学、语言学、文献学等各个学科角度对其进行了探讨和研究。试列举如下：一是总论研究，曾永胜《〈颜氏家训〉思想研究》（湖南师范大学 2001 年硕士学位论文）、程时用《〈颜氏家训〉研究》（暨南大学 2007 年硕士学位论文）、许静《〈颜氏家训〉研究》（聊城大学 2007 年硕士学位论文）、强大《〈颜氏家训〉初探》（东北师范大学 2007 年硕士学位论文）、刘凡羽《论〈颜氏家训〉的内容与文体风格》（东北师范大学 2007 年硕士学位论文）、陈天旻《〈颜氏家训〉与颜氏家族文化研究》（江南大学 2010 年硕士学位论文）；二是教育学研究，韩敬梓《〈颜氏家训〉的家庭教育思想研究》（兰州大学 2006 年硕士学位论文）、李春芳《〈颜氏家训〉中的家庭教育思想研究》（山东师范大学 2007 年硕士学位论文）、程尊梅《〈颜氏家训〉家庭伦理思想及其现代价值》（广西师范大学 2008 年硕士学位论文）、邵明娟《〈颜氏家训〉中的家庭道德教育思想研究》（首都师范大学 2008 年硕士学位论文）、徐媛《〈颜氏家训〉教育思想研究》（华中师范大学 2009 年硕士学位论文）、王艳辉《〈颜氏家训〉家庭伦理思想与现代价值研究》（黑龙江大学 2010 年硕士学位论文)、袁时萍《〈颜氏家训〉家庭伦理思想及现代启迪》(西南大学 2011 年硕士学位论文)、李敏《〈颜氏家训〉中的儿童道德教育思想简论》(苏州大学 2012 年硕士学位论文)、罗乐《〈颜氏家训〉家庭美德思想及其价值》(南华大学 2014 年硕士学位论文)、陈娟《论〈颜氏家训〉在当代社会转型期家庭教育中的运用》(苏州大学 2016 年硕士学位论文)、苏方《〈颜氏家训〉及其伦理内涵初探》(上海师范大学 2010 年硕士学位论文);三是文学研究,杨海帆《〈颜氏家训〉文学思想研究》(河北大学 2006 年硕士学位论文)、尹海青《颜之推文学研究——以〈颜氏家训〉为中心》(辽宁师范大学 2012 年硕士学位论文)、于茹《〈颜氏家训〉语文学习思想研究》(吉林大学 2007 年硕士学位论文)、温超《〈颜氏家训〉文体写作观念研究——兼论语文课程中的教学文体》(天津师范大学 2012 年硕士学位论文)、汪甜《〈颜氏家训〉和传统人文教化》(东北师范大学 2008 年硕士学位论文)、刘莹《〈颜氏家训〉的教育思想及对现代语文教学的启示》(东北师范大学 2010 年硕士学位论文)、单金枝《〈颜氏家训〉写作理论研究》(长春理工大学 2010 年硕士学位论文);四是语言学研究,孙琦《〈颜氏家训〉连词研究》(辽宁师范大学 2006 年硕士学位论文)、钱海峰《〈颜氏家训〉名词研究》(扬州大学 2007 年硕士学位论文)、荣亮《〈颜氏家训〉时间副词研究》(陕西师范大学 2010 年硕士学位论文)、郝玲《〈颜氏家训〉虚词研究》(内蒙古师范大学 2011 年硕士学位论文)、刘俊《〈颜氏家训〉核心词研究》(华中科技大学 2007 年硕士学位论文)、李兰兰《〈颜氏家训〉单音节动词同义词研究》(新疆大学 2009 年硕士学位论文)、张锐《〈颜氏家训〉联合式复合词研究》（西南大学 2009 年硕士学位论文）、邱峰《〈颜氏家训〉反义词研究》（曲阜师范大学 2006 年硕士学位论文）、张茗茗《〈颜氏家训〉同义词研究》（新疆师范大学 2009 年硕士学位论文）、李晓玲《〈颜氏家训〉复音词研究》（辽宁师范大学 2007 年硕士学位论文）、闫晶淼《〈颜氏家训〉句法研究》（南京师范大学 2008 年硕士学位论文）、刘艳《〈颜氏家训〉复句研究》（新疆师范大学 2008 年硕士学位论文）、周姗姗《〈颜氏家训〉的文字学研究》（山东大学 2016 年硕士学位论文）；孙丽萍《〈颜氏家训〉文献学成就及思想研究》（西北大学 2009 年硕士学位论文）、刘竟成《〈颜氏家训集解〉商补》（浙江大学 2014 年硕士学位论文）；五是哲学研究，李健《哲学视域中的〈颜氏家训〉研究》（湘潭大学 2009 年硕士学位论文）、汪俐《〈颜氏家训〉与儒学社会化》（湖南大学 2014 年硕士学位论文）；六是社会学研究，许晓静《由〈颜氏家训〉看南北朝社会》（山西大学 2007 年硕士学位论文）、田雪《〈颜氏家训〉中的士族文化研究》（河北师范大学 2013 年博士学位论文）；七是心理学研究，续晓琼《颜之推研究——从〈颜氏家训〉探讨颜之推的内心世界》（山东大学 2007 年硕士学位论文）、田雪《乱世沉浮中的挣扎——从〈颜氏家训〉看颜之推文化心理之矛盾性》（河北师范大学 2009 年硕士学位论文）；八是其他研究，范岚《〈颜氏家训〉学习策略研究》（中南大学 2013 年硕士学位论文）、王文娟《二十世纪以来〈颜氏家训〉研究综述》（东北师范大学 2014 年硕士学位论文），等等。

其他家训个案研究主要有：一是司马光家训研究，如陈延斌

《论司马光的家训及其教化特色》（《南京师大学报》2001 年第 4
期），孔令慧《论司马光家训特色及当代启示》（《运城学院学报》
2008 年第 1 期），李宏勇、孔令慧《浅析司马光家训中的治家思想》
（《运城学院学报》2008 年第 4 期），冯志珣《司马光〈家范〉研
究》（陕西师范大学 2008 年硕士学位论文），张赟《家训与宋代伦
理生活——以司马光〈家范〉为例》（华东师范大学 2011 年硕士学
位论文）；二是袁采《袁氏世范》研究，如蒋黎茉《袁采与〈袁氏
世范〉研究》（东北师范大学 2012 年硕士学位论文）、董菁《〈袁氏
世范〉家庭德育内容探析》（山西师范大学 2012 年硕士学位论文）、
韩安顺《〈袁氏世范〉主体思想研究》（青岛大学 2012 年硕士学位
论文）、封娟《〈袁氏世范〉家庭伦理思想研究》（河北师范大学
2012 年硕士学位论文）、焦唤芝《〈袁氏世范〉家庭伦理思想及其现
代价值》（南京大学 2015 年硕士学位论文）；三是朱熹《朱子家训》
研究，如王玉莲、鲍善水《〈朱子家训〉与中国传统家庭伦理道德》
（《山西高等学校社会科学学报》1998 年第 5 期），张志雄《和谐主
义的伦理观——从〈朱子家训〉看朱熹的伦理观》（《南平师专学
报》2000 年第 3 期），许亦善《谈〈朱子家训〉的美学价值》（《南
平师专学报》2003 年第 1 期），王瑞平《论〈朱子家训〉的核心意
义及实践价值》（《上饶师范学院学报》2010 年第 4 期），靳义亭、
李振宇《论〈朱子家训〉中的和谐思想及其当代价值》（《华北水利
水电学院学报》2013 年第 6 期），张蕾《〈朱子家训〉及其教育价
值》（《武夷学院学报》2016 年第 1 期），马志东《〈朱子家训〉与
大学道德素质研究》（河北工业大学 2012 年硕士学位论文），李丽博

《〈朱子家训〉的伦理意蕴》（河南大学 2013 年硕士学位论文）；刘清之《戒子通录》研究，如杨夕《刘清之及其〈戒子通录〉研究》（南京师范大学 2008 年硕士学位论文）、吴桂真《〈戒子通录〉与刘清之教育思想研究》（华中科技大学 2013 年硕士学位论文）；四是袁黄家训研究，如曾礼军《简论袁黄〈了凡四训〉劝善思想的宗教影响》（《嘉兴学院学报》2011 年第 4 期）、谭荣《〈了凡四训〉伦理思想研究》（西南大学 2014 年硕士学位论文）、陈延斌《论袁黄的家训教化与功过格修养法》（《武陵学刊》2016 年第 5 期）；五是张英家训研究，如徐嘉《张英的家训思想》（《徐州教育学院学报》2002 年第 1 期），郭长华《张英家训思想初论》（《湖北大学学报》2005 年第 1 期），杨琳《桐城张氏父子家训中为官之道思想探析》（《常州大学学报》2011 年第 4 期），章建文《家训语境下张英的文学观——论〈聪训斋语〉的文学思想》（《宁夏社会科学》2012 年第 3 期），白兴华、凌俊峰《张英〈聪训斋语〉家训思想述要》（《湖南科技学院学报》2013 年第 2 期），严萍《张英家训蕴含的家庭教育思想及其启示》（《教育探索》2016 年第 1 期），杨琳《安徽桐城父子宰相家训思想研究》（安徽财经大学 2012 年硕士学位论文）；六是曾国藩家训研究，如戴素芳《曾国藩家训伦理思想探略——兼论其在现代社会的意义》（《湘潭师范学院学报》2000 年第 4 期）、朱明勋《论曾国藩的家训思想》（《西南交通大学学报》2007 年第 6 期）、陈旭《曾国藩家训对大学生思想政治教育的启示》（《哈尔滨学院学报》2013 年第 3 期）、戚卫红《曾国藩家训思想与教化路径新探》（《武陵学刊》2016 年第 5 期），等等。

　　此外，其他家训个案研究尚有闫续瑞、杜华《论诸葛亮的家训思想及其影响》（《西北师范大学学报》2013 年第 3 期），杜华、阎续瑞《论李世民家训的思想内容》（《文艺评论》2012 年第 6 期），赵虹辉《试论〈庞氏家训〉中的优良育人传统》（《云南师范大学学报》1998 年第 2 期），刘程《朱柏庐〈治家格言〉的伦理思想研究》（湖南师范大学 2016 年硕士学位论文），周庆许《〈双节堂庸训〉主体思想研究》（青岛大学 2010 年硕士学位论文），叶茂樟《明清家训文化的一朵奇葩——简析李光地的〈本族公约〉和〈诫家后文〉》（《牡丹江师范学院学报》2013 年第 3 期），阮锡安《浅谈阮元的家训特色及其现实意义》（《扬州教育学院学报》2016 年第 2 期），赵大维《清代庄氏家训的"准法律"作用》（《河北科技师范学院学报》2013 年第 2 期），陈永福《〈奉常家训〉所现乡绅居乡行为原则》（《中国社会历史评论》2012 年专辑），吴洋飞《〈资敬堂家训〉与王师晋治家之道》（《西安航空学院学报》2013 年第 2 期），付庆芬《〈姚氏家训〉：明清吴兴姚氏的望族之道》（《宁波大学学报》2009 年第 1 期）；等等。

　　李洁琼《〈颜氏家训〉与曾国藩家教伦理思想比较研究》（湖南工业大学 2011 年硕士学位论文）、刘迪《古代家训的现代家庭教育价值研究——以〈颜氏家训〉〈曾文正公家训〉为例》（哈尔滨师范大学 2015 年硕士学位论文）、刘杰《〈颜氏家训〉与〈袁氏世范〉家庭教育思想比较研究》（东北师范大学 2015 年硕士学位论文），这些文章从家训个案比较角度来探讨。

　　其二，家训史论研究。

家训史论研究包括通史研究和断代史研究两大类。家训通史研究以徐少锦、陈延斌《中国家训史》和朱明勋《中国家训史论稿》两部著作为代表。徐少锦、陈延斌《中国家训史》初版于 2003 年由陕西人民出版社出版，2011 年再由人民出版社出版。该书以翔实的文献资料对自先秦至晚清时期的家训进行了较为系统的史学梳理，具有筚路蓝缕之功。全书共五编三十九章，把中国古代家训发展史分为五个时期：先秦为家训的产生时期、两汉三国为家训的定型时期、两晋至隋唐为家训的成熟时期、宋元为家训的繁荣时期、明清为家训的鼎盛到衰落时期。朱明勋《中国家训史论稿》是其四川大学 2004 年博士学位论文《中国传统家训研究》修改稿，于 2008 年由巴蜀书社出版。该书把中国家训发展也概括为五个时期：先秦为家训的发轫期、汉魏六朝为家训的发展期、隋唐为家训的成熟期、宋至清为家训的鼎盛期、近现代为家训的转型期。两部著作虽然分期有所不同，但都对中国历代家训发展史做了较为清晰的梳理。两者也各有特色，前者重在对家训文本内容解读，后者重在对家训目录梳理。

家训断代史研究基本上是以硕士、博士学位论文为主体，尤以硕士学位论文为最大宗，从先秦到明清，各个朝代都有涉及。一是先秦两汉家训研究，如张静《先秦两汉家训研究》（郑州大学 2013 年硕士学位论文）、付元琼《汉代家训研究》（广西师范大学 2008 年硕士学位论文）、安颖侠《汉代家训研究》（河北师范大学 2008 年硕士学位论文）、郝嘉乐《东汉家训研究》（安徽大学 2015 年硕士学位论文）、闫续瑞《汉唐之际帝王、士大夫家训研究》（南京师范大学 2004 年博士学位论文）；二是魏晋南北朝家训研究，如柏艳《魏晋南北朝家训研究》（湖南师范大学 2010 年硕士学位论文）、梁加花《魏晋南北朝家训研究》（南京师范大学 2011 年硕士学位论文）、邓英英《魏晋南北朝家训研究》（延安大学 2012 年硕士学位论文）、王佳伟《魏晋南北朝家训对语文教育的启示》（南京师范大学 2015 年硕士学位论文）；三是唐代家训研究，如陈志勇《唐代家训研究》（福建师范大学 2004 年博士学位论文）、李光杰《唐代家训文献研究》（吉林大学 2009 年硕士学位论文）、苏亚囡《唐代士族家训探析》（曲阜师范大学 2010 年硕士学位论文）陈志勇《唐宋家训研究》（福建师范大学 2007 年博士学位论文）；四是宋代家训研究，如杨华《论宋朝家训》（西北师范大学 2006 年硕士学位论文）、陈黎明《论宋朝家训及其教化教色》（华中师范大学 2007 年硕士学位论文）、吴小英《宋代家训研究》（福建师范大学 2009 年硕士学位论文）、刘欣《宋代家训研究》（云南大学 2010 年博士学位论文）、吴祖宏《宋代家训与社会秩序的关系研究》（安徽大学 2010 年硕士学位论文）、高著军《宋代家训类著述考述》（曲阜师范大学 2011 年硕士学位论文）、冯瑶《两宋时期家训演变探析》（辽宁大学 2012 年硕士学位论文）、刘江山《宋代家训研究》（青海师范大学 2015 年硕士学位论文）；五是明清家训研究，如王瑜《明清士绅家训研究（1368—1840）》（华中师范大学 2007 年博士学位论文）、谢金颖《明清家训及其价值取向研究》（东北师范大学 2007 年硕士学位论文）、刘晓丹《明清家训家规文化及其对现代家庭教育的影响》（哈尔滨工程大学 2010 年硕士学位论文）、冯诚诚《明清家训历史教育研究》（曲阜师范大学 2011 年硕士学位论文）、张洁《明清家训研究》（陕西师范大学 2013 年硕士学位论文）；等等。

其三，家训综合研究。

早期综合研究以徐少锦《试论中国历代家训的特点》（《道德与文明》1992 年第 3 期）、《中国古代家训的合理内容》（《审计与经济研究》1992 年增刊）、陈延斌《中国古代家训论要》（《徐州师范学院学报》1995 年第 5 期）、《论传统家训文化对中国社会的影响》（《江海学刊》1998 年第 3 期）、徐秀丽《中国古代家训通论》（《学术月刊》1995 年第 7 期）等论文为代表，这些论文对中国家训的产生成因、文本内容、教化特点和文化意涵等方面进行综合分析，从宏观上对古代家训进行探讨。

费成康主编《中国的家法族规》（上海社会科学院出版社 2002 年版）是中国家训研究的第一部著作，不过该书只研究条文形式的家法族规，不涉及其他文体形式的家训文本。《中国的家法族规》从家法族规的演变、制定、范围、惩处、执罚、奖励、特性、历史作用和研究意义九个方面，对家法族规进行了综合性的考察，并对这些规范作了一分为二的评价，肯定了其中反映民族文化精华的内容。书后附有五十余种不同时代各具特点的家法族规，为家法族规研究提供了方便。

王长金《传统家训思想通论》（吉林人民出版社 2006 年版）是中国家训综合研究的另一部重要著作，该书与《中国的家法族规》恰好相反，其研究内容不涉及家法族规等条文形式的家训文本。该书从家训的文化背景、历史溯源、家庭伦理、人生哲学、道德观念、教育思想、教育方法及传统家庭与现代家庭关系等几个方面对古代家训思想进行了通观研究。该著作最为突出的特点就是对传统家训的文本内涵进行了深入透彻的分析和解读，首次从宏观上对非条文形式家训文本进行系统研究。

其四，家训专题研究。

一是家训中伦理道德的专题研究，如杨伟波《传统家训伦理教育思想探析》（长沙理工大学 2008 年硕士学位论文）、姚迪辉《宋代家训伦理思想研究》（湖南工业大学 2011 年硕士学位论文）、姜卫星《传统家训伦理思想研究》（南京师范大学 2012 年硕士学位论文）等论文主要对传统家训中的伦理思想进行探讨；洪彩华《试论我国古代家训在现代家庭道德建设中的价值》（湖南师范大学 2004 年硕士学位论文）、孙永贺《传统家训文化中优秀德育思想的现代转换》（哈尔滨工程大学 2009 年硕士学位论文）、魏雪玲《传统家训文化中的德育思想研究》（重庆师范大学 2013 年硕士学位论文）、邵尉《中国传统家训促进儿童道德发展问题研究》（哈尔滨理工大学 2013 年硕士学位论文）、尹艳《传统家训在现代家庭伦理教育中的价值》（重庆师范大学 2013 年硕士学位论文）、朱文彬《中国传统家训对当代道德教育的启示》（齐齐哈尔大学 2014 年硕士学位论文）等论文主要探讨传统家训对当代道德建设的借鉴作用和意义。

二是家训中经济观念的专题研究，如杨华星《从家训看中国传统家庭经济观念的演变——以宋代社会为中心的分析》（《思想战线》2006 年第 4 期），李俊《宋代家训中的经济观念》（河北师范大学 2002 年硕士学位论文），易金丰《宋代士大夫的治生之学与消费伦理——以宋代家训为中心》（河北大学 2013 年硕士学位论文），张然《明代家训中的经济观念研究》（华中师范大学 2008 年硕士学位论文），王瑜、蔡志荣《明清士绅家训中的治生思想成熟原因探析》（《河北师范大学学报》2009 年第 2 期），赵金龙《明清家训中的经济观念》（山东师范大学 2009 年硕士学位论文），郑漫柔《清代家训中的家庭理财观念》（《黑龙江史志》2010 年第 3 期）等论文对家训中的经济与治生观念进行了探讨。与此相关，徐少锦《中国古代商贾家训探析》（《齐齐哈尔师范学院学报》1998 年第 1 期）、徐少锦《中国古代商贾家训对商德建设的价值》（《审计与经济研究》1998 年第 3 期）、姜素贤《晋商常家的家训及其启示》（《晋中学院学报》2010 年第 1 期）等论文则对古代商贾家训进行了专题探讨。

三是家训中女性观念的专题研究，如刘欣《略论宋代家训中的"女教"》（《中华女子学院学报》2009 年第 5 期）、姚社《宋代家训中的妇女观研究》（华中师范大学 2008 年硕士学位论文）、梁素丽《宋代女性家庭地位研究——以家训为中心》（辽宁大学 2012 年硕士学位论文）等论文对家训中的女教与女性文化进行探讨。

四是家训诗文的专题研究，如舒连会《唐代家训诗考述》（南京师范大学 2013 年硕士学位论文）、袁天芬《宋代亲子诗研究》（西南大学 2012 年硕士学位论文）、林阳华《宋代科举视野下家训诗文的双重性》（《三明学院学报》2013 年第 3 期）、刘欣《论宋代家训诗中的"情"与"理"》（《云南社会科学》2014 年第 5 期）、曾礼军《清代女性戒子诗母教特征与文学意义》（《文学遗产》2015 年第 2 期）等论文对家训诗进行了专题考察。

　　五是地域家训的专题研究，如戴元枝、曲晓红《徽州族谱家训中的蒙学教育思想》（《黄山学院学报》2013 年第 2 期），石开玉《明清徽州传统家训中的女性观探析》（《重庆三峡学院学报》2016 年第 5 期），钟华君《清末民初徽州宗族家训及其传承研究》（安徽大学 2015 年硕士学位论文）等论文专门就徽州地区家训进行了探讨。王莉《明清苏州家训研究》（苏州大学 2014 年硕士学位论文），蒋明宏、曾佳佳《清代苏南家训及其特色初探》（《社会科学战线》2010 年第 4 期）等对苏州地区家训进行了考察。陈寿灿、杨云等《以德齐家：浙江家风家训研究》（浙江工商大学出版社 2015 年版）是一部专门探讨浙江家训的著作，也是第一部区域性家训研究专著，全书共五章。前三章分别探讨了浙江家风家训的理论脉络、时代传承和文献梳理，其中文献梳理重点介绍了《钱氏家训》《郑氏规范》《袁氏世范》《了凡四训》《水澄刘氏家谱》等家训家谱。后二章分别探讨了浙江名人家风家训和浙江畬族家风家训。此外，曾礼军《江南望族家训：家族教化与地域涵化》（《中国社会科学报》2012 年 1 月 13 日）就江南家训的地域特色和文化作用进行了初步探讨。

　　其五，家训文献研究。

　　家训文献研究是传统家训研究的基础，也是起步最早的家训研究。王利器《颜氏家训集解》对《颜氏家训》文献进行了集解，是最早的家训文献研究成果。

　　家训文献研究主要集中在文献辑录和整理。徐少锦主编《中国历代家训大全》（中国广播电视出版社 1993 年版）是较早辑录和整理家训文献的著作。20 世纪 90 年代中后期，由夏家善主编，天津古籍出版社出版了一套中国历代家训丛书，包括《颜氏家训》《温公家范》《袁氏世范》《双节堂庸训》《帝王家训》《名臣家训》《名人家训》《历朝母训》《家庭训语》《家训要言》《蒙训必备》《历代家规》等 12 册。此外，还出版了许多各类家训文献辑录本。如赵忠心《中国家训名篇》（湖北教育出版社 1997 年版）、张艳国编著《家训辑览》（武汉大学出版社 2007 年版）、包东波选编《中国历代名人家训精粹》（安徽文艺出版社 2010 年版）、陈君慧编《中华家训大全》（北方文艺出版社 2014 年版），等等。

赵振《中国历代家训文献叙录》（齐鲁书社 2014 年版）是第一部家训文献的目录学著作。该书所收家训上起先秦，下至清末，以历代编纂的以治家教子为主要内容的家训文献为主，并酌情收录少量具有家训作用和影响的蒙学、乡约与训俗文献。该书对流传于世的每一部家训专著的作者、内容、版本、价值及影响都进行了详细的考辨和评述，书末有"历代家训专著存目一览表"及"历代亡佚家训专著一览表"两个附录。

综上所述，家训研究主要集中在个案、史论、综合、专题和文献五个方面，涉及研究的内容较为广泛，体现了家训研究越来越受到人们的重视。特别是随着家风家训受到当下社会的普遍关注后，家训研究也日益为社会所重视，学术研究与社会服务走向了有机结合，如中共中央纪委和监察部网站就搜集了全国各地许多传统家规家训文本及其相关宣传片。

但传统家训研究也还存在许多不足，主要表现在以下几方面：一是研究力量还较为单薄，目前家训研究的生力军主要是在校硕士研究生及少量博士研究生，而广大学者则较少涉足其中；二是研究对象还较狭窄，如个案研究过于集中在《颜氏家训》上，而其他家训个案则较少有深入的探讨；三是研究内容还不够深入，不少研究内容皆大同小异，缺少应有的深度和新意，诸如家训的地域性、文体书写、文化内涵等研究内容都有待进一步深入探讨；四是研究成果还缺少分量，目前主要学术专著有徐少锦、陈延斌《中国家训史》，朱明勋《中国家训史论稿》，费成康主编《中国的家法族规》，王长金《传统家训思想通论》，赵振《中国历代家训文献叙录》等，而其他大量的是单篇硕士学位论文，或是质量不高的单篇小文。因此，传统家训仍是一块重要的学术拓荒地，需要研究者做出全面、深入和透彻的研究。

第三节　江南望族家训研究概述

本书以江南望族家训为研究对象，从江南地域的空间视角对中国传统家训进行全面系统地研究。本书所涉及的江南空间范围主要是指现今行政区划的浙江全境、江苏南部、上海全境、安徽徽州和江西婺源等地区。江南家训虽然时间上最早可以追溯到三国东吴时期，但大量兴起是在宋代以后，宋元明清是江南家训发展的黄金时期，也是江南家训引领全国家训发展的重要时期，因此本书研究的江南家训虽然涉及多个历史时期，但以宋元明清时期为主体。家训作品以名人名篇及非条文形式的文本为主体，同时兼顾少量条文形式的家训文本。此外，本书所论述的"家族"是一种较为泛化的称谓，既指向小型家庭，也指向大型家族，甚至包含宗族的内涵，具体指向视家训文本内容而定。这样虽然模糊了"家族"的特定内涵，但避免了因家训文本不同而过多地界定家庭、家族和宗族，使它们关系变得过于复杂。

本书主要从历史演变、文体书写、文化功能、教化思想和文学价值五个方面来探讨和研究江南望族家训。

江南望族家训的历史演变大致可以分为四个时期：汉唐为江南家训的兴起时期、宋元为江南家训的奠基时期、明代为江南家训的繁荣时期、清代为江南家训的泛化时期。家训作为家族文化的重要组成部分是依附于家族的兴起和兴盛而发展演变，由于江南望族兴起较晚，直至三国孙吴政权建立才真正走上历史舞台，东晋南朝形成初步繁荣期，因此江南望族家训也出现较晚，且数量极为有限。但江南望族家训自宋代以后，影响力极大，宋元以后的江南家训不但自身走向了繁荣发展，而且具有重要的文化辐射作用，对全国各地家训文化产生了重要影响。

江南望族家训的文体书写是对家训的文体特征进行研究，主要探讨家训的文体标志、文体形式、语言运用和表达方式。家训作为一种训诫文体，常常有一些特定的文体标志，这些文体标志主要有"戒""诫""训""箴""约""规""范"等。此外，"勉""劝""寄""示"等也是常见的文体标志。家训的文体形式主要有诗词体家训、散文体家训、格言体家训、书信体家训、家训专书和家训规条。前三者是就语言韵散而言，后三者是就书写形式而言。家训的语言也有着特定的语言个性，主要表现为雅不废俗，俗中有雅；既重散语，也有韵语；以直言为主，间以引言。家训的表达方式以议论说理为主，同时也有叙事和抒情，而叙事运用得最少。

江南望族家训的文化功能主要探讨家训对于家族的文化教育和传承发展的重要作用。最为突出的文化功能就是家族教化功能，以家族子孙为教化对象，强调子孙教育对于家族传承发展的重要性；其次是家族律化功能，即家训具有一定的强制约束力，是一种特殊的家法条文，特别是那些以"家规""宗规""族规""家约""宗约""族约"等命名的家训规条更是如此；最后是家风养成功能，家训对于家族成员处世行事的整体风格和文化素养具有教化和养成作用。家训既具有家族性特征，又具有普世性特征，这种普世性表现在家训文本往往不局限于个体家族，而能够为其他家族教育所共享和通用。

江南望族家训的教化思想主要包含三个方面内容：一是立人观念；二是理家观念；三是女性观念。立人教育思想主要包括道德为先的修身观念、读书躬行的治学观念、多元共生的治生观念、慎己睦人的处世观念、忠贤清廉的为官观念五个方面。其中，前三者是就受教化者个体自身成长而言，后二者是就受教化者与社会国家的关系而言，五个方面的教化内涵共同塑造受教化者成才和成人。理家教育思想大致涉及纲常为本的家族伦理观、门当户对的家族婚姻观、量入为出的家族经济观、同宗互助的家族赈济观、门第传承的家族兴替观和睦邻敬官的家族社会观。女性观念教化主要包括男外女内的女性角色观、德言容功的女性德行观、从一而终的女性贞节观和德才兼具的女性知识观。

　　江南望族家训的文学价值研究主要探讨家训的文学特性及文学教育作用。一方面，家训属于一种特殊的家族文学，一些以诗歌、散文等文体书写的家训作品凸显了文学承载家族教育功能的作用和价值，形成了以家族训诫为主要题材的文学类型；另一方面，家训还有着十分重要的文学教育作用，家训重视文学传承的家族意识教化，重视一些具体的文学思想观念和文学创作观念教育。

　　本书研究方法主要采用文献引证法和逻辑归纳法两种。本书的观点和论证是建立在大量家训文献引证的基础上，这既使行文论说具有较强的说服力，同时又使读者能够了解更多的家训文本。这些家训文本大多通俗易懂，对于当今社会和家庭教育仍然具有诸多的启示和意义。本书还十分重视逻辑归纳法，无论是章节纲目的编制，还是观点的提出，都是通过大量家训文本内容归纳形成的，既具有概括性，又具有典型性。

　　本书有助于传统家训研究的深化和拓展，其学术创新主要表现在三个方面：其一，研究对象创新。本书以江南望族家训为研究对象，首次从江南地域的空间视角来探讨传统家训，既重视江南家训与中国古代家训的文化共性，又凸显了江南家训文化的地域特性，揭示了传统家训的地域分布特点和重心所在。其二，研究内容创新。一是对江南家训的生成发展和历史演变进行了深入探讨，不仅列举了各个历史时期的典型家训文献，而且高度概括了江南家训不同历史阶段的文化特征；二是对江南家训的文体书写进行了全面研究，特别是对家训文体的渊源流变及其文体形式和文体特征进行了较为深入的研究，此为学界较少关注的问题；三是对江南家训的文化功能进行较为系统的研究，家训的文化功能虽是以家族教化功能为主体，但还涉及家族律化功能（即家法功能）与家风养成功能，研究者多关注前者，而忽略后两者，本书对家训的三种文化功能皆有所探讨；四是对江南家训的文学价值进行了适当的诠释，研究者多关注家训作为家族教育的文化特征，而忽略其文学特征与文学教育作用，适当诠释家训的文学价值有利于深化家训研究和准确定位家训所应有的文化价值。其三，研究视角创新。这主要表现在家训的教化思想研究上，家训的教化思想是家训研究的重要内容，为广大研究者所关注，但研究的逻辑思路不够明朗和清晰，没有紧扣家训与家族的关系来研究家训的教化思想和教化内容。实际上，家族教化的根本目的在于家族传承，而家族传承的主要承担者是家族子孙，因此家训教化是以家族子孙为根本对象，以家族传承为根本目的，立人教育和理家教育就成了家训最重要的教化内容。而女性教化则是相对男子而言，其教化目的也在于育子传家。本书正是着眼于家训与家族传承关系来重新探讨和解读家训的教化思想和教化内容。

第一章

江南望族家训的历史演变

　　家训与家族密不可分，家族是家训的外在依附，家训是家族的内在文化，先有家族后有家训，有了家族却不一定会有家训，家训是家族教育及文化兴盛的重要标志。因此，江南家训的发展演变首先离不开江南家族及家族文化的兴起和繁荣。江南望族兴起于东汉中后期，至三国孙吴政权建立才真正走上历史舞台，东晋南朝是其初步繁荣期。自宋代以后，江南望族发展进入一个崭新的阶段，江南成了全国经济文化的中心区域，江南望族引领了新型科宦家族制度的重建和实践。明清时期的江南望族则进入了鼎盛阶段。与此相适应，江南望族家训形成于两汉至隋唐五代时期，但家训数量极少；江南望族家训的繁荣兴盛是在宋代以后，宋元是江南家训的奠基期，奠定了家训撰写的新导向，即家训撰写由别贵贱的门第训诫转向了敬宗收族的宗法教化，并且强化了儒家思想为主导的导向性；明代是江南家训发展的繁荣期，不但家训数量激增，而且还出现了不少女性作者，家训的教化范围也由家庭、家族拓展到了宗族和乡村，其教化作用不但受到家族教化者重视，也引起了上层统治阶层的关注；清代是江南家训的泛化期，依附于家谱中的平民家训大批量产生，但文本内容或是大同小异，或是缺乏形而上的思想性和创新性，而对教化对象的训诫要求却越来越多和越来越苛刻，江南家训由此走向衰败和没落。

第一节 江南望族与家训的关系

家训是家族及家族教育的文化产物，家训既对家族存在着一定的依附性，同时家训又对家族的发展传承具有重要的助推作用。

中国古代最早的家族组织萌芽于原始社会末期，殷周时期则是宗法式家族，其特点是"政权和族权、君统和宗统结合在一起，按地域划分的国家各级行政组织和按血缘划分的大小家族基本上合而为一"。[①] 周王既是宗主又是天子，集政权与族权于一身，成为天下共主，因此"在春秋中期以前，个体家庭处于宗法家族组织的笼罩之下，社会生活和经济、政治活动的基本实体是父权制大家庭（家族）而不是个体小家庭"。历经春秋战国后，"社会变革导致个体家庭终于冲破了家族组织的外壳而独立出来，成为基层社会中最基本的组织实体，并作为整个社会结构中与专制国家相对应的另一极而存在，传统家庭模式至此形成"。[②] 所以，作为社会细胞的个体小家庭最早则是在春秋战国时期才形成的。但是，个体小家庭的最终形成和完善是在秦汉时期。这一方面是由于周王朝实行的宗法分封制最终崩溃是在秦始皇建立中央集权的封建皇权之后；另一方面，则

---

① 徐扬杰：《中国家族制度史》，武汉大学出版社 2012 年版，第 17 页。
② 张国刚主编：《中国家庭史》第一卷《先秦至南北朝时期》，广东人民出版社 2007 年版，第 121 页。

是秦国商鞅变法强制实行的家庭分异政策，"随着东方六国相继被兼并又逐步推行到全国，导致家庭结构明显简化，家庭规模也相应缩小"，最终普遍形成"由父母和夫妻、子女构成的直系家庭"的结构模式。到了汉代，这种小型核心家庭就成为家庭形态的主导，兄弟通常分居，平均家庭人口不超过五人，被称为"汉型家庭"。①

虽然"汉型家庭"是两汉的基本社会组织形式，但自西汉中期以后，特别是东汉时期，宗族组织和宗法活动又得到有力的恢复和发展，宗族内部成员联系纽带日趋紧凑，豪族之间婚姻圈更加凸显，由此形成了一种新型的政权与族权相结合的世家大族，政权在家族中能够世代传袭。这些世家大族当中，那些原属军功贵族越来越儒质化，向文质家族转化，而士大夫家族则走向豪族化，由此世家大族集政治地位、文化背景和经济财力于一体。至曹魏确立九品中正制，政府明确将两汉以来大族的政治地位等第化和世袭化，世家大族则转化为门阀士族，成为魏晋南北朝时期的主要家族组织形式。②

江南望族开始兴起于东汉中后期，至三国孙吴政权建立才真正走上历史舞台。西汉二百多年间，南方入仕者或名士仅 17 人，除去军功入仕者，仅有 9 人，其中会稽、吴 2 人，九江、寿春 2 人，庐江、舒 2 人，其他 3 人为楚人，他们大多数是下级小吏。东汉中后期，江南才开始成为文人聚集区，世家大族逐渐兴起。这主要是因为东汉江南地区社会稳定、经济丰饶，成为中原人士避乱的主要迁

---

① 张国刚主编：《中国家庭史》第一卷《先秦至南北朝时期》，第 220—221 页。
② 参见冯尔康等《中国宗族史》，上海人民出版社 2009 年版，第 107—113 页。

徒地。① 至东吴时期，累世公卿的世家大族比比皆是，其中主要有吴县的朱、张、顾、陆，会稽的孔氏、虞氏，山阴的贺氏，吴兴的沈氏，秣陵（今南京）的纪氏，义兴（今宜兴）的周氏等。值得注意的是，这些世家大族很多也是由中原迁居而来的。如"四姓实名家"者只有顾氏为江南土著，朱、张、陆三姓则为北方人。朱姓的来源有两支，一是吴郡朱买臣之后，二是钱塘朱云之后。朱云本鲁人，徙平陵。张姓乃张良七世孙张睦之后，至张睦乃迁徙至吴郡。陆姓为齐宣王田氏之后，宣王封少子通于平原陆乡，因郡望为姓。六朝陆姓，也有很多人自称陆贾之后，而陆贾乃楚人，以门客从刘邦定天下，其子孙过江居吴郡吴县。②

孙吴政权的建立，主要依靠江南世家大族的支持；反过来，又对江南世家大族的发展起到重要推动作用。孙吴政权不仅为世家大族子弟进入政治权力中心提供了重要平台，而且促使了他们由尚武向尚文的转化。如会稽贺氏，孙吴初年是以军功位重，贺齐与其子贺达、贺景都是东吴良将，而贺景之子贺邵则由尚武转向了尚文。据《晋书·范平传》载，贺邵受业于范平，范平"研览坟素，遍该百氏"。至贺邵之子贺循则博闻好学，尤善《三礼》，入晋后成为一代礼学大儒。

东晋南朝是江南望族发展的初步繁荣期。虽然西晋王朝的建立曾短暂隔离了江南望族与政治权力中心的联系，但是西晋末年的

---

① 参见刘跃进《秦汉文学地理与文人分布》，中国社会科学出版社 2012 年版，第 154、163 页。

② 参见刘跃进《秦汉文学地理与文人分布》，第 154 页。

"永嘉之乱"却推动了大量北方世家大族迁徙江南，极大地扩充了江南望族的队伍。随着东晋南朝各政权相继建都建康，江南望族又重新回到了政治权力中心，并且形成了初步繁荣的局面。这种繁荣表现在两个方面：一是原来东吴时期以来的江南土著世家得到新的发展，所谓"四姓""八族"即是典型概括。《文选》卷二四陆士衡《吴趋行》："属城咸有士，吴邑最为多。八族未足侈，四姓实名家。"李善注引张勃《吴录》："八族：陈、桓、吕、窦、公孙、司马、徐、傅也；四姓：朱、张、顾、陆也。"二是过江"侨姓"成为江南望族的新生力量。柳芳《氏族论》："过江则为'侨姓'，王、谢、袁、萧为大；东南则为'吴姓'，朱、张、顾、陆为大；山东则为'郡姓'，王、崔、卢、李、郑为大；关中亦号'郡姓'，韦、裴、柳、薛、杨、杜首之；代北则为'虏姓'，元、长孙、宇文、于、陆、源、窦首之。"① 东晋南朝的江南望族是典型的门阀士族，他们有着仕宦世袭、门第婚姻和文化垄断等突出特征。大体而言，过江"侨姓"在中央政权中更居主导地位，如王氏和谢氏几乎包揽了东晋南朝"九卿""二千石"以上的高官；而江南土著则主要对文化进行了垄断，如吴郡朱、张、顾、陆四姓，政治上除了顾氏挤进了东晋南朝的中央政权外，其他三姓主要是局限于地方政权当中但他们都是文化世家大族。

随着李唐王朝定都长安，政治文化中心再次迁往北方，江南望族的政治文化地位也有所回落，远不如山东、关中"郡姓"和代北

---

① 欧阳修、宋祁等：《新唐书》卷一九九《儒学中·柳冲传》，中华书局2003年版，第5677页。

"虏姓"等北方家族，但依然能够与山东、关中形成鼎足而立的新格局。①

自宋代以后，江南望族发展进入一个崭新的阶段，江南地区不但成为全国经济文化的中心区域，而且引领了新型科宦家族制度的重建和实践。这与科举制度有密切关系，虽然科举考试在隋唐时期就已经开始了，但直到宋代才开始走向规范化和严格化，成为最主要的选官方式，这对江南文人和江南家族都产生了巨大影响。北宋虽然建都北方，但江南文化却异常发达，较之北方文人和家族有着更为突出的优势。"据美国学者 John W. Chaffee（贾志扬）以地方志中所载北宋进士进行的统计，现在可考的北宋进士全国有 9630人，其中南方诸路达 9164 人，占总数的 95.2%，北方诸路仅 466人，占总数的 4.8%。在南方地区中，又以两浙东、两浙西、江南东、江南西、福建等东南五路的进士为多，共有进士 7038 人，占北宋进士总数的 73%。"② 由此可见，北宋时期江南已经成为全国文化中心。南宋建都临安，更是极大地促进了江南家族及其文化的繁荣发展。

宋代规范化的科举制度还对宋代家族制度产生了重要影响。唐代虽然实施了科举制度，但仍然存在门阀制度，采用门荫与科考双轨制。经过唐末五代的战争摧毁，魏晋以来的门阀制度终于彻底瓦解了，个体小家庭从宋代开始再次大量出现。而那些通过科举入仕的个体小家庭就成为新兴科宦家族。这些新兴科宦家族大都出身于

---

① 参见李浩《唐代三大地域文学士族研究》，中华书局 2002 年版。
② 刘海峰、李兵：《中国科举史》，东方出版中心 2004 年版，第 185 页。

社会底层，其祖先或为庶族地主，或为草野乡民，并且很难有较为完整的传承谱系和溯源，往往只限于祖和父等简单几代，这不利于孝道伦理实现。同时，相对于门阀世袭，科举入仕使得普通小家庭更易于成为科宦家族，提升其社会地位，但也难以持续。因此，无论是出于个体家庭的生存需要，还是出于儒家伦理道德的宣扬目的，构建新的家族制度并付诸实践都是时代的迫切需要。江南文人和家族在这方面有着突出的贡献。

从理论重构上来看，虽然张载和程颐较早提出重建家族理论，但朱熹的理论影响最大，且易付诸实践。张载提出了"立宗子法"和"兴谱牒制"，程颐倡导建立家庙与祭祖制度，而朱熹所著《家礼》最为系统，对南宋以后中国社会影响巨大，其家族制度理论有三点具有重要影响，即建祠堂、墓祭始祖和先祖、置祭田。① 从家族重建实践来看，范仲淹最早设置义田，以赈济同宗子孙；苏洵《眉山苏氏族谱》和欧阳修《庐陵欧阳修家谱》则基定了近世家谱最初的样式。由此，建祠堂、置义田和修家谱就成为宋以后家族制度最基本的三大特征，确定了以个体小家庭为基本组织细胞和以血缘关系为联系纽带而构建的新型家族组织，其最主要的形式是许多个体独立的小家庭聚族而居，但也有少部分累世同居共财的大家庭。这种新兴家族制度与门阀制度有着本质区别，这不仅表现在个体小家庭拥有更多的社会自由和经济独立性，更表现在这种家族制度反映了新兴科宦士大夫的主张和利益，即重视敬宗收族和维持个体小家

① 参见冯尔康等《中国宗族史》，第164—170页。

庭的生存发展与传承延续。例如，中古也重视谱牒，但门阀谱牒重在别贵贱，保证门阀世袭能够得到延续，而宋以后的家谱重在敬宗收族，使家族伦理观念得到贯彻，使小家庭在整个大家族中能够得到生存和发展的保证。

新型家族制度盛行于江南地区。"根据宋元时期各类宗族祠堂的分布地区数量统计，主要集中于五省，依次为江西、安徽、浙江、江苏、福建。又据日本学者森田宪司对宋元时代族谱序言的地域分布统计，也主要集中在上述五省，只是浙江和安徽的先后次序相反。此外，宋元时期族田的分布地区也主要分布在上述省份。"① 由此可见，新型家族制度下的江南望族家庭制度从宋代开始引领全国。

明清时期的江南望族进入了鼎盛阶段。虽然明清的政治中心又迁往了北方，但江南凭着雄厚的经济实力和渊源的文化传统，其绝对优势的文化实力和地位无可撼动。仍以科宦为例来分析，明代在实行南北分卷之前的洪武、建文、永乐三朝各科进士共 2792 人，其中南方籍 2228 人，占总数的 79%。分卷后，南方仍然远超北方人数。又据清人黄大华《明宰辅考略》所载，明代历任内阁大学士计 163 人，其中南直 28 人（今江苏 20 人、安徽 5 人、上海 3 人），浙江 26 人，江西 22 人，湖广 12 人，福建 11 人，人数占全部内阁大学士的 60%。② 清代科举共有 112 科 114 榜，其巍科人数也各有 114 名，其中江苏、浙江、安徽三省共有状元 78 名，占全国的 68.4%；榜眼 62 名，占全国的 54.4%；探花 73 名，占全国的 63.2%；传胪

---

① 冯尔康等：《中国宗族史》，第 220 页。
② 参见刘虹《中国选士制度史》，湖南教育出版社 1992 年版，第 346—347 页。

68 名，占全国的 59.6%；会元 81 名，占全国的 71.1%。而这三省的进士人数占全国的 25.8%。因此，江南以全国四分之一的进士夺取了全国将近三分之二的巍科名额，充分体现了其雄厚的文化实力。①

明清江南望族的家族制度承宋元而来，整体变化不大，但强化了祠堂族长的族权统治，族长有主持祭祀祖先的权力，有管理族田收入及族中其他产业的权力，有主持族人分家及监督族人财产继承、过户等权力，有对族内户婚姻缔结、田土纠纷及违法族人的初级裁判权和有限制的处死权。② 其宗法族权更加凸显。如安徽歙县，"邑俗重宗法，聚族而居，每村一姓或数姓。姓各有祠，支分派别，复为支祠，堂皇宏丽，与居室相同，岁时举祭祀，族中有大事，亦于此聚议焉。祠各有规约，族众公守之。推辈行尊而年齿高者为族长，执行其规约，族长之称职与否则视乎其人矣"。③

总之，江南望族自三国吴登上历史舞台后，东晋南朝走向初步繁荣，经唐代回落后，至宋代又回到政治文化中心，明清时期则达到鼎盛。家族是家训的依附与载体，因此江南望族的繁荣发展极大地促进了江南家训的兴盛发达，特别是宋代家族制度重建以后，家训更是成为江南文人群体进行家族教育和管理的重要文化载体。

江南家训对江南望族的生存发展和传承繁衍具有重要助推作用，其中最核心的一点即是起到了敬宗收族的教化作用。如宋代范仲淹

① 参见李润强《清代进士时空分布研究》，《西北师范大学学报》2005 年第 1 期。
② 参见徐扬杰《中国家族制度史》，第 291—292 页。
③ 《民国歙县志》卷一，转引自徐扬杰《中国家族制度史》，第 284 页。

《告诸子及弟侄》："吴中宗族甚众，与吾固有亲疏，然吾祖宗视之，则均是子孙，固无亲疏也。苟祖宗之意无亲疏，则饥寒者吾安得不恤也。自祖宗来积德百余年，而始发于吾，得至大官，若享富贵而不恤宗族，异日何以见祖宗于地下，今何颜以入家庙乎？"① 范仲淹告诫子侄，从祖宗角度来看，所有范氏子孙都是范氏家人，没有亲疏之别，因此享富贵者必须有赈恤宗族之念，否则将无颜面见祖宗于地下。又如明代方孝孺《宗仪》训诫方氏子孙要尊祖，其曰："人之异于物者，以其知本也。其所以知本者，以其礼义之性，根于天备于心，粹然出于万物，故物莫得而类之。""吾惧夫吾族之人，为痿痹禽犊之归，而不自知也，为尊祖之法。曰：立祠祀始迁祖，月吉必谒拜，岁以立春祀，族人各以祖袝食，而各以物来祭，祭毕相率以齿，会拜而宴。齿之最尊而有德者向南坐，而训族人。"② 一些治家之道，家训中也多有规诫。如宋代袁采《世范》的治家之训就谈到要注重防火防盗的规诫。防盗之训，如"夜间防盗宜警急"："凡夜犬吠，盗未必至，亦是盗来探试，不可以为他而不警。夜间遇物有声，亦不可以为鼠而不警。"又如"夜间逐盗宜详审"："夜间觉有盗，便须直言：'有盗。'徐起逐之，盗必且窜。不可乘暗击之，恐盗之急以刀伤我，又误击自家之人。若持烛见盗，击之犹庶几，若获盗而已受拘执，自当准法，无过殴伤。"防火之训，如"火起多从厨灶"："火之所起，多从厨灶。盖厨屋多时不扫，则埃墨易得引

---

① 刘清之：《戒子通录》卷六，《文渊阁四库全书》第 703 册，台湾商务印书馆 1986 年版，第 71 页。
② 方孝孺著，徐光大校点：《逊志斋集》卷一，宁波出版社 1996 年版，第 37 页。

火，或灶中有留火，而灶前有积薪接连，亦引火之端也。夜间最当巡视。"又如"焙物宿火宜儆诫"："烘焙物色过夜，多致遗火。人家房户，多有覆盖宿火而以衣笼罩其上，皆能致火，须常戒约。"①

　　家训是江南家族文化的重要载体，因此江南家训较为发达。有的作者一人就有多种家训文献，如南宋陆游撰有《放翁家训》，还有200多首教化子孙的家训诗；明代方孝孺撰有《家人箴》《宗仪》《四箴》《杂诫》《学箴》《勉学诗》等一系列家训文献；明代徐三重既撰有《鸿洲先生家则》，又撰有《野志》；清代冯班除了撰有《家戒》外，还有《将死之鸣》之类的临终遗训；清代陈确撰有《丛桂堂家约》，又有《示儿帖》等多篇训子书；清代张履祥既有《训子语》，又有《示儿》书信；等等。有的家族则几代人都撰有不同的家训，以延续家族教化和规范，如五代钱镠撰有《武肃王遗训》，其后人钱惟演则撰有《谱例一十八条》；宋代范仲淹撰有《告诸子及弟侄》，其子范纯仁则有《诫子弟言》，其《义庄规矩》更是延续好几代，先是有范仲淹《义庄规矩》，后有范纯仁等兄弟《续定规矩》，再之后又有范之柔《续定规矩》；明代袁颢撰有《袁氏家训》，其子袁坡也有大量家训语录，为袁坡之子袁衷等人记录成《庭帏杂录》，其孙袁黄则撰有《了凡四训》《训儿俗说》等家训文献；清代汪辉祖撰有《双节堂庸训》及一些家训诗，其子汪继培则撰有《训子四箴》等。有的家训则是经过几代人的修订增补才最终定型，典型者如浙江浦江《郑氏规范》，最早由六世孙郑太和所撰，共有58

---

① 《丛书集成新编》第33册，（台北）新文丰出版公司1985年版，第155—156页。

条，后七世孙郑钦、郑铉又续增至 92 条，最后由八世孙郑涛联合郑泳、郑涣、郑湜等人最终定稿，为 168 条。除了这些独立成篇的家训文献外，还有载录于家谱中的家训，江南家谱绝大部分都有形式不一的家训文献，特别是明清江南家谱更是如此。不过家谱中的家训文献相对缺乏个性，甚至有雷同或抄袭现象。

第二节 兴起期：汉唐江南望族家训

两汉至隋唐五代的江南望族家训主要集中在三国吴和两晋南朝时期，此为江南望族家训的兴起时期。兴起期的江南家训文献不多，主要作品见表 1 - 1。

表 1 - 1　　　　两汉至隋唐五代的江南望族家训作品

家训	作者	时代	地域	出处	备注
《诫盈》	陆景	三国吴	吴郡吴县（今苏州）	《太平御览》卷四五九，《全三国文》卷七〇	
《戒子》	姚信	三国吴	吴兴（今湖州）	《全三国文》卷七一	
《与弟清河云诗》	陆机	西晋	吴郡吴县	《全汉三国晋南北朝诗·全晋诗》卷三	
《答兄平原》	陆云	西晋	吴郡吴县	《全汉三国晋南北朝诗·全晋诗》卷三	

续　表

家训	作者	时代	地域	出处	备注
《诫族子诗》	谢混	东晋南朝	会稽 （今绍兴）	《南史》卷二〇 《宋书》卷五六	祖籍陈郡阳夏（今河南太康）
《述祖德诗》	谢灵运	东晋南朝	会稽	《全汉三国晋南北朝诗·全宋诗》卷三	
《赠从弟弘元时为中军功曹住京诗》	谢灵运	东晋南朝	会稽	《全汉三国晋南北朝诗·全宋诗》卷三	
《诫江夏王义恭书》	刘义隆	南朝宋	京口 （今镇江）	《宋书》卷六一	祖籍彭城（今徐州）
《遗令》	萧巘	南朝齐	武进 （今常州）	《南齐书》卷二二	祖籍东海兰陵（今山东兰陵）
《戒诸子》	萧巘	南朝齐	武进	《南史》卷四二	
《诫当阳公大心书》	萧纲	南朝梁	武进	《艺文类聚》卷二五	
《贻诸弟砥石命》	舒元舆	唐	浙江东阳	《全唐文》卷七二七	
《武肃王遗训》	钱镠	五代十国	钱塘 （今杭州）	《吴越钱氏宗谱》卷首	吴越国

兴起期的江南家训不但数量少，文体也较为单一，以诗和文为主体，而且有些诗歌的训诫性质并不十分突出。就家训作者身份来看，兴起期的江南家训可分为两类：一类是士族家训；另一类是帝

王家训。士族家训又有江南本土的"吴姓"家训和过江的"侨姓"家训之分，分别以陆氏家训和谢氏家训为代表。这些家训都有较为突出的时代、地域和家族特点。

现存陆氏家训有陆景《诫盈》、陆机《与弟清河云诗》和陆云《答兄平原》等。陆氏是吴地望族，从西汉开始在吴地落户，至东汉初年已逐渐蕃盛，成为当地大姓。陆闳字子春，建武中为尚书令；陆闳孙陆续字智初，以忠义著称。陆续子陆稠、陆逢、陆褒三人，陆稠官至广陵太守，陆逢官乐安太守，陆褒好学不仕，陆褒子陆康位至庐江太守。进入三国吴，陆氏家族更是鼎盛一时。《世说新语·规箴》载："孙皓问丞相陆凯曰：'卿一宗在朝有人几?'陆曰：'二相、五侯、将军十余人。'皓曰：'盛哉！'陆曰：'君贤臣忠，国之盛也；父慈子孝，家之盛也。今政荒民弊，覆亡是惧，臣何敢言盛！'"所谓"二相"指有赤乌七年（244）任丞相的陆逊和宝鼎元年（266）拜左丞相的陆凯。陆逊为陆康族孙，陆凯为陆逊的族子。封侯者有陆逊，逊子陆抗，抗子陆晏、陆景以及陆凯，凯弟陆胤等。将军者已知有逊、抗、景、晏、凯、绩、胤、式、祎等。陆绩为陆康之子，亦归服于孙权。[①] 陆逊生二子，长子陆延早夭，次子陆抗为孙策外孙，袭爵。陆抗生五子，分别为陆晏、陆景、陆玄、陆机和陆云。至西晋陆机和陆云时代，陆氏家族开始式微。

陆机《与弟清河云诗》是一首诫勉弟弟陆云的家训诗，而陆云《答兄平原》则是一首回应陆机诫勉的诗歌，虽然这是两首兄弟之间

① 参见吴正岚《六朝江东士族的家学门风》，南京大学出版社 2003 年版，第137—138 页。

的赠答诗，但诗歌有着较为浓厚的训诫劝勉的色彩，可视为家训诗，对于探讨门阀时代世家大族的家族训诫有着重要价值和意义。两首诗歌都有着浓厚的世族和门阀意识，对于陆氏祖先的显赫功业充满了景仰，面对门第衰落和家族式微，兄弟俩都有着光大祖业和重振家声的强烈愿望。

陆机《与弟清河云诗》共分十章，前有小序。其序曰："余夙年早孤，与弟士龙衔恤丧庭，续忝末绪。墨经即戎，时并蒙发，悼心告别，渐蹈八载，家邦颠覆，凡厥同生，凋落殆半。收迹之日，感物兴哀，而士龙又先在西，时迫当祖送二昆，不容逍遥，衔痛东徂，遗情惨怆，故作是诗，以寄其哀苦焉。"小序交代了陆氏"家邦颠覆"和"同生凋落殆半"的悲惨现实。先是父亲陆抗于东吴末帝孙皓凤凰三年（274）秋战死任上。其时，陆机只有 14 岁，陆云 12 岁。陆抗死后，"子晏嗣，晏及弟景、玄、机、云，分领抗兵"（《三国志·吴志·陆抗传》），所谓"墨经即戎"即是。此后不久，太康元年（280）二月，长兄陆晏和次兄陆景又在与晋将王濬交战中阵亡，故有"祖送二昆"之语。由此可知，两首诗是作于东吴灭亡、新旧朝廷更替之后，诗歌有着独特的训诫特点。

首先，诗歌十分重视家世身份和祖先伟业的追溯。陆机《与弟清河云诗》其一曰："于穆予宗，禀精东岳。诞育祖考，造我南国。"据《新唐书·宰相世系表》及朱长文《吴郡图经续记》卷下"往迹"条等文献所载，陆氏一支于西汉初年由平原般县陆乡迁至江南，所以有"禀精东岳""造我南国"之语，"东岳"即泰山，南国即吴郡。① 这是对其家世身份的追本溯源。接着，作者又追溯了家族祖先的丰功伟绩以凸显其家族门第的荣耀。其曰："南国克靖，实繇洪绩。惟帝念功，载繁其锡。其锡惟何，玄冕衮衣。金石假乐，旄钺授威。匪威是信，称不远德。奕叶台衡，扶帝紫极。"陆云《答兄平原》也追溯了陆氏家世源头和祖先伟业，诗曰："伊我世族，太极降精。昔在上代，轩虞笃生。厥生伊何，流祚万龄，南岳有神，乃降厥灵。诞钟祖考，胤兹神明。运步玉衡，仰和太清。宾御四门，旁穆紫庭。紫庭既穆，威声爰振。厥振伊何，播化殊邻。清风攸被，率土归仁。彤弧所弯，万里无尘。功昭王府，帝庸厥勋。黄钺授征，锡命频繁。阚如虓虎，肃兹三军。光若辰跱，亮彼公门。仍世上司，芳流庆云。"

其次，诗歌叙述了先世基业衰落和家世门第倾颓的家族现实，抒发了诗人无比痛惜的哀叹之情。陆机《与弟清河云诗》（其四）即写东吴败亡及自己的惭愧之情："有命自天，崇替靡常。王师乘运，席卷江湘。虽备官守，位从武臣。守局下列，譬彼飞尘。洪波电击，与众同湮。颠踣西夏，收迹旧京。俯惭堂构，仰慑先灵。孰云忍愧，寄之我情。"其九则是以昔日繁荣兴盛与今日残破凋零的对比来表现家族的衰败，寄予诗人的痛苦之情。诗曰："昔我斯逝，兄弟孔备。今予来思，我凋我瘁。昔我斯逝，族有余荣。今我来思，堂有哀声。我行其道，鞠为茂草。我履其房，物存人亡。拊膺涕泣，洒泪彷徨。"陆云《答兄平原》也十分痛惜祖业难继和门第衰落的

---

① 参见顾农《陆机生平著作考辨三题》，《清华大学学报》2005 年第 4 期。

家族现实:"瞻仰洪范,实忝先基。巍巍先基,重规累构。赫赫重光,遐风激鹜。昔我先公,爰造斯猷。今我六蔽,匪崇克扶。悠悠大道,载邈载遐。洋洋渊源,如海如河。昔我先公,斯纲斯纪。今我末嗣,乃倾乃圮。世业之颓,自予小子。仰愧灵丘,衔忧没齿。"又曰:"昔我先公,邦国攸兴。今我家道,绵绵莫承。昔我昆弟,如鸾如龙。今我友生,凋俊坠雄。家哲永徂,世业长终。华堂倾构,广宅颓庸。高门降衡,修庭树蓬。感物悲怀,怆矣其伤。"

最后,两首诗歌都对对方进行了深切的鼓舞和勉励,希望对方能够建功立业,克绍祖业,重振家声。陆机《与弟清河云诗》(其五)曰:"猗我俊弟,嗟尔士龙。怀袭瑰玮,播殖清风。非德莫勤,非道莫弘。垂翼东畿,耀颖名邦。绵绵洪统,非尔孰崇。依依同生,恩笃情结。义存并济,胡乐之悦。愿尔偕老,携手黄发。"① 陆云《答兄平原》则曰:"惟我贤昆,天姿秀生。含奇播殊,明德惟馨。……恢此广渊,廓彼洪懿。弘道惇德,渊哉为器。统我先基,弱冠慷慨。将弘祖业,实崇奕世。"② 所谓"绵绵洪统,非尔孰崇""将弘祖业,实崇奕世",都是重振家道的劝勉之语。

陆机、陆云的这两首诗歌都有着浓厚的世族意识和门第观念,对于重绍祖业和振兴家族也有着强烈的愿望和深重的使命感,这是基于门阀观念而形成的家族教化和训诫的突出特点。正是由于这种重振家族的强烈使命感,陆氏兄弟在西晋吞并东吴后,以旧朝士族

---

① 丁福保:《全汉三国晋南北朝诗·全晋诗卷三》,中华书局 1959 年版,第 339—340 页。

② 同上书,第 359—360 页。

自重于新朝权贵，先是依附于贾谧，后又自荐于"八王"之赵王伦、吴王晏和成都王颖等人，企图借助晋朝新贵力量，"求得政治上更大的发展空间，以维系门第于不衰"，重振旧族世家。后人对陆氏兄弟这种"自重于新朝"的行为多有从人格道德上进行批评者，是没有真正体味和理解陆氏的真实苦衷与当时的历史现实。因为"两晋南朝的世家大族人物首先考虑的是门第问题，这是当时的社会风尚所决定的。至于忠节之类的道德观念，则在其次"。①

几经努力，陆机终于被成都王司马颖任命为后将军、河北大都督，督兵 20 万人。然而陆机最终却兵败无功，几乎全军覆灭，不仅功业未成、家道未振，而且连自己的性命也未保住，陆机连同弟弟陆云、陆耽等大量南士被司马颖处死。陆机兄弟死亡，陆氏家族更是走向了低谷。门阀制度下，个人和家族的地位与政治特权的获得是密不可分的。陆氏兄弟身为东吴旧邦世族子弟，虽然想通过自己的文韬武略建立功业来重振家声，但根本不可能获得西晋新朝士族的政治特权。一方面是由于北方新贵瞧不起南方旧族；另一方面在于陆机作为南方旧族有很强的家族荣耀感而显得孤傲不群，难以融入北方新政，由此形成了南北新旧势力的尖锐对立。据《世说新语·方正》所载："卢志于众坐，问陆士衡：'陆逊、陆抗，是君何物？'答曰：'如君于卢毓、卢廷。'士龙失色，既出户，谓兄曰：'何至如此，彼容不相知也。'士衡正色曰：'我父祖名播海内，宁有不知，鬼子敢耳！'"北人鄙视，南人孤傲，新贵与旧族之间必然

---

① 王永平：《论陆机陆云兄弟之死》，《南京晓庄学院学报》2002 年第 3 期。

形成尖锐的矛盾。陆氏兄弟被处死，虽与军败有关，但北方新贵的谮陷及司马颖幕中复杂的政治斗争也是重要原因之一。①

东晋偏左江南，政治权力中心南移，陆氏家族又重新获得政治权力中枢的地位，如《宋书·陆仲元传》曰："自玩洎仲元，四世为侍中，时人方之金、张二族。"所谓"四世侍中"是指阮玩、陆始、陆万载、陆仲元四人。门阀制度下，家族兴衰全系于政治权力的获得，陆机兄弟深知此点，然而他们却不可能认识到政治权力的获得，不光是靠自己的努力争取，更是一种门阀的世袭。

陆景《诫盈》是一篇典型的家训作品，与陆机、陆云积极进取企图以功名和权力来振兴家族和传承门第不同，陆景更强调全身保名和昆嗣延续要做到修德守道。其训曰：

> 富贵，天下之至荣；位势，人情之所趋。然古之智士，或山藏林窜，忽而不慕；或功成身退，逝若脱屣者，何哉？盖居高畏其危，处满惧其盈，富贵荣势，本非祸始，而多以凶终者，持之失德，守之背道，道德丧而身随之矣。是以留侯、范蠡，弃贵如遗；叔敖、萧何，不宅美地。此皆知盛衰之分，识倚伏之机，故身全名著，与福始卒。自此以来，重臣贵戚，隆盛之族，莫不罹患构祸，鲜以善终。大者破家，小者灭身。唯金、张子弟，世履忠笃，故保贵持宠，祚钟昆嗣。其余祸败，可为痛心。②

---

① 参见王永平《论陆机陆云兄弟之死》，《南京晓庄学院学报》2002 年第 3 期。
② 欧阳询：《艺文类聚》卷二三，中华书局 1965 年版，第 420—421 页。

陆景认为富贵荣势皆为人情所趋，但智者往往鄙弃之，其原因在于一般人不能做到持之有德、守之有道，最终会导致道德丧失，身败名裂。如何做到保贵持宠，祚钟昆嗣？陆景列举三组人物作为正面例子。张良、范蠡是功成退隐的典范，孙叔敖、萧何是不慕荣华的代表，金日磾、张安世则是祚钟昆嗣的榜样，特别是金日磾和张安世对于昆嗣延续、昌盛门第尤具有示范意义。金日磾本为匈奴休屠王太子，十四岁羁虏汉庭，因笃敬忠信为汉武帝所器重而成为朝廷重臣，"勒功上将，传国后嗣，世名忠孝，七世内侍"。[1] 张安世为张汤之子，其家族"自昭帝封安世，至吉，传国八世，经历篡乱，二百年间未尝谴黜"。[2] 显赫家族能够持久传承，陆景认为其原因在于其家族能持德守道，持德即是谦恭谨慎，戒骄戒奢；守道即是进退有据，出处有度。如金日磾虽为汉武帝所器重，其子亦为汉武帝所喜，是武帝"弄儿"，但金日磾严格要求弄儿，不准其有昵邪汉武帝的动作，弄儿长大后，与宫人戏喜，金日磾撞见，怒而杀之。张安世亦如此。张氏曾举荐一人，后其人来谢，张安世深以为恨，认为举贤达能不应有私谢，因此与其人绝交。

陆景《诫盈》作于东吴灭亡之前，与陆机、陆云的家训诗有着不同的时代创作背景，但从明哲保身的角度来看，陆景的家训更有利于家族传承，至少是保证了人丁和血脉的延续。但不管是哪种家训，门阀制度时代家族传承与门阀政权是密切相关的，何况是新旧政权更替后，旧邦世家大族要在新朝中继续保持名门望

---

① 班固：《汉书》卷六八《霍光金日磾传》，中华书局 1962 年版，第 2967 页。
② 范晔：《后汉书》卷三五《张曹郑列传》，中华书局 1965 年版，第 1200 页。

族的地位，更是离不开新朝政权的支持和帮助。不过，陆景的训诫有利于陆氏家族纯粹由军功政权支持转向文化隆家，因为无论是修德还是守道，都与家族文化修养密不可分。这在东晋南朝的陆氏家族传承中可以得到验证。

陆氏家族虽在东晋朝廷的权力中枢中分得一杯羹，但无论是权力还是地位，都远不如东吴时期那样显赫，因为东晋王朝中仍存在着"北尊南卑"的观念，北方过江"侨姓"比南方土著掌握着更多的中央实权，从"王与马，共天下"的王氏，到庾氏、桓氏，再到谢氏，都是从北方来的"侨姓"。陆氏家族除了能够继续保持名门望族的社会地位，获得一定政治权力的支撑下，还与其逐渐鼎盛的家族文化密不可分。特别是南朝门阀制度开始有所松动，更是为其发展提供了良好的环境和土壤。因而陆氏家族人才鼎盛，诸如陆澄、陆慧晓、陆倕、陆琏、陆襄、陆瑜、陆诩、陆庆、陆少玄、陆云公、陆杲、陆煦、陆缮、陆琼，或崇儒博学，或钻研佛理，或兼而有之。

由此可知，陆氏家训都十分重视门第意识和家族传承，陆机、陆云强调军功振家，而陆景更重道德传家，陆氏家族自孙吴起就为望族，中间除西晋有过短暂中衰外，一直到东晋南朝都很兴盛，并且由军功兴家转向文化昌家，虽然有诸多的原因，但良好的家风家训有着不可忽略的作用。

除了江南土著家训外，此期士族家训还有过江的"侨姓"家训，以谢氏家族为代表，主要有谢混《诫族子诗》和谢灵运《述祖德诗》。相比于琅邪王氏、吴郡陆氏等旧家大族，陈郡谢氏是一个晚起的家族。西晋"八王之乱"，中原大族纷纷南迁避难，国子祭酒谢衡亦举家渡江，定居会稽。其子谢鲲跻身殿堂，封为咸亭侯。此后，谢氏家族人才辈出，成为东晋王朝的江南"侨姓"望族。特别是淝水之战，击败前秦，保卫了东晋朝廷，谢氏家族功勋卓著，谢安被封为庐陵郡公，谢石为南康公，谢玄为康乐公，谢琰为望蔡公，人称一门四公。谢安由此成为继王导、庾亮、桓温之后与东晋司马氏政权共掌朝政的重要人物，谢氏家族的政治地位也达到了鼎盛。随着寒族武将崛起，南朝宋齐梁陈相继登台，谢氏子弟的政治前程也屡屡受挫。先是娶晋孝武帝爱女晋陵公主为妻的谢混为南朝宋武帝刘裕诛杀，此后在刘宋王朝和萧齐王朝中相继有近20位谢氏子弟因政治斗争而被诛杀。由于谢氏家族事功与风流并重，注重文化建设，虽然政治受挫，未能跻身于南朝政权中枢，但谢氏家族文化却得到了繁荣发展。谢混、谢弘微、谢晦、谢灵运、谢惠连、谢朓、谢庄、谢览、谢举、谢贞等谢氏子弟都有突出的文化和文学成就，秉承了"雅道相传"[1] 的家风。

　　谢氏家族非常重视家族教育，如《晋书·谢安传》载："玄字幼度。少颖悟，与从兄朗俱为叔父安所器重。安尝戒约子侄，因曰：'子弟亦何豫人事，而正欲使其佳？'诸人莫有言者。玄答曰：'譬如芝兰玉树，欲使其生于庭阶耳。'安悦。"钱穆指出："谢安此问，正见欲有佳子弟，乃当时门第中人之一般心情。所谓子弟亦何预人事，则因当时尚老庄而故作此放达语。"[2] 所谓芝兰玉树

---

　　① 李延寿：《南史》卷一九《谢晦传论》，中华书局1975年版，第546页。
　　② 钱穆：《略论魏晋南北朝学术文化与当时门第之关系》，载《中国学术思想史论丛》卷三，九州出版社2011年版，第251页。

生于庭阶即是家有佳子弟。培养子弟，传承门第，是谢安家族教育的主要目的。

谢混《诫族子诗》也贯穿着这种教育观念，其诗曰：

> 康乐诞通度，实有名家韵，若加绳染功，剖莹乃琼瑾。宣明体远识，颖达且沉隽，若能去方执，穆穆三才顺。阿多标独解，弱冠纂华胤，质胜诚无文，其尚又能峻。通远怀清悟，采采摽兰讯，直辔鲜不踬，抑用解偏吝。微子基微尚，无倦由慕蔺，勿轻一篑少，进往必千仞。数子勉之哉，风流由尔振。如不犯所知，此外无所慎。①

谢混是谢琰之子，谢安之孙，他是谢安之后谢氏家族最为突出的政治人物。《宋书·谢弘微传》称谢混"仍世宰辅"，无子，唯有二女。因此谢混对族子教育倾注了全部感情，"混风格高峻，少所交纳，唯与族子灵运、瞻、晦、曜、弘微以文义赏会，常共宴处，居在乌衣巷，故谓之乌衣之游。混诗所言'昔为乌衣游，戚戚皆亲姓'者也"。②《诫族子诗》共二十四句，每四句为一章，共六章。诗歌教化有很强的针对性，第一章是对谢灵运的教化，谢灵运袭封祖父公爵，称康乐；第二章是对谢晦的教化，谢晦字宣明；第三章是对谢曜的教化，谢曜小字阿多；第四章是对谢瞻的教化，谢瞻字通远；第五章是对谢弘微的教化，微子即谢混对谢弘微的称呼。谢混对于这些族子既肯定其优点，又指出其缺点；既有诫厉之言，又有循循

---

① 李延寿：《南史》卷二〇，第550页。
② 同上。

善劝。最后一章则表达了自己的殷切期盼，希望数子能够"风流由尔振"。

诗歌对谢灵运、谢瞻、谢晦和谢曜四人各指出其优缺点，唯对谢弘微独尽褒美。这既表达了谢混对谢弘微的器重，也体现了谢混识人的独特眼力。谢混曾不止一次指出谢灵运等四人的性格缺点，而赞扬谢弘微。《南史·谢弘微传》载谢混常言道："阿远刚躁负气，阿客博而无检，曜伎才而持操不笃，晦自知而纳善不周。设复功济三才，终亦以此为恨。至如微子，吾无间然。……微子异不伤物，同不害正，若年造六十，必至公辅。"① 阿远是指谢瞻，阿客为谢灵运，客儿为其小名。后来历史证明谢混的识见是正确的。如谢灵运放诞有余而检束不足，在刘宋王朝屡屡为人参劾，宋文帝虽有意庇护，终因失去耐心而下诏处死。谢弘微在谢氏家族因刘宋、萧齐王朝大量杀戮而变得凋零之时，以其谨慎和俭约的品行，独力支撑着谢氏家族，逐步渡过难关。谢弘微虽因病早逝，但其子孙谢庄、谢朏、谢瀹、谢谖、谢譓、谢览、谢举、谢蔺、谢贞等相继历仕南朝四朝。

谢灵运《述祖德诗》有二首，是颂赞祖父谢玄的诗歌，因述祖德具有追本溯源、警示子孙的作用，也可视为家训诗歌。其诗曰：

> 达人贵自我，高情属天云。兼抱济物性，而不婴垢氛。段生藩魏国，展季救鲁人。弦高犒晋师，仲连却秦军。临组乍不绁，对珪宁肯分。惠物辞所赏，励志故绝人。苕苕历千载，遥

① 李延寿：《南史》卷二〇，第550页。

遥播清尘。清尘竟谁嗣，明哲垂经纶。委讲辍道论，改服康世屯。屯难既云康，尊主隆斯民。

中原昔丧乱，丧乱岂解已。崩腾永嘉末，逼迫太元始。河外无反正，江介有蠢尼。万邦咸震慑，横流赖君子。拯溺由道情，龛暴资神理。秦赵欣来苏，燕魏迟文轨。贤相谢世运，远图因事止。高揖七州外，拂衣五湖里。随山疏濬潭，傍岩艺粉梓。遗情舍尘物，贞观丘壑美。①

《述祖德诗》主要对谢玄事功与风流并重进行了颂扬。诗有小序，其序曰："太元中，王父龛定淮南，负荷世业，专主隆人。逮贤相徂谢，君子道消，拂衣蕃岳，考卜东山。事同乐生之时，志期范蠡之举。"小序对谢玄的事功和归隐进行了介绍，谢玄为淝水之战的前锋，为大败前秦苻坚和平定淮南立下赫赫战功，然而丞相谢安逝世后，谢玄因遭小人排斥打击而得不到朝廷的有力支持，只能像乐毅、范蠡那样远离政治，归隐东山。诗歌则对谢玄的功德和品德进行颂扬。前一首借古代段干木、展禽（即柳下惠）、弘高和鲁仲连四位贤达来赞颂谢玄不但秉性高洁，不慕荣利，而且"兼抱济物生"，善为国家排忧解难，有着"屯难既云康，尊主隆斯民"的赫赫功勋。后一首则实写谢玄抵御入侵、收复失地的军功政治以及乘胜北伐的理想未能实现而弃官归隐。谢灵运赞颂祖父谢玄事功与风流并重的品德，表达的正是自己的处世准则和人生理想，他写作此二首诗歌大约是在辞去永嘉太守归隐故乡始宁

---

① 丁福保：《全汉三国晋南北朝诗·全宋诗》卷三，第635页。

之时。而这也正是谢氏家族的家风所在，谢安于淝水之战后，自请出镇广陵，避免孝武帝的猜忌，此后就如诗中所述，谢玄也远离权力中心，归隐东山。这种家风的形成既有利于家族获得一定政治权力和地位，又有利于家族血脉传承，对谢氏家族由政治权贵走向文化望族的转型也有重要推动作用。

概言之，士族家训有很强的世族意识和门第观念，非常重视子孙对于家族传承和门第隆兴的作用，是两晋南朝门阀制度下家族教化的独特文化载体。

兴起期的另一类江南家训是帝王家训，主要是南朝帝王的家训，有南朝宋文帝刘义隆《诫江夏王义恭书》、南朝齐豫章郡王萧嶷《遗令》和《戒诸子》、梁简文帝萧纲《诫当阳公大心书》、梁武帝萧衍《答皇太子请御讲敕》等。南朝各代多为短命王朝，政权更替如走马灯似的，因此帝王统治者对于子孙与统治政权的关系尤为敏感，帝王家训多有涉及。如萧嶷《戒诸子》："凡富贵少不骄奢，以约失之者鲜矣。汉世以来，侯王子弟以骄恣之故，大者灭身丧族，小者削夺邑地，可不戒哉！"[1] 梁武帝萧衍《答皇太子请御讲敕》："汝等未达稼穑之艰难，安知天下负重，庸主少君，所以继踵颠覆，皆由安不思危，况复未安者邪？殷鉴不远，在于前代。"[2] 帝王子孙贤达与否，不仅关涉帝王家族，更牵涉统治政权，其关系甚大。如何做到贤达，使家国持久？概其家训要点有三：一是修身向德。萧纲《诫当阳公大心书》诫其第二子大心曰："立身之道，与文章异，

---

① 李延寿：《南史》卷四二，第1065页。
② 《广弘明集》卷一九。

立身先须谨重,文章且须放荡。"① 萧纲强调立身须谨重。刘义隆
《诫江夏王义恭书》则对其弟江夏王刘义恭作了详细规定:"声乐
嬉游,不宜令过,蒲酒渔猎,一切勿为。供用奉身,皆有节度;
奇服异器,不宜兴长。汝嫔侍左右,已有数人,既始至西,未可
匆匆复有所纳。"② 二是笃睦亲人。萧嶷《遗令》诫其子子廉、子恪
曰:"人生在世,本自非常,吾年已老,前路几何。居今之地,非心
期所及。性不贪聚,自幼所怀,政以汝兄弟累多,损吾暮志耳。无
吾后,当共相勉厉,笃睦为先。……圣主储皇及诸亲贤,亦当不以
吾没易情也。"③ 三是礼贤下士。刘义隆《诫江夏王义恭书》:"礼贤
下士,圣人垂训;骄佟矜尚,先哲所去。豁达大度,汉祖之德;猜
忌褊急,魏武之累。"④ 具有讽刺意味的是,为了帝王高位和政治
权争,这些帝王教化者自身的行为却不为人齿,他们不守孝悌,
也不礼贤臣,甚至残杀骨肉和屠戮功臣。如宋文帝刘义隆即位三
年,便杀了谢晦及其兄弟子侄七人,而谢晦为刘宋王朝的建立立
下过汗马功劳,有着"佐命之臣"的称誉。因此,武将庶族出身
的南朝帝王所撰家训并未能做到言行一致,其蕴含的家族文化厚
重感和教育说服力远不如士族家训。

除了两晋南朝家训外,唐代舒元舆《贻诸弟砥石命》和五代吴
越王钱镠《武肃王遗训》也是两篇著名的家训。舒元舆,字升远,
婺州东阳(今浙江东阳)人。唐元和八年(813)进士,唐文宗时

---

① 欧阳询:《艺文类聚》二三,中华书局 1965 年版,第 424 页。
② 沈约:《宋书》卷六一,中华书局 1974 年版,第 1642—1643 页。
③ 萧子显:《南齐书》卷二二,中华书局 1972 年版,第 417 页。
④ 沈约:《宋书》卷六一,第 1641 页。

为尚书郎、御史中丞，兼判刑部侍郎，以本官同中书门下平章事。因与婺州兰溪李训、绛州翼城郑注谋诛宦官，事机不密，于甘露之变中被腰斩。其弟舒元褒、舒元肱、舒元迥，皆第进士。其《贻诸弟砥石命》以异石砥剑的故事，训诫诸弟要砥名砥行。其训诫道："或公然忘弃砥名砥行之道，反用狂言放情为事，蒙蒙外埃，积成垢恶，日不觉痞，以至于戕正性，贼天理，生前为造化剩物，殁复与灰土俱委，此岂不为辜负日月之光景耶？"因此要求诸弟"定持刚质，昼夜淬砺，使尘埃不得间发而入"。钱镠是五代吴越国王，其《武肃王遗训》作为一篇帝王家训，对传家理国都有诸多训诫。自钱镠"化家为国"后，至太平兴国三年（978），钱俶又"还国为家"，纳土归宋，钱氏家族此后成为宋代的文化望族，文化余脉一直延续到明清乃至近代，钱氏家训养成的家风具有不可忽略的作用。

综上所述，兴起期江南家训数量较少，主要有士族家训和帝王家训，前者是门阀制度的文化产物，有着浓厚的世族和门第意识，后者是南朝乱世时代的传国教化，但训诫内容与训诫者行为严重脱节。

第三节　奠基期：宋元江南望族家训

宋元是江南家训发展的一个重要时期，可称为奠基期。一方面，江南家训的大量兴起是从宋代开始的；另一方面，宋代家训的性质也发生了重要变化，由门阀士族家训转向了科举仕宦家训，由别贵贱的门第训诫转向了敬宗收族的宗法教化。宋元江南家训不但奠定了明清家训创作的基本形态，而且具有全国性影响。奠基期的江南家训主要文献见表 1-2。

表 1-2   宋元时期的江南家训主要文献

家训	作者	时代	地域	出处	备注
《告诸子及弟侄》	范仲淹	北宋	吴县 （今苏州）		
《义庄规矩》	范仲淹	北宋	吴县	《范文正公集》附录	
《续定规矩》	范纯仁	北宋	吴县	《范文正公集》附录	
《续定规矩》	范之柔	北宋	吴县	《范文正公集》附录	
《谱例十八条》	钱惟演	北宋	钱塘 （今杭州）	《苏州吴县湖头钱氏宗谱》卷首（光绪七年）	
《石林家训》	叶梦得	北宋	吴县	《丛书集成续编》本	
《石林治生家训要略》	叶梦得	北宋	吴县	《丛书集成续编》本	
《家政集》	王十朋	北宋	浙江乐清	《王十朋全集·辑佚》	
《袁氏世范》	袁采	北宋	浙江信安 （今常山）	《四库全书》本	
《家礼》	朱熹	南宋	婺源	《朱子全书》（修订本）	
《朱子家训》	朱熹	南宋	婺源	《紫阳朱氏宗谱》	
《训子帖》	朱熹	南宋	婺源		
《家范》	吕祖谦	南宋	浙江武义	《东莱吕太史别集》	
《放翁家训》	陆游	南宋	浙江山阴	《丛书集成初编》本	

续　表

家训	作者	时代	地域	出处	备注
《纪先训》	杨简	南宋	浙江慈溪	《慈湖先生遗书》	
《经钼堂杂志》	倪思	南宋	浙江归安		
《示衢子》	于石	南宋	浙江兰溪	《紫岩诗选》卷一	
《郑氏家范》	郑太和等	元	浙江浦江	《丛书集成初编》本	
《范氏心箴》	范浚	北宋	浙江兰溪		蒙训
《童卯须知》	史浩	北宋	浙江鄞县（今宁波）	《鄮峰真隐漫录》	蒙训
《小学》	朱熹	南宋	婺源	《朱子全书》（修订本）	蒙训
《童蒙须知》	朱熹	南宋	婺源	《朱子全书》（修订本）	蒙训
《白鹿洞书院揭示》	朱熹	南宋	婺源	《朱子全书》（修订本）	蒙训
《训蒙绝句》	朱熹	南宋	婺源		蒙训
《少仪外传》	吕祖谦	南宋	浙江武义	《吕祖谦全集》	蒙训
《孝弟蒙求》	邵万州	南宋	浙江金华		蒙训
《伊洛经义》	王柏	南宋	浙江金华		蒙训
《神童诗》	汪洙	南宋	浙江鄞县		蒙训
《名物蒙求》	方逢辰	南宋	浙江淳安		蒙训
《小学绀珠》	王应麟	南宋	浙江鄞县		蒙训
《朱子读书法》	程端礼	元	浙江庆元		蒙训
《程氏家塾读书分年日程》	程端礼	元	浙江庆元		蒙训

宋元江南家训在生成机制、思想导向、文本内涵和文化功能上都有诸多的新变。

第一，从家训的生成机制来看，宋元江南家训的制定由别贵贱的门第训诫转向了敬宗收族的宗法教化。由于科考成为两宋的主要选官制度，两宋以来的家训制定者也主要是以科考为导向的新兴士人。一方面，这些新兴士人中有不少本来出身卑微，难以形成完整的家族传承谱系；另一方面，传统的宗法制度随着门阀制度的清除也遭到了严重破坏，因而儒家的宗法观念和礼仪丧失殆尽。朱熹弟子陈淳指出："今世礼教废已久矣，宗法不复存，士夫习礼者专于举业，用莫究宗法为何如，祢已祔则不复缯其祖。祭有嫡而诸子并立庙。父在已析居异籍，亲未尽已如路人。或语及宗法，则皓首诸父不肯陪礼于少年嫡侄之侧，而华发庶侄亦耻屈节于妙龄叔父之前，是亦可叹也。"① 这既不利于家族繁荣发展，也不利于社会统治，因此宋元家训的首要目的在于起到了敬宗收族的宗法教化作用。如吕祖谦《家范》曰：

> 亲亲故尊祖，尊祖故敬宗。此一篇之纲目，人爱其父母，则必推其生我父母者，祖也。又推而上之，求其生我祖者，则又曾祖也。尊其所自来，则敬宗。儒者之道，必始于亲。此非是人安排，盖天之生物，使之一本，天使之也。譬如木根，枝叶繁盛，而所本者只是一根。如异端爱无差等，只是二本，皆

---

① 陈淳：《北溪大全集》卷九《宗会楼记》，《文渊阁四库全书》第 1168 册，第 571 页。

是汙漫意思。敬宗，故收族。收族，如穷困者，收而养之；不知学者，收而教之。收族，故宗庙严。宗族既合，自然繁盛，族大则庙尊。如宗族离散，无人收管，则宗庙安得严耶？①

吕祖谦认为敬宗收族是宗法之纲目，"敬宗"是尊其所自来，知道血脉之根本，"收族"是团结宗族之人，济其穷困者，教其不知学者，敬宗收族的根本目的在于加强家族的认同感和生存权。敬宗收族不仅对于家庭和家族的个体发展和繁荣具有重要意义，对于社会发展和国家统治也具有重要作用。吕祖谦进而指出："宗庙严，故重社稷。盖有国家社稷，然后能保宗庙，安得不重社稷？重社稷，故爱百姓。国以民为本，无民安得有国乎？故重社稷，必爱百姓也。爱百姓，故刑罚中。刑罚中，故庶民安。"②

朱熹《家礼》也贯通着敬宗收族的撰写目的，该书以"祠堂"置于卷首，其曰："此章本合在《祭礼》篇，今以极本返始之心，尊祖敬宗之意，实有家名分之守，所以开业传世之本也，故特著此冠乎篇端，使览者知所以先立乎大者。"③ 王十朋《家政集》置"本祖篇"于卷首，也体现了敬宗收族的观念。其曰："《传》曰：'万物本乎天，人本乎祖。'祖者，人之本也。木无根则枝叶曷为而蕃？人无祖则子孙曷为而昌？君子其可不知报本返始之道与！《诗》歌生民，美其能尊祖也，《春秋》讥逆祀，罪其不上祖也。鹰祭鸟，獭祭

---

① 黄灵庚、吴战垒主编：《吕祖谦全集》第1册，浙江古籍出版社2008年版，第284页。

② 同上书，第284页。

③ 朱熹：《家礼》卷一《祠堂》，朱杰人、严佐之、刘永翔主编《朱子全书》（修订本）第7册，上海古籍出版社、安徽教育出版社2010年版，第875页。

鱼，豹祭兽，犹知有祖也，而况于人乎！吾侪负七尺之躯，九窍之形，渴而知饮，饥而知食，寒而知衣，是身也，非从天降也，非从地出也，曷为而来哉！曷为而来哉！作《本祖篇》。"① 又如范仲淹《义庄规矩》也是敬宗收族的重要家规。

如果说朱熹《家礼·祠堂》、王十朋《家政集·本祖篇》更多体现的是敬宗观念，那么范仲淹《义庄规矩》则更重收族作用。如其曰："逐房计口给米，每口一升，并支白米。如支糙米，即临时加折。"② "逐房计口给米"体现了宗族对个体家庭的救济作用，通过保障个体困难家庭的生存，从而起到收族作用。范仲淹《告诸子及弟侄》曰："吴中宗族甚众，与吾固有亲疏，然吾祖宗视之，则均是子孙，固无亲疏也。苟祖宗之意无亲疏，则饥寒者吾安得不恤也。自祖宗来积德百余年，而始发于吾，得至大官，若享富贵而不恤宗族，异日何以见祖宗于地下，今何颜以入家庙乎？"③ 子孙众多，从祖宗的角度而言，则无亲疏之分，因此抚恤族中饥寒者是每一个家族和宗族应有之义。

第二，从家训的思想导向来看，宋元江南家训强化了儒家思想的导向作用。宋代以前的家训教化，其思想较为多元化。试以唐代家训诗为例，有圣贤导向教化者，如杜甫《又示宗武》："应须饱经术，已似爱文章。十五男儿志，三千弟子行。曾参与游夏，达者得

---

① 王十朋：《王十朋全集·辑佚》（修订本），上海古籍出版社 2012 年版，第 1033 页。
② 范仲淹：《范文正公集》附录《建立义庄规矩》（万有文库本），商务印书馆 1937 年版，第 540 页。
③ 《戒子通录》卷六，《文渊阁四库全书》第 703 册，第 71 页。

升堂。"① 教化儿子要以圣贤为榜样。有利禄诱导教化者，如韩愈《示儿》："始我来京师，止携一束书。辛勤三十年，以有此屋庐。……主妇治北堂，膳服适戚疏。恩封高平君，子孙从朝裾。开门问谁来，无非卿大夫。不知官高卑，玉带悬金鱼。问客之所为，峨冠讲唐虞。酒食罢无为，棋槊以相娱。凡此座中人，十九持钧枢。"② 以享华屋、受封诰、交权贵、食美餐等利禄教劝儿子读书，与杜甫形成鲜明对比。苏轼评之曰："退之《示儿》诗……所示皆利禄事也。至老杜则不然，其示宗武……所示皆圣贤事也。"③ 而李商隐《骄儿诗》则希望儿子弃文从武，以军功封侯："儿慎勿学爷，读书求甲乙。穰苴司马法，张良黄石术。便为帝王师，不假更纤悉。况今西与北，羌戎正狂悖。诛赦两未成，将养如瘤疾。儿当速成大，探雏入虎穴。当为万户侯，勿守一经帙。"④ 白居易《遇物感兴因示子弟》教儿子以明哲保身之术："寄言处世者，不可苦刚强"，"寄言立身者，不得全柔弱"，"于何保终吉，强弱刚柔间。"⑤ 翁承赞《寄示儿孙》则更显另类，要求儿孙能够传承仙方，修道成仙："予家药鼎分明在，好把仙方次第传。"⑥ 教化导向的多元化，体现了价值取向的多样性，是唐代思想开放的时代精神体现，也表明唐代家训诗作者所受儒家思想影响较为有限。宋代开始，家训的教化思想由多元化走向单一化，普遍强调儒家思想的教化引导，重视个体的

---

① 《全唐诗》第 4 册，中华书局 1999 年版，第 2533 页。
② 《全唐诗》第 5 册，第 3842 页。
③ 胡仔：《苕溪渔隐丛话前集》卷一六，人民文学出版社 1962 年版，第 102 页。
④ 《全唐诗》第 8 册，第 6299 页。
⑤ 《全唐诗》第 7 册，第 5246 页。
⑥ 《全唐诗》第 11 册，第 8166 页。

内在道德和个人修养的教化。如王十朋《家政集》自序曰：

> 古人有言曰，一年之计莫若植谷，十年之计莫若植木，百年之计莫若植德。《易》曰："积善之家，必有余庆；积不善之家，必有余殃。"又曰："善人富谓之赏，淫人富谓之殃。"《语》曰："未尝若贫而乐，富而好礼者也。"然则士君子欲修一家之政者，非求富益之也，植德而已尔，积善而已尔！父子欲其孝慈，兄弟欲其友爱，夫妇欲其相穆，帷薄欲其洁修，门间欲其清白，男子欲其知书，女子欲其习业，亲戚欲其往来，宾朋欲其交接，祭祀欲其精丰，用度欲其节俭，财货欲其无私，出纳欲其明白，奴婢欲其整肃，农桑欲其知务，官租欲其早输，私债欲其不负，府库欲其充实，米盐欲其检察，有无欲其相通，凶荒欲其相济，交易欲其廉平，施予欲其均一，忧乐欲其知时，吉凶欲其知变，忿怒欲其含忍，过恶欲其隐讳，戏玩欲其有节，饮酒欲其不乱，衣服欲其无侈，器皿欲其无奢，簿书欲其谨严，庭宇欲其修治，文籍欲其无毁，门壁欲其无污，秽恶欲其不谈，嫌疑欲其知避，事上欲其无谄，待下欲其无傲，责罚欲其有礼，鞭笞欲其不苛，疾病欲其相扶，患难欲其相恤，喜庆欲其相贺，死亡欲其相哀。如是而行之，则家道修明，内外无怨，上天降祥，子孙逢吉。①

王十朋强调"植德"和"积善"的家训教化，包括"孝慈""友爱"

---

① 王十朋：《王十朋全集·辑佚》（修订本），第1032页。

"相穆""洁修""清白""节俭""无私"等一系列教化观念，都体现了儒家思想对内在道德修养的养成和教化。

儒家思想对宋元江南家训的导向作用最为突出的体现是在家族礼仪的重建上。宋代以前的仪礼是以王侯、贵族为对象的，并不适用于普通人。《礼记·曲礼》曰："礼不下庶人，刑不上大夫。"《荀子·国富篇》曰："由士以上则必以礼乐节之，众庶百姓则必以法数制之。"即使到了唐代，祖先祭祀所设的家庙和神主也是依据官品而设定的，普通百姓无权拥有家礼。但是到了宋代，不仅众庶百姓没有家族礼仪，就是上层统治阶层所遵循的仪礼也遭到了破坏。重建家礼成为宋代新兴士大夫十分紧迫的文化任务，这方面以司马光《书仪》、吕祖谦《家范》和朱熹《家礼》最为突出。它们既有前后相承的关系，同时又对先秦《仪礼》进行了重要借鉴和重构。四部书的主要类目如图 1–1① 所示。

司马光《书仪》是较早对家礼进行重建的著作，此后有吕祖谦《家范》和朱熹《家礼》。其中司马光《书仪》合丧礼和祭礼于一体为丧仪，而吕祖谦《家范》始把丧仪拆分为葬仪和祭礼，但未涉及冠礼，朱熹《家礼》最为完整，分冠、婚、丧、祭四礼。有研究者指出："宋朝以前，只有天子、诸侯、士大夫等贵族阶层拥有可以祭祀祖先的家庙。经历了五代的纷乱，入宋以后家庙制度已无规范。宋儒遂致力于重建祭祀之礼。从文彦博于知长安府任上访得唐代杜佑的家庙旧址，于嘉祐元年（1056）建造自己的家庙开始，到司马

① 本图参考了日本学者吾妻重二的相关研究成果，参见［日］吾妻重二《朱熹〈家礼〉实证研究》，吴震译，华东师范大学出版社 2012 年版，第 13 页。

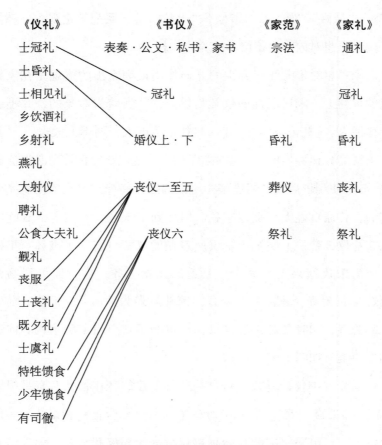

图 1 - 1 四部家礼经典的主要类目

光在《书仪》中对'影堂制度'的规定。无论是家庙还是影堂都可视为祠堂的先行。而真正意义之上为后世普遍接受的宗祠制度完成于朱熹。他将'祠堂'置于《家礼》篇首,使其由司马光《书仪》中的附录子项一跃升为通礼性首项,这就使祠堂成了家礼体系的基石。"① 以

---

① 刘欣:《宋代家训研究》,博士学位论文,云南大学,2010 年,第 6 页。

朱熹《家礼》为代表的宋代家族礼仪不但对《仪礼》进行了重构，而且将其应用推广到所有众庶百姓之家，使其成为宋代家训教化的重要组成部分。

第三，从家训的文本内涵来看，宋元江南家训更具系统性和完整性，涉及"修齐治平"等各个方面。《礼记·大学》曰："古之欲明明德于天下者，先治其国。欲治其国者，先齐其家，欲齐其家者，先修其身。欲修其身者，先正其心。欲正其心者，先诚其意。欲诚其意者，先致其知。致知在格物。物格而后知至，知至而后意诚，意诚而后心正，心正而后身修，身修而后家齐，家齐而后国治，国治而后天下平。自天子以至于庶人，一是皆以修身为本。其本乱而末治者否矣。其所厚者薄，而其所薄者厚，未之有也。"修身、齐家、治国、平天下是儒家系统化的伦理哲学和政治理论，宋元江南家训深受儒家思想影响，其文本内涵基本上涵盖"修齐治平"等各个方面。如袁采《袁氏世范》，共有三卷，包括"睦亲""处己"和"治家"三部分。其中"睦亲"是教化如何处理家族亲属之间关系的内容。如"父母多爱幼子"条曰："同母之子，而长者或为父母所憎，幼者或为父母所爱，此理殆不可晓。窃尝细思其由，盖人生一二岁，举动笑语自得人怜，虽他人犹爱之，况父母乎？才三四岁至五六岁，恣性啼号，多端乖劣，或损动器用，冒犯危险，凡举动言语皆人之所恶。又多痴顽，不受训诫，故虽父母亦深恶之。方其长者可恶之时，正值幼者可爱之日，父母移其爱长者之心而更爱幼者，其憎爱之心从此而分，遂成迤逦。最幼者当可恶之时，下无可爱之者，父母爱无所移，遂终爱之，其势或如此。为人子者，当知父母爱之所在，长者宜少让，幼者宜自抑。为父母者又须觉悟，稍稍回转，不可任意而行，使长者怀怨，而幼者纵欲，以致破家。"① 此条是教育家长如何处理父母与幼子的关系。再如"祖父母多爱长孙"条："父母于长子多不之爱，而祖父母于长孙常极其爱。此理亦不可晓，岂亦由爱少子而迁及之耶？"② 此条是紧承上条而来，在探讨了父母与幼子的关系后，紧接着又探讨了祖父母与长孙的关系，对于祖父母与父母两代人与后代的关系作了细腻深微的分析，令做长辈的深为感叹。"处己"是教化个人修身的内容。如"正己可以正人"条曰："勉人为善，谏人为恶，固是美事，先须自省。若我之平昔自不能为，岂惟人不见听，亦反为人所薄。且如己之立朝可称，乃可诲人以立朝之方；己之临政有效，乃可诲人以临政之术；己之才学为人所尊，乃可诲人以进修之要；己之性行为人所重，乃可诲人以操履之详；己能身致富厚，乃可诲人以治家之法；己能处父母之侧而谐和无间，乃可诲人以至孝之行。苟为不然，岂不反为所笑！"③ 此条教化子孙要先正己后正人，自己修身好，才可以要求别人行事。又如"礼不可因人轻重"条曰："世有无知之人，不能一概礼待乡曲，而因人之富贵贫贱设为高下等级。见有资财有官职者则礼恭而心敬，资财愈多，官职愈高，则恭敬又加焉。至视贫者，贱者，则礼傲而心慢，曾不少顾恤。殊不知彼之富贵，非吾之荣，彼之贫贱，非我之辱，何用高下分别如此！长厚有识君子必不然

① 袁采：《袁氏世范》，天津古籍出版社 1995 年版，第 18 页。
② 同上书，第 19 页。
③ 袁采：《袁氏世范》，第 80—81 页。

也。"① 此条家训是教育子孙如何待人，不可因人之富贵贫贱而设有高下等级。"治家"是教化如何治家的内容。如"宅舍关防贵周密"条曰："人之治家，须令垣墙高厚，藩篱周密，窗壁门关坚牢，随损随修，如有水窦之类，亦须常设格子，务令新固，不可轻忽。虽窃盗之巧者，穴墙剪篱，穿壁决关，俄顷可辨。比之颓墙败篱、腐壁敝门以启盗者有间矣。且免奴仆奔窜及不肖子弟夜出之患。如外有窃盗，内有奔窜及子弟生事，纵官司为之受理，岂不重费财力。"② 此条教育子孙如何保护家庭宅舍的安全措施。总体上来看，袁采《袁氏世范》的三部分实际上涉及"修身"和"齐家"两种文本内涵，"处己"属于修身内涵，"睦亲"和"治家"都属于齐家内涵，前者是从家族人事关系来教化，后者是家族物事方面来教化的。

除了修身和齐家外，治国的家训教化也不少，典型者如吕祖谦《家范》。吕祖谦《家范》除了涉及"宗法""昏礼""葬仪""丧礼"等内容外，还专列"官箴"，专门教育为官之道，主要包括吕祖谦《官箴》及其伯祖吕本中《舍人官箴》等内容。吕祖谦《官箴》主要是规范一些不被允许的事项，其核心在一个"廉"字。这些为官禁令，涉及各个方面，包括"觅举""求权要书保庇""投献上官文书""法外受俸""多量俸米""通家往还""置造什物"等。③ 再如郑太和《郑氏家范》也有为官的家训，其曰："子孙倘有出仕者，当夙夜切切，以报国为务。忧恤下民，实如慈母之保赤子；有申理者，

① 袁采：《袁氏世范》，第59—60页。
② 同上书，第118页。
③ 黄灵庚、吴战垒主编：《吕祖谦全集》第1册，第365页。

哀矜恳恻，务得其情，毋行苛虐。又不可一毫妄取于民。若在任
衣食不能给者，公堂资而勉之；其或廪禄有余，亦当纳之公堂，
不可私于妻孥，竞为华丽之饰，以起不平之心。违者天实临之。"①
此条家训告诫为官子孙要勤政爱民，体恤百姓，廉洁为官。

　　"修齐治平"离不开读书，因此教育子孙读书往往也是家训的重
要文本内涵。如吕祖谦《家范》专门辟有"学规"，主要包括《乾
道四年九月规约》《乾道五年规约》《乾道五年十月关诸州在籍人》
《乾道六年规约》等内容。这些学规本是为丽泽书院制定的，吕祖谦
把它们辑入《家范》中，体现吕氏家族对读书的重视。当然，读书
正是为了"修齐治平"，《乾道四年九月规约》首条即曰："凡预此
集者，以孝悌、忠信为本。其不顺于父母，不友于兄弟，不睦于宗
族，不诚于朋友，言行相反，文过遂非者，不在此位，既预集而或
犯，同志者规之；规之不可，责之；责之不可，告于众而共勉之；
终不悛者，除其籍。"② 吕祖谦认为不以孝悌、忠信为本者，是没有
资格到丽泽书院读书。又如陆游《放翁家训》也强调子孙要读书，
其曰："子孙才分有限，无如之何，然不可不使读书。贫则教训童稚
以给衣食，但书种不绝足矣。"③

　　第四，从家训的文化功能来看，宋元江南家训功能由单一的道
德教化向教化与律化并重转型。家训的主要文化功能是家族教化，
但是自两宋始，家训也起到了一种家族"法律"的作用，有着明确

---

① 《丛书集成初编》第 975 册，商务印书馆 1939 年版，第 10 页。
② 黄灵庚、吴战垒主编：《吕祖谦全集》第 1 册，第 359 页。
③ 《丛书集成新编》第 33 册，台北新文丰出版公司 1985 年版，第 142 页。

的惩戒规定。如《郑氏规范》就有不少惩戒规定，其曰："子孙赌博无赖及一应违于礼法之事，家长度其不可容，会众罚拜以愧之。但长一年者，受三十拜；又不悛，则会众痛箠之；又不悛，则陈于官而放绝之。仍告于祠堂，于宗图上削其名，三年能改者复之。"①对于子孙赌博之类的违礼法之事，其惩罚措施由"罚拜"到"痛箠"，再到"陈于官而放绝之"，并在宗谱上削其名，驱逐出家族。这种惩罚措施具有明显的"法律"意义，相对于纯粹的家训教化来说，要求更为严格。

第五，蒙训开始大量兴起，产生了重要社会作用和影响。蒙训是为少儿教育而编写的启蒙读物，主要分为两类："一是知识性，包含识字及名物历史知识；一是伦理性，包括人生与道德训诫。"②蒙训与家训关系密切，两者都重视童蒙教化，只不过前者教化对象超越家族，而后者教化对象则局限于家族之内，因此不少蒙训内容也涉及家族观念的教化。蒙训读物虽然在宋代以前就开始出现了，但数量较少，且多为识字知识类，如《急救篇》《开蒙要训》《千字文》等为识字写字类，《蒙求》《兔园册》等为历史知识类。唐代出现的《太公家教》是较早侧重道德教育的蒙训读物。自宋代起，蒙训读物开始大量出现，进入繁荣兴盛阶段。其中江南蒙训读物特别丰富，主要有范浚《范氏心箴》，史浩《童丱须知》，朱熹《小学》《童蒙须知》（又称《训学斋规》)、《白鹿洞书院揭示》《训蒙绝句》

---

① 《丛书集成初编》第975册，第3页。
② 陈来：《明清世俗儒家伦理研究——以蒙学为中心》，《中国近世思想史研究》，生活·读书·新知三联书店2010年版，第487页。

《易学启蒙》《论语训蒙口义》（教子弟理解《论语》已佚）、《训子从学帖》，吕祖谦《少仪外传》，邵万州《孝弟蒙求》，王柏《伊洛经义》，汪珠《神童诗》，方逢辰《名物蒙求》，王应麟《小学绀珠》，程端礼《朱子读书法》《程氏家塾读书分年日程》，陈定宇《示子帖》，等等。这些蒙训读物除了读书识字外，更重要的是起到儒家修身养性的作用。如朱熹《小学》是参照《曲礼》《少仪》《弟子职》等篇专门为蒙童编写的启蒙读物。此书共六卷，分内、外两篇。内篇以选录儒家经书为主，由四个部分组成，包括"立教" 13 则、"明伦" 117 则、"敬身" 46 则和"稽古" 47 则；外篇是历代贤德之士的嘉言善行，由两部分组成，包括"嘉言" 90 则和"善行" 81 则。该书以"立教、明伦、敬身"为纲，以"父子、君臣、夫妇、长幼、朋友、心术、威仪、衣服和饮食"为目。①

综上所述，宋元是江南家训奠基期，它不仅开创了宋元江南家训的新局面，而且奠定此后家训撰写的基本导向，即家训撰写由别贵贱的门第训诫转向了敬宗收族的宗法教化，家训的思想导向以儒家思想为主导，家训文本内涵基本上离不开儒家"修齐治平"的文化伦理。与此同时，作为家训重要的配套教化读物蒙训也大量兴起，开始走向繁荣。江南家训的奠基期的形成与宋代科举制度的完善和严格执行密不可分，因为科考制度不仅催生了新兴士人及其士人家庭和家族，而且酝酿了新兴儒学思想及其理学家群体。

---

① 参见钱东梅《宋代蒙学教材研究》，硕士学位论文，扬州大学，2012 年，第 25—26 页。

第四节 繁荣期：明代江南望族家训

明代是江南家训发展的繁荣期，这不仅表现在明代江南家训数量得到了扩大，还表现在明代江南家训撰写出现了不少女性作者；与此同时，家训的教化范围也由家庭、家族拓展到宗族和乡村，其教化作用不但受到家族教化者重视，也引起了上层统治阶层的关注。明代江南家训主要文献见表 1-3。

表 1-3　　　　　　　　　　　明代江南家训主要文献

家训	作者	时代	地域	出处	备注
《家人箴》	方孝孺	明	浙江宁海	《逊志斋集》卷一	
《宗仪》	方孝孺	明	浙江宁海	《逊志斋集》卷一	
《四箴》	方孝孺	明	浙江宁海	《逊志斋集》卷一	
《杂箴》	方孝孺	明	浙江宁海	《逊志斋集》卷一	
《四忧箴》	方孝孺	明	浙江宁海	《逊志斋集》卷一	
《箴四首》	方孝孺	明	浙江宁海	《逊志斋集》卷一	
《学箴》	方孝孺	明	浙江宁海	《逊志斋集》卷一	
《勉学诗》	方孝孺	明	浙江宁海	《逊志斋集》卷二三	
《示弟立志说》	王守仁	明	浙江余姚	《王阳明全集》卷七	
《示宪儿》	王守仁	明	浙江余姚	《王阳明全集》卷二十	
《赣州书示四侄正思等》	王守仁	明	浙江余姚	《王阳明全集》卷二六	
《示儿徵》	潘希曾	明	浙江金华	《竹涧集》卷三	

家训	作者	时代	地域	出处	备注
《寄程甥文德》	潘希曾	明	浙江金华	《竹涧集》卷三	
《寄从子燧绸辈》	潘希曾	明	浙江金华	《竹涧集》卷三	
《许云邨贻谋》	许相卿	明	浙江海宁	《丛书集成初编》本	
《项氏家训》	项乔	明	浙江永嘉 （今温州）	《项乔集》	
《普门张氏族约》	张纯	明	浙江永嘉 （今温州）	《项乔集》	
《孙简肃家规》	孙植	明	浙江平湖	《范家辑略》	
《家训》	张永明	明	浙江乌程 （今湖州）	《张庄僖文集》卷五	
《语录》	张永明	明	浙江乌程	《张庄僖文集》卷五	
《训子语》	郑晓	明	浙江海盐	《戒庵老人漫笔》卷八	
《陆氏家训》	陆树声	明	江苏松江	《范家辑略》	
《礼文疏节》	王敬臣	明	江苏长洲	《俟后编》卷四	
《家训》	方弘静	明	安徽歙县	《千一录》	
《家训》	周思兼	明	江苏松江	《学遗纪言》附录	
《莱峰遗语》	周思兼	明	江苏松江	《学遗纪言》附录	
《袁氏家训》	袁颢	明	浙江嘉善	《袁氏丛书》	
《庭帏杂录》	袁衷等	明	浙江嘉善	《丛书集成初编》本	
《了凡四训》	袁黄	明	浙江嘉善		
《训儿俗说》	袁黄	明	浙江嘉善	《北京图书馆古籍珍本丛刊》本	

续　表

家训	作者	时代	地域	出处	备注
《药言》	姚舜牧	明	浙江归安	《来恩堂草》卷一三	
《训后》	姚舜牧	明	浙江归安	《来恩堂草》卷一六	
《教子》	屠隆	明	浙江鄞县	《古今图书集成》本	
《家训》	唐文献	明	松江华亭	《唐文恪公文集》卷一六	
《示淳儿帖》	顾宪成	明	江苏无锡	《课子随笔钞》卷二	
《示儿复闻》	娄坚	明	江苏嘉定	《吴歈小草》卷二	祖籍长洲
《课子》	娄坚	明	江苏嘉定	《吴歈小草》卷六	
《安得长者言》	陈继儒	明	松江华亭	《丛书集成初编》本	
《养亲》	陈继儒	明	松江华亭	《古今图书集成》本	
《训子》	徐媛	明	江苏苏州	《络纬吟》卷一二	
《家矩》	陈龙正	明	浙江嘉善	《几亭外书》	
《槜李徐翼所公家训》	徐学周	明	浙江秀水（今嘉善）	《明董其昌行书徐公家训碑》	
《家训》	高攀龙	明	江苏无锡	《高子遗书》卷十	
《节孝家训述》	温璜	明	浙江乌程（今湖州）	《温宝忠先生遗稿》《丛书集成初编》	
《酌家训》	支大伦	明	枫泾	《支华平先生集》卷三六	
《议赈族》	支大伦	明	枫泾	《支华平先生集》卷三六	
《鸿洲先生家则》	徐三重	明	松江华亭	《明善全编》	
《野志》	徐三重	明	松江华亭	《明善全编》	
《余斋耻言》	徐祯稷	明	松江华亭	《四库未收书辑刊》本	

家训	作者	时代	地域	出处	备注
《与子书》	瞿式耜	明	江苏常熟	《瞿宣忠公集》卷九	
《给子黄灿黄炜书》	顾若璞	明	浙江钱塘（今杭州）	《历代名贤处世家书》	
《家诫要言》	吴麟征	明	浙江海盐	《丛书集成初编》本	
《字付大儿茂兰》	周顺昌	明	江苏苏州	《忠介烬余集》卷二	
《诫子书》	李应升	明	江苏常州	《五种遗规·训俗遗规》卷二	
《与男大成书》	朱之瑜	明	浙江余姚	《舜水先生文集》卷一	
《与诸孙男书》	朱之瑜	明	浙江余姚	《舜水先生文集》卷一	
《与孙男毓仁书》	朱之瑜	明	浙江余姚	《舜水先生文集》卷一	
《家训三首》	卢象升	明	江苏常州	《忠肃集》卷二	
《宗规》	何士晋	明	江苏宜兴	《重定齐家宝要》	
《治家条约》	庄元臣	明	江苏吴江	《曼衍斋草》	
《法楷》	闵景贤	明	浙江乌程	《丛书集成续编》（沪）	
《何氏家规》	何伦	明	浙江江山	《重定齐家宝要》	
《垂训朴语》	陈其德	明	浙江桐乡	《四库全书存目丛书》	
《宋氏家要部·家仪部·家规部·燕闲部》	宋诩	明	松江华亭	《北京图书馆古籍珍本丛刊》本	
《庭书频说》	黄标	明	川沙（今属上海）	《课子随笔钞》卷三	
《幼仪杂箴》	方孝孺	明	浙江宁海	《逊志斋集》卷一	蒙训
《蒙训教约》	王守仁	明	浙江余姚	《五种遗规·养正遗规》	蒙训

续　表

家训	作者	时代	地域	出处	备注
《童子礼》	屠羲英	明	安徽宁国（今宣城）	《五种遗规·养正遗规》	蒙训
《蒙养诗教》	胡渊	明	安徽歙县	《丛书集成续编》本	蒙训

由于明代以家族为单位的宗族组织普遍出现，以及明代集权政治对家族和宗族组织统治的强化，明代江南家训在承续宋元家训发展的基础上，又出现了一些新的文化特征。

其一，家训的传家功能得到了强化，并且其教化范围也由家庭、家族向宗族拓展。家训虽以家族教化为主要功能，但明代以前的家训教化主要是对子孙个人的道德品质、行为规范的教化，强调个体"修齐治平"的晋身之阶，而对传家的责任和要求则训诫较少。自明代始，家训的传家功能得到了强化，教化者十分重视家族生存和传承的重要性。如方孝孺《家人箴》序曰：

论治者常大天下，而小一家，然政行乎天下者，世未尝乏，而教治乎家人者，自昔以为难。岂小者固难，而大者反易哉？盖骨肉之间，恩胜而礼不行，势近而法莫举。自非有德而躬化，发言制行有以信服乎人，则其难诚有甚于治民者。是以圣人之道，必察乎物理，诚其念虑，以正其心，然后推之修身。身既修矣，然后推之齐家；家既可齐，而不优于为国与天下者无有也。故家人者，君子之所尽心，而治天下之准也，安可忽哉？余病乎德，无以刑乎家。然念古之人，自修有箴戒之义，因为

　　箴以攻己缺，且与有志者共勉焉。①

　　方孝孺批评那些"大天下而小一家"的论治者，认为治家并非易事，其难有甚于治民，因为"骨肉之间，恩胜而礼不行，势近而法莫举"。所以如果家族能够治理好，那么治国与平天下也就可以行之有效。又如陈其德《垂训朴语》提出"保家五要"，其曰："保家之要有五，曰择交，择邻，择亲，择师，择地。凡此都关系我身心，能慎而择之，将见家风孝友，人品秀异，集福迎禧，自然永远。今观世上朝荣暮落，乍隆乍替，岂必天道使然，抑亦于此未必究心，故灵承无术耳。欲保世继序者，请从此料理。"②

　　明代的宗族组织开始普遍出现，尤其盛行于长江流域及其以南地区，与此相适应，明代江南家训的教化范围也由家庭、家族向宗族拓展。如方孝孺《宗仪》即是一部面向宗族教化的家训著作。其序曰："君子之道，本于身，行诸家，而推于天下，则家者身之符，天下之本也。治之可无法乎？德修于身，施以成化，虽无法或可也。而古之正家者，常不敢后法。盖善有余而法不足，法有余而守之之人不足，家与国通患之，况俱无焉者乎！余德不能化民，而有志于正家之道，作《宗仪》九篇，以告宗人。"③家训为宗族教化服务的一个十分突出的特点就是强化了族长的权力。如项乔《项氏家训》提出设立族长："设有德有风力者一人为族长，以亢宗祊，不拘年齿。若宗子贤，即立宗子为族长。宗子不称，别立

————————

① 方孝孺著，徐光大校点：《逊志斋集》卷一，宁波出版社1996年版，第28页。
② 《四库全书存目丛书·子部》第94册，齐鲁书社1997年版，第400页。
③ 方孝孺著，徐光大校点：《逊志斋集》卷一，第37页。

族长。宗子只主祭祀。设质直好义、达时务者四人为族正，以辅族长，设知书理、通古今者一人为司礼。二十人为礼生，专管礼仪。凡族有大事，如冠婚、丧祭、生子、命名等项，必与族长、司礼讲议而后行。族长立'计过''旌善'簿二扇，以纪族人行检。族长、正要先自守礼法，毋偏毋党，为一族表率。其或诬众行私，许阖族生员互相觉察劝正。族人有不遵训辞及大凌小、小犯大、强欺弱、富吞贫者，被虐者先告族正劝谏调停；甚至亏损财物、伤伦败化，乃告于族长。族长、正遵太祖高皇帝里社之誓，先共挞之，然后经官。众正明白，不肯受挞者，经官，务求重治，仍附过于簿。再犯不悛，众斥之，不许入祠陪祭。其间立志学好、有一善可称者，族正、司礼报书于'旌善簿'。有能敦崇道德，为孝子顺孙、义夫节妇及居官清慎勤、尽忠报国、光前裕后、为众所推者，族正呈举风励，死后仍附主于祠，永同始祖配享。此系守宗祊之第一义也。"① 族长的权力极为广泛，超越家长之上。这种家训虽以家训名义，实则是宗规或曰族规，由家族扩展到了宗族。

　　其二，家训创作有了明显的政治介入，家训开始承担起社会教育的角色。朱明王朝建立后，朱元璋等最高统治者十分重视意识形态的控制，朱元璋规定科举考试只能以朱熹注《四书》出题，明成祖朱棣则诏编《四书大全》《五经大全》和《性理大全》三书，作为科举考试和政治统治用书。朱元璋还十分重视社会风俗教化，认为"为治之要，教化为先"。② 洪武五年五月，朱元璋下

---

① 方长山、魏得良点校：《项乔集》，上海社会科学院出版社2006年版，第516页。
② 参见谷应泰《明史纪事本末》卷一四。

诏要求整顿社会风俗。诏曰:"天下大定,礼仪风俗不可不正。诸遭乱为人奴隶者复为民。冻馁者里中富室假贷之,孤寡残疾者官养之,毋失所。乡党论齿,相见揖拜,毋违礼。婚姻毋论财。丧事称家有无,毋惑阴阳拘忌,停枢暴露。流民复业者各就丁力耕种,毋以旧田为限。僧道斋醮杂男女,恣饮食,有司严治之。闽、粤豪家毋阉人子为火者,犯者抵罪。"① 朱元璋对家训也十分重视,自己撰有《诫诸子书》,告诫子孙如何保守天下。当他见到浙江浦江《郑氏规范》后,颇有感触道:"人家有法守之,尚能长久,况国乎!"② 正是基于这种社会风俗教化的政治目的,朱元璋亲自撰写了"教民六谕",布诏天下,以此作为社会教化读物。朱元璋"教民六谕"对明代家训创作影响极大,不少家训创作直接引用该诏谕作为家族教化的准则。③ 如高攀龙《家训》:"人失学不读书者,但守太祖高皇帝圣谕六言:'孝顺父母,尊敬长上,和睦乡里,教训子孙,各安生理,毋作非为。'时时在心上转一过,口中念一过,胜于诵经,自然生长善根,消沉罪过。在乡里中做个善人,子孙必有兴者。各寻一生理,专守而勿变,自各有遇。于毋作非为内,尤要痛戒嫖、赌、告状,此三者不读书人尤易犯,破家丧身尤速也。"④ 又如姚舜牧《药言》:"凡人要学好,不必他求。'孝顺父母,尊敬长上,和睦乡里,教训子孙,各安生理,毋作非为。'有太祖圣谕在。"⑤ 再

---

① 张廷玉等:《明史》卷二,中华书局 1974 年版,第 27 页。
② 毛策:《浙江浦江郑氏家族考述》,载《宋濂暨"江南第一家"研究》,杭州大学出版社 1995 年版,第 230 页。
③ 参见《明实录·太祖实录》卷二五五。
④ 高攀龙:《高子遗书》卷十,《文渊阁四库全书》第 1292 册,第 644 页。
⑤ 《丛书集成初编》第 976 册,第 18 页。

如项乔《项氏家训》，开篇即告示家族曰：

> 伏读太祖高皇帝训辞。曰："孝顺父母、尊敬长上、和睦乡里、教训子孙、各安生理、毋作非为。"呜呼，这训辞六句切于纲常伦理、日用常行之实，使人能遵守之便是孔夫子见生；使个个能遵守之便是尧舜之治。谨仿王公恕解说，参之俗习，附以已意，与我族众大家遵守。

然后逐句对"教民六谕"进行诠释。如"孝顺父母"条，其曰："怎的是孝顺父母？父母生子养子，劳苦万状，终身所靠者有子而已。人无父母，身从何来？便使儿子十分孝顺，也难报这恩德。每见人家无子的甚苦极，有子不肯孝顺的更苦极。父母尊大如天，人若逆天，天理无有不报应者。不信只看檐头水，点点滴滴不差移。所以孝顺的，平居必供奉衣食，虽贫不辞；有病必亲奉汤药，虽久不殆；有事必代其劳苦，虽难不避。先意承颜以养其志，立身行道以扬其名。务使其身安神怡，不至忧恼。如父母溺于私意，及偶行一事不合道理，须要柔声下气，再三劝谏。如或不从，则请父母平日相好之人婉词劝谏，务使父母不得罪于乡党，不陷身于不义而后已。此孝顺父母之道，为百行之本。圣祖教民以此者，欲人人亲其亲而天下平，请我族众大家遵守。"① 朱元璋的"教民六谕"反复出现在明代江南家训当中，表明家训创作中有了明显的政治介入，而家训创作者也自觉地顺应和接受了这种政治介入。

---

① 方长山、魏得良点校：《项乔集》，第516—517页。

由于朱元璋的"教民六谕"是面向普天之臣民，家训创作主动接受"教民六谕"作为家族教化准则，体现了明代江南家训已经开始承担起社会教育的任务，其家训教化不仅是家族教育，而且是社会风俗教化的重要推动力量。如何士晋《宗规》开篇即是"乡约当遵"，其曰："'孝顺父母，尊敬长上，和睦邻里，教训子孙，各安生理，毋做非为。'这六句，包含做人的道理。凡为忠臣，为孝子，为顺孙，为圣世良民，皆由此出。无论贤愚，皆晓得此文义，只是不肯着实遵行，故自陷于过恶。祖宗在上，岂忍使子孙辈如此。今于宗祠内，仿乡约仪节。每朔日，族长督率子弟，齐赴听，各宜恭敬体认，共成美俗。"① 乡约已经超出家训、族规的范围，家训仿乡约仪礼，其目的是推动社会风俗教化，家训作为社会教育的角色十分明显。家训这种社会教化角色转型，除了政治强有力的主动介入外，也与古代教育形态密切相关，因为古代家族教育居于主导地位，而社会教育相对缺失，家族教育不得不承担起社会教化的责任和义务。特别是明代宗族组织大量兴起后，更是如此。

其三，家训的女性作者和女子家训的内容都有了明显的增加。中国传统社会是以男性血缘关系为纽带的宗法社会，家训撰写主要是男性作者，而女性作者较少。目前可知，女性撰写家训较早出现在元代，是江西黄嗣贞《训子诗三十韵》。至明代，女性撰写的家训才慢慢多了起来，其中徐媛《训子》、顾若璞《给子黄灿黄炜书》、袁袠等录《庭帏杂录》、陆氏《温氏母训》是

---

① 张文嘉辑：《重定齐家宝要》，《四库全书存目丛书·经部》第 115 册，齐鲁书社 1997 年版，第 668 页。

明代江南女性撰写家训的主要作品，尤以陆氏《温氏母训》影响最大。《温氏母训》又名《节孝家训述》，为温璜母陆氏所训，由温璜述录。陆氏，温璜母，浙江乌程人，非常注重对温璜的教化。试看几则《温氏母训》：

> 节孝谓介曰：做家的，将祖宗紧要做不到的事，补一两件；做官的，将地方紧要做不到的事，干一两件，才是男子结果。高爵多金，还不算是结果。

> 节孝曰：远邪佞，是富家教子第一义；远耻辱，是贫家教子第一义。至于科第文章，总是儿郎自家本事。

> 节孝曰：吾族多贫，何也？

> 介曰：比自葵轩公，生四子，分田一千六百亩。今子孙六传，产费丁繁，安得不贫？

> 母曰：岂有子孙专靠祖宗过活？天生一人，自料一人衣禄。若肯高低，各执一业，大小自成结果。今见各房子弟，长袖大衫，酒食安饱，父母爱之，不敢言劳，虽使先人贻百万赀，坐困必矣。①

这几则家训都是从气节和品质上来教化的，温璜后来面对清兵能够抗节以死，震耀一世，与其母亲的家训教化有着重要关联。家训创作中女性作者只是性别上不同于男性，其思维方式、文化观念和思想导向等方面基本上都趋同于男性。

---

① 温璜：《温宝忠先生遗稿》，《四库禁毁书丛刊·集部》第 83 册，北京出版社 1997 年版，第 451—452 页。

从作者性别来看，男性与女性撰写的家训内容差异不大；但从教化对象来看，男训与女训则有较大差别，因为儒家思想对于男子和女子的修身要求、家族担当和社会责任是不一样的。所谓女训，即是专门针对女子的教育作品，它虽然超越了家族性，但家训中往往也会有女训内容。最早的女训作品是东汉班昭《女诫》和蔡邕《女训》，此后唐代有郑氏《女孝经》、宋若莘《女论语》。到了明代，程朱理学成为官方意识形态，"三纲五常""三从四德"的伦理纲常进一步加强，男尊女卑观念更加强化，因此对女子的纲常教化更加严厉，而明仁孝文皇后撰写《内训》更是起了示范效应，所以明代的女训作品开始多起来了，如吕得胜《女小儿语》、吕坤《闺范》和《闺戒》、王孟箕《御下篇》等。女训作品撰写者此前是以女性自己为主，明代则由女性扩展到男性，其中吕得胜与吕坤是父子关系。明代女训虽然繁荣起来了，但江南尚未有专门的女训著作，明代江南家训中只有少部分文本是针对女子的教化内容。如张永明《家训》中有"内训"，其曰："妇有四德：一曰妇德，二曰妇容，三曰妇言，四曰妇工。妇德不必才名绝世也，其在清贞廉节，柔顺温恭，是为妇德。妇容不必颜色美丽也，其在浣涤修洁，行止端庄，是为妇容。妇言不必辩口利词也，其在缄默自持，有问斯答，是为妇言。妇工不必伎巧过人也，其在勤攻纺绩，善主中馈，是为妇工。此四德者，妇道缺一不可，凡女子居家未嫁时，父母当以此训导之。"① 家训规定了妇女必须有妇德、妇容、妇言和妇工四德。不过

---

① 张永明：《张庄僖文集》卷五，《文渊阁四库全书》第 1277 册，第 378 页。

明代江南家训中的女训内容较之前代，仍有明显增加，体现了明代女训繁荣对江南家训撰写的影响。

其四，家训教育更加通俗化，家族礼仪更加便捷化。明代家训撰写更加通俗化，使受教者明白易懂。如王守仁《示宪儿》："幼儿曹，听教诲；勤读书，要孝悌；学谦恭，循礼义；节饮食，戒游戏；毋说谎，毋贪利；毋任情，毋斗气；毋责人，但自治。能下人，是有志；能容人，是大器。凡做人，在心地；心地好，是良士；心地恶，是凶类。譬树果，心是蒂；蒂若坏，果必坠。吾教汝，全在是。汝谛听，勿轻弃！"① 语言通俗易懂，朗朗上口。又如陈继儒《安得长者言》以格言形式撰写家训。试看几则："做秀才如处子，要怕人；既入仕如媳妇，要养人；归林下如阿婆，要教人。""任事者，当置身利害之外；建言者，当设身利害之中。此二语其宰相台谏之药石乎？""小人专望人恩，恩过不感；君子不轻受人恩，受则难忘。"② 这种格言式家训通俗明了，易懂易记。

明代家训走向通俗化，其原因在于家训撰写者希望有更多的受教者，而不仅仅限于家族子孙。对此，高攀龙《家训》结尾就有一段以宾主问答形式来解释这种现象。其曰：

> 或曰：高子学修入微，至作家训皆浅近语，何故？龙正应曰：此文公著《小学》之心也。人少而能守《小学》之事，然后其长也，可以知《大学》之道。盖有绳趋尺步，而不能穷神

---

① 王守仁撰，吴光等编校：《王阳明全集》第3册，上海古籍出版社2014年版，第829页。

② 《丛书集成初编》第375册，商务印书馆1935年版，第2、4、6页。

知化者矣。若早轶于绳尺，则垢秽满身，何从而游广大精微之奥乎？非惝怳而无依，必口耳而不实，斯训也。拔少壮于下流，亦防老大于作伪，不曰远以深乎？先生又虑世久族多未必皆为士类，鄙词谚语时或引用。士人观此亦足助警省，农工商贾听此亦足保身家，微仅为可见子孙计，直为无穷不可见之子孙计，又为天下凡有子孙者通计也。不曰远以深乎？①

家训作浅近语是仿效朱熹《小学》，这固然有一定道理，强调少年受教者，但更重要的是起到"雅俗共教"的作用，因为家训的教化对象"世久族多未必皆为士类"，"士人观此亦足助警省，农工商贾听此亦足保身家，微仅为可见子孙计，直为无穷不可见之子孙计，又为天下凡有子孙者通计也"。这充分体现了明代家训教化范围已由家族扩展到宗族，乃至整个社会。

除了家训通俗化外，明代家训中所宣扬的家族礼仪也更加便捷化。如王敬臣《礼文疏节》一方面依据朱熹《家礼》对冠礼、婚礼、丧礼和祭礼进行了注疏和节略；另一方面又辑有《便俗礼节》数条，"以便民俗"。其《便俗礼节·小引》曰："礼不下庶人，以贫贱之家，不能备礼故也。然使存其大略，则亦胜于蠢然全不知礼者。故特创为庶民之礼，务简而易行，民其庶几兴起乎。其士大夫家，则自有文公《家礼》在，若亦用此，是下同于庶民，而争趋于苟简矣，恶乎可哉？"② 王敬臣认为礼不下庶人，是因为贫贱之家难

---

① 高攀龙：《高子遗书》卷十，《文渊阁四库全书》第 1292 册，第 647 页。
② 王敬臣：《俟后编》卷四，《四库全书存目丛书·子部》第 107 册，第 53 页。

有经济能力去实行礼仪，家礼便捷化有利于庶民量力而行，推广家礼，形成遵礼的社会风俗。这实际上是一种礼俗行为的通俗化。

其五，蒙训更加注重外在行为仪态的教化。相对宋代而言，明代江南蒙训不仅作品数量有所减少，主要有方孝孺《幼仪杂箴》、王守仁《训蒙教约》、贾享《洞学十戒》、屠羲英《童子礼》、胡渊《蒙养诗教》等；而且教化内容也有所变化，在强调修身养性的内在道德教化时，更加凸显了外在行为和仪态的教化。如方孝孺《幼仪杂箴》专门就儿童的行为规范和仪态表现进行了教化，其内容涉及"坐""立""行""寝""揖""拜""食""饮""言""动""笑""喜""怒""忧"各个方面。如"寝"："形倦于昼，夜以息之。宁心定气，勿妄有思。偃勿如伏，仰勿如尸。安养厥德，万化之基。"① 睡觉之后往往是一种无意识状态，但蒙训还是对儿童睡觉的姿态和行为作了严格的规范。为什么要强化外在行为仪态的教化？因为"道"不但是内在修养，也是外在表现。方孝孺《幼仪杂箴》曰："道之于事，无乎不在。古之人自少至长，于其所在皆谨焉，而不敢忽。故行跪揖拜，饮食言动，有其则；喜怒好恶，忧乐取予，有其度。……后世教无其法，学失其本。学者汩于名势之慕，利禄之诱，内无所养，外无所约，而人之成德者难矣。"② 由此可知，随着程朱理学成为明代官方意识形态后，儒家思想也进一步强化了对蒙训的引领和导向，同时也体现了蒙训创作对政治介入的主动接受和回应。

---

① 方孝孺著，徐光大校点：《逊志斋集》卷一，第2页。
② 同上书，第1页。

总而言之，明代江南家训在重视子孙修身成才教化的同时，更加强调保家、传家的教化思想，教化对象也由家族子孙扩展到宗族成员，乃至整个社会；家训教化作为家族教育更多地承担起社会教育的重任，对官方政治和意识形态的接受也更加主动和自觉。

第五节　泛化期：清代江南望族家训

清代是江南家训发展的泛化期。所谓泛化是指家训撰写虽然数量众多，但文本内容大同小异，缺乏家族个性和特点，有的家训甚至只是摘编或"抄袭"其他家训文本。清代江南家训的突出亮点是名儒家训走向复兴，具有很高的文化价值；与此同时，依附于家谱中的平民家训也大批量产生，几乎有谱必有训，但这些家训相对缺乏文化个性和价值。清代江南家训主要文献见表1-4。

表1-4　　　　　　　　清代江南家训主要文献

家训	作者	时代	地域	出处	备注
《奉常家训》	王时敏	清	江苏太仓	《王烟客先生集》	
《家戒》	冯班	清	江苏常熟	《纯吟杂录》	
《将死之鸣》	冯班	清	江苏常熟	《纯吟杂录》	
《丛桂堂家约》	陈确	清	浙江海宁	《陈确集》别集卷九	
《书示仲儿》	陈确	清	浙江海宁	《陈确集》卷一六	
《书示两儿》	陈确	清	浙江海宁	《陈确集》卷一六	
《示儿帖》	陈确	清	浙江海宁	《陈确集》卷一六	

续　表

家训	作者	时代	地域	出处	备注
《思辨录》	陆世仪	清	江苏太仓	《五种遗规·训俗遗规》	
《训子语》	张履祥	清	浙江桐乡	《杨园先生全集》	
《示儿》	张履祥	清	浙江桐乡	《杨园先生全集》	
《答徐甥公肃书》	顾炎武	清	江苏昆山	《亭林诗文集》卷六	
《家训纪要》	金敞	清	江苏武进	《课子随笔钞》卷三	
《宗约》	金敞	清	江苏武进	《课子随笔钞》卷三	
《宗范》	金敞	清	江苏武进	《课子随笔钞》卷三	
《葬亲社约》	唐灏儒	清	浙江德清	《五种遗规·训俗遗规》	
《示儿》	汪燧	清	安徽休宁	《课子随笔钞》卷四	
《家训》	张习孔	清	安徽歙县	《丛书集成续编》本	
《双桥随笔》	周召	清	浙江衢州	《四库全书》本	
《家人子语》	毛先舒	清	浙江仁和	《丛书集成续编》本	
《日省录》	顾天朗	清	江苏吴县	《课子随笔钞》卷四	
《治家格言》	朱柏庐	清	江苏昆山	《课子随笔钞》卷三	
《朱柏庐先生劝言》	朱柏庐	清	江苏昆山	《五种遗规·训俗遗规》	
《吕晚村先生家训》	吕留良	清	浙江桐乡	《吕留良诗文集》	
《示大儿定徵》	陆陇其	清	浙江平湖	《三鱼堂文集》卷六	
《示三儿宸徵》	陆陇其	清	浙江平湖	《三鱼堂文集》卷六	
《蒋氏家训》	蒋伊	清	江苏常熟	《丛书集成初编》本	

续　表

家训	作者	时代	地域	出处	备注
《与从子贞一书》	万斯同	清	浙江鄞县	《石园文集》卷七	
《傅氏家训》	傅超	清	浙江山阴（今绍兴）	《八千卷楼书目》	
《德星堂家订》	许汝霖	清	浙江海宁	《丛书集成初编》本	
《宗规》	钟于序	清	江苏常熟	《丛书集成续编》本	
《教孝篇》	姚廷杰	清	浙江钱塘	《丛书集成续编》本	
《训陞骘二子》	王厚	清	浙江鄞县	《课子随笔钞》卷六	
《俚言》	石成金	清	江苏扬州	《传家宝·福寿鉴》	
《天基遗言》	石成金	清	江苏扬州	《传家宝·人事通》	
《苟洲吴氏家典》	吴翟	清	安徽休宁		
《寒灯絮语》	汪惟宪	清	浙江仁和	《积山先生遗集》卷十	
《凤仙花说示儿侄》	汪惟宪	清	浙江仁和	《积山先生遗集》卷十	
《谕麟儿》	郑燮	清	江苏兴化	《郑板桥家书》	
《宝言堂家戒》	王云廷	清	浙江钱塘（今杭州）	《家规省括》	
《家庭讲话》	陆一亭	清	浙江嘉兴		
《家诫五十首》	金姃	清	浙江钱塘	《静廉斋诗集》卷一八	
《即事戒子》	金姃	清	浙江钱塘	《静廉斋诗集》卷二四	
《与香亭书》	袁枚	清	浙江钱塘	《小仓山房尺牍》卷八	
《示儿》	袁枚	清	浙江钱塘	《小仓山房诗集》卷三六	
《再示儿》	袁枚	清	浙江钱塘	《小仓山房诗集》卷三六	

续　表

家训	作者	时代	地域	出处	备注
《给弟文韶书》	卢文弨	清	浙江余姚	《抱经堂文集》卷二一	
《与从子掌丝世纶书》	卢文弨	清	浙江余姚	《抱经堂文集》卷二一	
《寄大儿沅关中》	张藻	清	江苏长洲	《培远堂诗集》卷三	
《训诸孙读书》	张藻	清	江苏长洲	《培远堂诗集》卷三	
《示儿孙》	赵翼	清	江苏阳湖	《瓯北集》卷四六	
《示儿辈》	赵翼	清	江苏阳湖	《瓯北集》卷五三	
《双节堂庸训》	汪辉祖	清	浙江萧山		
《昔有诗二章示培壕两儿》	汪辉祖	清	浙江萧山	《两浙辀轩续录》卷一一	
《丙午谒选展先墓示儿辈》	汪辉祖	清	浙江萧山	《两浙辀轩续录》卷一一	
《训子四箴》	汪继培	清	浙江萧山	《清诗铎》卷二二	
《正家本论》	夏敬秀	清	江苏江阴		
《家书》	章学诚	清	浙江会稽（今绍兴）	《章氏遗书》卷九	
《里堂家训》	焦循	清	江苏扬州	《丛书集成续编》本	
《说诗示儿同》	查揆	清	浙江海宁	《筼谷诗钞》卷一九	
《夜坐示儿子世燮世炯》	查揆	清	浙江海宁	《筼谷诗钞》卷一六	
《潘文恭公遗训》	潘世恩	清	江苏吴县（今苏州）		
《寒夜丛谈》	沈赤然	清	浙江仁和（今杭州）	《丛书集成续编》本	

家训	作者	时代	地域	出处	备注
《居家格言》	顾三英	清	江苏苏州	《课子随笔钞》卷四	
《家训》	方元亮	清	浙江淳安	《课子随笔钞》卷六	
《资敬堂家训》	王师晋	清	浙江嘉兴	《丛书集成续编》本	
《维摩室遗训》	庄受棋	清	江苏阳湖（今常州）	《枫南山馆遗集》附录	
《给侄祖绥书》	俞樾	清	浙江德清		
《成人篇》	张寿荣	清	浙江镇海	《丛书集成续编》本	
《出门示儿曹》	胡凤丹	清	浙江永康	《退补斋诗存》卷四	
《复堂谕子书》	谭献	清	浙江仁和（今杭州）	《丛书集成续编》本	
《家规》	倪元坦	清	松江娄县	《读易楼合刻》本	
《治家格言绎义》	戴翊清	清	浙江湖州	《丛书集成续编》本	
《金氏家训》	金子升	清	浙江会稽		
《论小学》	陆世仪	清	江苏太仓	《五种遗规·养正遗规》	蒙训
《论读书》	陆世仪	清	江苏太仓	《五种遗规·养正遗规》	蒙训
《学规》	张履祥	清	浙江桐乡	《五种遗规·养正遗规》	蒙训
《初学备忘》	张履祥	清	浙江桐乡	《杨园先生全集》卷三七	蒙训
《示子弟帖》	陆陇其	清	浙江平湖	《五种遗规·养正遗规》	蒙训
《教习堂条约》	徐乾学	清	江苏昆山	《丛书集成初编》本	蒙训
《幼训》	崔学古	清	安徽当涂	《檀几丛书》二集卷八	蒙训
《少学》	崔学古	清	安徽当涂	《檀几丛书》二集卷九	蒙训

续　表

家训	作者	时代	地域	出处	备注
《父师善诱法》	唐彪	清	浙江兰溪	《五种遗规·养正遗规》	蒙训
《人范》	蒋元	清	浙江平湖	《丛书集成续编》本	蒙训
《训蒙条例》	陈芳生	清	浙江仁和（今杭州）	《檀几丛书》二集卷一三	蒙训
《弟子职注》	孙同元	清	浙江永嘉（今温州）	《丛书集成初编》本	蒙训
《弟子职集解》	庄述祖	清	江苏武进	《丛书集成初编》本	蒙训
《女范捷录》	王刘氏	清	江苏江宁		女训
《新妇谱》	陆圻	清	浙江钱塘	《香艳全书》三集卷三	女训
《新妇谱补》	陈确	清	浙江海宁	《香艳全书》三集卷三	女训
《新妇谱补》	查琪	清	浙江海宁	《香艳全书》三集卷三	女训
《课婢约》	王晫	清	浙江钱塘	《香艳全书》一二集卷四	女训
《妇德四箴》	徐士俊	清	浙江仁和	《香艳全书》一二集卷四	女训
《愿体集》	史搢臣	清	江苏扬州	《五种遗规·教女遗规》	女训
《人生必读书》	唐彪	清	浙江兰溪	《五种遗规·教女遗规》	女训
《秦氏闺训新编》	秦云爽	清	浙江钱塘	《四库全书存目丛书》本	女训
《女教经传通纂》	任启运	清	江苏宜兴	《四库全书》本	女训
《妇学》	章学诚	清	浙江会稽	《文史通义》	女训

清代江南家训承明代而来。相对宋元江南家训而言，明清两代家训更具相似性，但清代比明代更加泛化。

第一，名儒家训走向复兴。清代有一大批名儒，诸如张履祥、陈确、陆世仪、顾炎武、唐灏儒、朱柏庐、吕留良、陆陇其、冯班、万斯同、卢文弨、章学诚、焦循、查揆、俞樾，都十分重视家训的文化作用，撰写了数量不等的家训。名儒家训走向复兴是清代江南家训突出的文化特色，尤其以清前期为明显。清前期名儒家训走向复兴有其特定的时代原因，即明清易代不仅造成了社会动荡不安，百姓流离失所，而且以夷变夏也给汉人心理造成了创伤，由此名儒们对朱明政权灭亡进行了反思和检讨，尤其是文化反思。如张履祥指出："国家三百年，礼乐二字全阙。乐毋论已，礼亦不出秦、汉之间，三代之风貌矣。"① 又曰："目前流辈，努力为恶，三纲九法，既不知其为何物，而远近有志于学之士，要多各成其所是，复不能逊心求夫大中至正之矩。"② 张履祥认为朱明王朝灭亡是由于儒家礼乐崩坏，伦理纲常缺失，由此导致人心败坏。因此，清代名儒家训的复兴正是这种文化反思的回应和体现，希望通过家训教化来达到拯溺救危和移风易俗的目的。如张履祥《训子语》曰："三纲五常，礼之大体，百世不能变易。古谓之道，后世谓之名教。命之自天，率之自性，人人具有，人人当为。全之则人，失之则入于异类。不可不敬求其义，不可不力行其事。'君子修之吉'，修此也；'小人悖之凶'，悖此也。"③ 张履祥强调三纲五常对于拯救人心的重要作用。又如唐灏儒《葬亲社约》："不孝之罪，莫大乎不葬其亲。而以贫自解，加以阴阳拘忌，既俟地，又俟年月之利，又俟有余赀，此

---

① 张履祥：《备忘一》，陈祖武点校，《杨园先生全集》，中华书局 2002 年版，第 1070 页。

② 张履祥：《答吴仲木九》，陈祖武点校，《杨园先生全集》，第 56 页。

③ 张履祥：《训子语》，陈祖武点校，《杨园先生全集》，第 1356 页。

三俟者，迁延岁月，而不可齐也，势愈重而罪愈深。今集同社数十人，为劝励之法，以七年为度。期于皆葬，谨陈数则如左。"① 明末清初，社会上普遍流行一些陋习，比如停棺不葬、阻葬等，以等待风水师寻找到所谓能够兴家隆家的墓地。唐灏儒《葬亲社约》即是针对此种陋习而进行的社约教化，劝勉人们及时葬送殁亲。陈确《丛桂堂家约》对此亦有教化，其曰："族葬，深葬，实葬。不信葬师不拘年月日时。不婚，不雨雪行丧。"② 再如晚明以来狂禅之风盛行，许多文人和士人沉溺于释氏当中，冯班《家戒》对此作了批判。其曰："今之儒服者，其为善也，皆不取孔子之道，而好言释氏，儒教衰矣！儒教衰，则生民受其弊，此不在学释氏也。好善之念，未尝忘于人心，有释氏而不学儒也，韩文公亦自不得不辨。学者能以儒道治天下、齐家、修身，则不在辨释氏。儒者亦自有性命之学，颜鲁公学道、学释，不妨为忠臣，为儒者。"③ 冯班认为好言释氏则儒教衰，儒教衰则生民受其弊，因此主张以儒道治天下、齐家和修身。

第二，依附于家谱当中的平民家训大量产生。所谓平民家训是指由普通百姓撰写的家训作品，以家谱、族谱和宗谱中所附载的家训为主要形式。平民家训虽然由明代开始兴起，但大量产生是在清代。下面试以日本学者多贺秋五郎《宗谱的研究·资料篇》相关资料为例作一样本统计。

---

① 陈宏谋辑：《五种遗规·训俗遗规》卷三，中国华侨出版社2012年版，第271页。
② 陈确：《陈确集》别集卷九，中华书局1979年版，第516页。
③ 冯班：《钝吟杂录》，中华书局2013年版，第22页。

　　徽州地区家训：汪氏《家训》（嘉靖年间安徽《休宁西门汪氏宗谱》），吴氏《条约》（万历十九年安徽休宁《茗洲吴氏家记》），江氏《祠规》（万历年间江西婺源《溪南江氏家谱》），李氏《家法》（道光二十八年安徽太平《馆田李氏宗谱》）。

　　苏南地区家训：赵氏《宗约》（崇祯十七年江苏润州《赵氏宗谱》），刘氏《家训》（嘉庆十三年江苏江阴《刘氏宗谱》），安氏《义庄规条》（道光三年）、《义田规条》（嘉庆八年）（咸丰元年江苏金匮《胶山安氏家乘瞻族录》），王氏《怀义堂义庄规条》（道光四年）、《续立义庄规条》（咸丰九年）（民国八年江苏常熟《太原王氏家乘》），柳氏《宗祠条例》（道光五年江苏丹徒《京江柳氏宗谱》），沙氏《续集家规》（道光九年江苏《毗陵沙氏族谱》），潘氏《松鳞庄规条》（道光十二年）、《松鳞庄瞻族规条》（道光十七年）、《松鳞庄续增瞻族规条》（道光二十六年）、《松鳞庄续订规条》（光绪十一年）、《松鳞庄续订规条》（光绪三十二年）（光绪三十四年江苏元和《大阜潘氏支谱》），陈氏《阖族要务》（道光十三年江苏丹徒《陈氏族谱》），马氏《条约》（道光十九年江苏《京江马氏宗谱》），杨氏《锡五公家规》（咸丰元年江苏《京江杨氏族谱》），屠氏《同宗公约》（咸丰六年江苏《屠氏毗陵支谱》），费氏《宗训》《宗规》（同治八年江苏毗陵《费氏重修宗谱》），吕氏《家规》《宗规》《宗约》（同治九年江苏无锡《吕氏续修宗谱》），姚氏《宗规》《家训》（同治十一年江苏毗陵《毗陵姚氏宗谱》），彭氏《庄规》（光绪二年）（民国十一年江苏云阳《彭氏宗谱》），秦氏《家规》《家训》（光绪三年江苏无锡《山徒门秦氏宗谱》），谢氏《家规》

（光绪三年江苏《毗陵谢氏宗谱》），承氏《祠墓规》（光绪五年江苏《毗陵承氏宗谱》），席氏《义庄规条》（光绪七年江苏苏州《席氏世谱载记》卷十二），韩氏《训言》《祠规》（光绪八年江苏江阴《春晖韩氏宗谱》），吴氏《创立继志义田记》（顺治五年、光绪八年江苏苏州《吴氏支谱》），赵氏《祖训》（光绪九年江苏江阴《暨阳章卿赵氏宗谱》），陆氏《义庄规条》（咸丰五年）、《赡族规条》（咸丰五年）、《续增规条》（同治十三年）、《庄塾规条》《会课规条》（光绪十三年改）、《惜字规条》《祭祀规条》（咸丰五年）（光绪十四年江苏苏州《陆氏葑门支谱》），潘氏《荥阳义庄规条》（嘉庆十四年）、《续增规约》（光绪十八年江苏长洲《东汇潘氏族谱》），顾氏《家塾课程》（光绪十三年）、《义庄规矩》（光绪十八年）（光绪二十年江苏《华亭顾氏宗谱》），六氏《宗规》《侯城家训》（光绪二十二年江苏《江阴六氏宗谱》），蒋氏《宗规》《宗训》（光绪二十四年江苏《毗陵村蒋氏再修宗谱》），王氏《义庄规条》（光绪二十七年江苏昆山《琅琊王氏谱略》），丁氏《义田规条》《续置书田规条》（光绪二十九年江苏《常熟丁氏家谱》），屠氏《恤孤家塾规条》（咸丰五年、光绪三十年江苏毗陵《屠氏毗陵支谱》），石氏《家规》（光绪三十年江苏毗陵《丹阳花园分毗陵石氏宗谱》），程氏《成训义庄规条》（光绪六年）、《资敬义庄规条》《资敬义庄赡族规条》（光绪三十一年江苏苏州《程氏支谱》），陈氏《家规》（清代、民国二十四年江苏《毗陵陈氏宗谱》）。

浙江地区家训：范氏《家训》（弘治九年）、《申明家训》（嘉靖年间）（光绪十年浙江上虞《古虞金坛范氏宗谱》），徐氏《宗范》

（万历丙子年）（1916 年浙江《余姚江南徐氏宗谱》），范氏《祠规》
（万历五年浙江皇甫庄《范氏家谱》），闻氏《乳泉公宗约》（万历二
十八年）、《三泉公课子录》（嘉靖三十二年）、《元子公家范》（康熙
十二年）（嘉庆八年浙江杭州《闻氏宗谱》），朱氏《祠规》（康熙三
十五年）（光绪三十二年浙江《长沟朱氏宗谱》卷二），顾氏《家
范》（康熙四十一年）、《祠堂例禁》（康熙四十四年浙江会稽《顾氏
族谱》），胡氏《大宗祠祭祀规例》（康熙五十四年、道光十年浙江
《续修山阴张川胡氏宗谱》），张氏《义田条规》《义田收放章程》
《宗祠规条》（道光二十一年浙江会稽《重修登荣张氏族谱》），华氏
《遗训》《宗规》（道光二十五年浙江《萧山渔临华氏宗谱》），嵇氏
《条规》（嘉靖三十一年、道光年间浙江归安《嵇氏宗谱》），沈氏
《宗规》（咸丰十一年浙江《姚江梅川沈氏宗谱》），应氏《孝友公著
家规》（康熙三十一年、同治五年浙江永康《应氏先型录》），朱氏
《先哲遗训》（同治八年浙江《萧山朱家坛朱氏宗谱》），朱氏《家
则》《家庙祖训》《祠规》（同治九年浙江《萧山翔凤朱氏宗谱》），
缪氏《宗规》《遗训》（同治九年浙江萧山《缪氏宗谱》），潘氏
《家规》《周山房文武常科目规例》（同治十二年浙江《东阳潘氏宗
谱》），管氏《祠规》（光绪元年浙江《萧山管氏宗谱》），于氏《世
训》（光绪四年浙江《萧山于氏支谱》），查氏《酌定规条》（道光二
十一年、光绪六年浙江《海宁查氏族谱》），徐氏《家法》《家礼》
《义仓规条》（光绪十年浙江《山阴安昌徐氏宗谱》），方氏《家规》
（光绪十二年）（1931 年浙江慈溪《慈东方家堰方氏宗谱》），沈氏
《宗约》（乾隆六年、光绪十九年浙江《萧山长巷沈氏续修宗谱》），

王氏《家塾章程》（光绪二十年浙江《菱湖王氏支谱》），吴氏《家
规》《遗训》（光绪二十一年浙江《余杭吴氏宗谱》），朱氏《义仓规
条》（光绪二十一年浙江《山阴白洋朱氏宗谱》），黄氏《家训》（光
绪二十一年浙江《萧山埭上黄氏家谱》），周氏《家训》（光绪二十
二年浙江临安《临水周氏宗谱》），章氏《族规》（光绪二十三年浙
江吴兴《湖州荻溪章氏三修家乘》），华氏《明德堂家训》《明德堂
续训》（光绪二十四年浙江鄞城《华氏宗谱》），施氏《宗规》（光绪
二十六年浙江萧山《新田施氏宗谱》），陈氏《宗规》（光绪三十三
年浙江绍兴《山阴下方桥陈氏宗谱》），姚氏《义庄赡族规条》（光
绪三十四年浙江嘉兴《姚氏家乘》），周氏《家规》（光绪年间浙江
《武林周氏宗谱》），汤氏《望贤公家训》（乾隆二十五年、民国十八
年浙江《萧山夏孝汤氏宗谱》）。

由上可知，徽州地区明代家训有 3 家，清代家训有 1 家；苏南
地区明代家训有 1 家，清代家训有 32 家；浙江地区明代家训有 4
家，清代家训有 30 家。整个江南共辑有家训涉及 71 家，其中明代
只有 8 家，只占 11.3%；而清代家训则有 63 家，占到 98.7%。由此
可见，清代平民家训数量极为可观。这些平民家训作者多为无名氏，
其内容也大同小异，差异不大。

第三，家训创作呈现出生活化和琐碎化特征。所谓生活化，就
是在家训撰写中记录当下的一些生活实事。如焦循《里堂家训》曰：
"儒者以治生为要，一切不善，多由于贫。至于贫而能坚守不失，非
有大学问不能，莫如未穷时先防其穷。防之道如何？曰勤，曰俭，
曰量入以为出。……如是筹之，则知所出又量岁之所入以准之，以

此处家，自无匮乏矣。所入足，以食肉宁食蔬；所入不足，以食饭宁食粥。乾隆丙午七月，值旱荒之后，瓮中米已尽，唯有麦数斗及碎米面而已，算之不能延两月，乃卖麦买山芋煮食，遂得宽裕。不然，则半月而麦尽，其月余者将饿矣。不甘其饿，则有不能自守者矣。故欲自守者，必先筹其不至于饿也。"① 焦循在训诫儒者如何治生时，讲述了卖麦买山芋度过饥荒的故事，来论述治生之道。所谓琐碎化，就是家训内容越来越趋向于琐碎和细微。如许汝霖《德星堂家订》对于宴会所作的要求："酒以合欢，岂容乱德！燕以洽礼，宁事浮文？乃风俗日漓，而奢侈倍甚。簋则大缶旧瓷，务矜富丽；菜则山珍海错，更极新奇。一席之设，产费中人；竟日之需，瓶罄半载。不惟暴殄，兼至伤残。尝与诸同事公订，如宴当事，贺新婚，偶然之举，品仍十二。除此之外，具遵五簋，继以八碟，鱼、肉、鸡、鸭，随地而产者，方列于筵。燕窝、鱼翅之类，概从禁绝。桃、李、菱、藕，随时而具者，方陈于席。闽、广、川、黔之味，悉在屏除。如此省约，何等便安！若客欲留寓，盘桓数日，午则二簋一汤，夜则三菜斤酒。跟随服役者，酒饭之外，勿烦再犒。"② 这些规定十分琐碎和细微，而不是围绕大的原则书写。家训创作呈现生活化和琐碎化，体现了家训更加人情化、更具可操作性，但形而下的东西越多，则意味着家训中形而上的思想观念相对缺乏，家训发展已经走向衰落时期。

---

① 《丛书集成续编》第60册，台北新文丰出版公司1988年版，第659页。《丛书集成续编》有台北版和上海版两种，除首次出现标示出版社外，其他注释分别以台版和沪版标示。
② 《丛书集成初编》第977册，商务印书馆1939年版，第1页。

第四，蒙训再次勃兴，女训也大量产生。江南蒙训由于理学家的兴起而在宋代兴起一波高潮，到明代渐入低谷，到了清代再次勃兴。清代江南蒙训作品主要有陆世仪《论小学》《论读书》，张履祥《学规》《初学备忘》，陆陇其《示子弟帖》，徐乾学《教习堂条约》，崔学古《幼训》《少学》，唐彪（翼修）《父师善诱法》，蒋元《人范》，陈芳生《训蒙条例》，孙同元《弟子职注》，庄述祖《弟子职集解》等。清代江南蒙训在承继宋代蒙训重内在修身道德教化和明代蒙训重外在行为仪态教化的基础上，越来越强调形而下的技法和技能训诫。如陈芳生《训蒙条例》有一条讲"渐次简切讲解"，其曰："童子初入学，每日只讲一字，二月后，讲二字，渐加之。讲过者，硃笔圈记。但取本日书中切实字，讲作家常话。如学字，则曰此是看了人的好样，照依他做好人的意思。学读书，学写字，学孝顺爷娘，都是。悦字，则曰此是心里欣喜快活的光景。如此日逐渐讲，久之授以虚字，自能贯串会意。当闲居不对书本之时，教以抑扬吟诵之法，则书中全旨自得。"① 蒙训对于如何讲字、如何学字，其方法规定得非常清楚细致。又如崔学古《少学》有专门讲授如何做八股文的训诫，对于如何"破承""起讲""入题""起股""虚股""中股""后股"和"束语结句"都作了明确规定。如"破承"，其曰："擒题主意处，破要稳，承要醒。逆破则顺承，顺破则逆承，正破则反承，反破则正承。"② 这些都是技法与技能的训诫。此外，《管子·弟子职》是一篇重要蒙训读物，清代出现了许多笺注

---

① 《檀几丛书》二集卷一三，《丛书集成续编》（台版）第 61 册，第 318 页。
② 《檀几丛书》二集卷九，《丛书集成续编》（台版）第 61 册，第 309 页。

作品，有孙同元《弟子职注》、王筠《弟子职正音》、庄述祖《弟子职集解》、洪亮吉《弟子职笺释》、锺广《弟子职音谊》等。无论是形而下的技法与技能的训诫，还是蒙训作品的反复笺注，都体现了清代蒙训作品越来越缺少思想性和创新性。

女训在明代开始繁荣，但明代江南缺少独立的女训作品，只有家训中出现过一些针对女子教化的文本内容。到了清代，江南女训作品也大量产生，主要有王刘氏《女范捷录》、陆圻《新妇谱》、陈确《新妇谱补》、查琪《新妇谱补》、王晫《课婢约》、徐士俊《妇德四箴》、史搢臣《愿体集》、唐彪（唐翼修）《人生必读书》、秦云爽《秦氏闺训新编》、任启运《女教经传通纂》等。其中，王刘氏《女范捷录》与东汉班昭《女诫》、唐代宋若莘《女论语》、明仁孝文皇后《内训》等四部女训被称为"女四书"，影响深远。清代江南女训与此前的女训有着较大的不同，其中突出点在于此前的女训涵盖女子一生的教化，从幼女到少女，直至新妇和母仪，如班昭《女诫》、蔡邕《女训》、郑氏《女孝经》、宋若莘《女论语》、吕坤《闺范》等女训都是如此，而清代女训则重妇道教化，如《新妇谱》就有三篇作品。重视妇道教化的目的在于强化男尊女卑观念下妇女在家庭中应有的伦理纲常和行为规范。如陆圻《新妇谱》"做得起"条："事公姑不敢伸眉，待丈夫不敢使气，遇下人不妄呵骂，一味小心谨慎，则公姑丈夫皆喜，有言必听。婢仆皆爱而敬之，凡有使令莫不悦从，而宗族乡党，动皆称举以为法。"① 女训对事公姑、待丈

---

① 虫天子：《香艳全书》三集卷三，董乃斌等校点，《中国香艳全书》第1册，团结出版社2005年版，第290页。

夫、遇下人都有训诫,明确了妇女在家庭中的纲常和规范。女子不但要遵循男尊女卑观念下的妇道,而且要像男子一样有忠义观念。如王刘氏《女范捷录》"忠义篇"曰:"君亲虽曰不同,忠孝本无二致。古云'率土莫非王臣',岂谓闺中遂无忠义?咏《小戎》之驷,勉良人以君国同仇。伐《汝坟》之枚,慰君子以父母孔迩。……刘母非不爱子,知军令之不可干。章母非不保家,愿阖城之俱获免。是皆女烈之铮铮,坤维之表表。其忠肝义胆,足以风百世,而振纲常者也。"① 既强调男尊女卑观念下的妇道纲常,又宣扬烈女忠义观念,不但揭示了妇女在家庭中的地位低下,而且添加了女性难以承担的社会责任和道义担当,体现了清代女训对妇女的严厉训诫和苛刻要求。

综上所述,清代江南家训已经走向了泛化阶段,虽然数量众多,但家训内容或是大同小异,或是缺乏形而上的思想性和创新性,而对教化对象的训诫要求却越来越多和越来越苛刻。因此,清代江南家训虽然创作数量颇为可观,但从文化本质来看,则走向了衰败和没落。

---

① 张福清编注:《女诫——女性的枷锁》,中央民族大学出版社1996年版,第38页。

第二章

江南望族家训的文体书写

家训是一种特殊的训诫文体，往往有一些特定的文体标志，诸如"戒""诫""训""箴""约""规""范"等。家训的文体形式主要有诗词体家训、散文体家训、格言体家训、书信体家训、家训专书和家训规条。家训的语言也有着特定的个性风格，主要表现为雅不废俗，俗中有雅；既重散语，也有韵语；以直言为主，间以引言。家训的表达方式以议论说理为主，同时也有叙事和抒情，而叙事运用得最少。

第一节　家训的文体标志

家训作为一种训诫文体，常常有一些特定的文体标志，这些文体标志主要有"戒""诫""训""箴""约""规""范"等，此外"勉""勖""寄""示"等题名作为标志，带上训诫内容也为家训作品。

一　"戒"和"诫"

"戒"和"诫"是家训的重要文体标志之一。"戒"本字"诫"，《说文解字》曰："诫，敕也。"所以明代徐师曾引字书曰："戒者，警敕之辞，字本作诫。"① "戒"体文本属诏令文之一种。汉代蔡邕《独断》曰："戒书，戒敕刺史太守及三边营官。被敕文曰：有诏敕某官，是为戒敕也。"② 明代黄佐《六艺流别》把古代基本文体形态按《诗》《书》《礼》《乐》《春秋》《易》等六艺归类，其中"戒"归为《书》体文类。其《六艺流别序》曰："《书》，行志而奏功者也。其源以道政事，为典、为谟。典之流其别为命、为诰。……命之流又别为册、为敕、为戒、为教。"又曰："凡典，上德宜于下者也。"③ 由此可知，"戒"体本是君主向臣下发出的警戒性诏令。如《淮南子》载有《尧戒》曰："战战慄慄，日慎一日，人莫蹎于山，而蹎于垤。"④ 所以，明代贺复徵指出："诫者，警敕之辞……戒者防患之谓，以之名文，所以禁人之失也。"⑤ 由于"戒"体文强调警敕防患之辞，其运用范围也由国家君臣之间扩展到以父子为核心的家族上下辈之间，成为"家戒"或"家诫"文体。刘勰《文心雕龙·诏策》曰："戒者，慎也，禹称'戒之用休'。君父至尊，在三罔极。汉高祖之《敕太子》，东方朔之《戒子》，亦'顾命'之作也。及马援以下，各贻家戒。班姬《女戒》，足称母师矣。"⑥ 刘勰所列举的都是家戒名篇，汉高祖虽为皇帝身份，但所敕为太子，两人是父子关系；同时又把"戒"置于"诏策"之下，并指出家戒实质上是"'顾命'之作"，为"命"体之流别。这不仅凸显了"戒"

---

① 徐师曾著，罗根泽点校：《文体明辨序说》，人民文学出版社 1982 年版，第 141 页。
② 蔡邕：《独断》卷上，《文渊阁四库全书》第 850 册，第 78 页。
③ 黄宗羲：《明文海》卷二一九，《文渊阁四库全书》第 1455 册，第 436 页。
④ 高诱注：《淮南子》卷一八，《诸子集成》第 7 册，中华书局 1954 年版，第 305 页。
⑤ 贺复徵编：《文章辨体汇选》卷四七三，《文渊阁四库全书》第 1407 册，第 740 页。
⑥ 王利器校笺：《文心雕龙·诏策第十九》，上海古籍出版社 1980 年版，第 135 页。

体文作为家戒文体的独立性，也指出了家戒的文体渊源。尤为注意的是，刘勰列举的家戒都是汉代作品，这表明"戒"体文作为家戒"专属"是在汉代完成的，而汉代正是文体繁荣时期。因此后世以"戒"为体的官方诏策文反而显得稀少。明代吴讷《文章辨体序说》即察觉了这一现象，其曰："按韵书：'诫者，警敕之辞。'《文章缘起》曰：'汉杜笃作《女诫》。'辞已弗传。昭明《文选》亦无其体。今特取先正诫子孙及警世之语可为法戒者，录之于编。"① 家戒包括散体和韵体两种。徐师曾曰："其词或用散文，或用韵文，故分为二体。"② 刘邦《敕太子》和东方朔《戒子诗》分别是最早的散体和韵体家训。以"戒（诫）"命名的家训虽然韵散两体皆有，然而散体较少，多数为韵体，即戒子诗居多。

先看以"戒"（诫）命名的散体家训，如方孝孺《杂诫》："国之本，臣是也；家之本，子孙是也。忠信礼让根于性，化于习。欲其子孙之善而不知教，是自弃其家也。"（第二十二章）③ 这是以"诫"题名的散体家训。又如冯班《家戒》："嫁女娶妇，但择儒素有家法者最善。古人云：娶妇当娶其不如我者；嫁女当择其胜我者。此言大有病。外家贫薄，为累最重，不可以一端尽。且妇女之性，罕能自卑。只如婢妾，此不如我家亦甚矣，一旦得宠，目无正嫡。不如我家，不足恃也。胜我之家，娣姒必多当富贵。妇女以家势相轧，我家子女必为所薄，则一日不能安矣。胜我、不如我，相形争

---

① 吴讷著，于北山点校：《文章辨体序说》，人民文学出版社 1982 年版，第 45 页。
② 徐师曾著，罗根泽点校：《文体明辨序说》，第 142 页。
③ 方孝孺著，徐光大校点：《逊志斋集》卷一，第 17 页。

之道也。儒者论事，多空中揣量，不试实事，故多败。齐家、治国、平天下道理，须是实实体贴；空中揣摩，便是白面书生不通事势。'为天下安用腐儒'，谓此辈也。"这是以"戒"命名的散体家训。

以"戒（诫）"命名的韵体家训则较多。如清人金姃《家诫五十首》和《即事戒子》，都以"戒"（诫）命名。其《家诫五十首》序曰："昔人尚讲学，姃不能讲，亦不敢讲，为其有以诲人未堪，律已徒滋愧焉。况其风既滥，驯致植党启争，乱民害政，靡所底止。即心性之辨，稍有未融，如象山姚江大儒名臣，不免尚留訾议。是恶可不慎哉！林居暮景，自分无可传述，怵于老而不教之义，姑就见解所及，凡切于日用终身可行之理，演为《家诫》五十章，以垂示子孙，顾知之而未能行之，即吾亦长在戒中也。"其诗曰："言行总枢机，脱口势尤急。借曰玷可磨，常苦驷不及。凭谁作监史，想象金人立。宁使诮寒蝉，无为骋捷给。"① 这是以"诫"题名的韵体家训。《即事戒子》其一曰："白屋倏朱门，朱门仍白屋。本自霄壤悬，兴替一何速。稔恶斯取灾，树德乃致福。惴惴保其身，克家勤式谷。"② 这是以"戒"题名的韵体家训。

二　"训"

与"戒"体密切相关的是"训"体。《说文》："训，说教也。"贺复徵曰："训之为言，顺也。教训之以使人顺从也。……故后世凡有所教者，皆谓之训。"③ "训"也是一种教化文体。但"训"与

① 金姃：《静廉斋诗集》卷十八，《续修四库全书》第1440册，上海古籍出版社2001年版，第589、590页。
② 金姃：《静廉斋诗集》卷二四，第634页。
③ 贺复徵编：《文章辨体汇选》卷四七二，《文渊阁四库全书》第1407册，第731页。

"戒"又有差异性。黄佐《六艺流别序》曰："谟之流其别为训、为誓。……凡谟，下情孚于上者也。"① 联系前面引文可知，"戒"重在"上"宣于"下"，而"训"则是"下"孚于"上"。如《尚书·伊训》，伊尹以国家元老身份代祖先训诫刚即王位的太甲，伊尹是臣，太甲是君，故曰"训"。事实上，"训"也有"上"宣于"下"者。如清华竹简《保训》，即是周文王临终训诫周武王姬发的遗言。"训""戒"两者差异当在有无劝告理由的陈述。段玉裁注"训"曰："说教者，说释而教之，必须之理。""训"会指出理由，而"戒"则不必说明理由。后来"训"广泛运用于家族教化当中，家戒反而为家训的名称所取代。如颜之推《颜氏家训》被认为是家训之祖，其"序致"曰："吾今所以复为此者，非敢轨物范世也，业以整齐门内，提撕子孙。"② "训"体也有散体和韵体之分，但两者用于家教中也有一定分工，"戒"多用于诗歌，而"训"多用于散文。前者篇幅短小，后者篇幅较长。

散体家训中，许多作品都是以"训"命名。如朱熹《朱子家训》、陆游《放翁家训》、项乔《项氏家训》、郑晓《训子语》、唐文献《家训》，等等。试以焦循《里堂家训》为例，其曰："人负我债，而其力不能偿，我因不索而毁其券，此盛德事，尚非难也。惟我负人债，而势可以不偿，而竭力以偿之，则仁者事矣。先君子病时于债负之可以不还者，恐身后循等负之，阴授以良田而返其券。

---

① 黄宗羲：《明文海》卷二一九，《文渊阁四库全书》第 1455 册，第 436 页。
② 王利器集解：《颜氏家训集解》（增补本），第 1 页。

越半月，先君子即逝，逝后乃知其事。后人识之。"① 有些以"训"字命名的家训当中也夹杂着"戒"之类的训诫标志。如叶梦得《石林家训》中有"修身要略以戒诸子""戒诸子侄以保孝行"等。如"修身要略以戒诸子"曰："君子贫穷而志广，隆仁也；富贵而体恭，杀势也；安燕而气血不惰，循理也；劳倦而容貌不枯，好交也；怒不过夺喜不过与，法胜私也。此数者，修身之切要也。汝曹以吾言书诸绅而铭之心，以修身焉。虽非至善，而亦不失于不善，汝曹其无怠诸。"② 这样，多种家训文体标志合在一起使用，体现了家训训诫的重要性。

三　"箴"

"箴"体是家训的另一种文体标志。"箴"本是规诫之体。刘勰《文心雕龙·箴铭》曰："箴者，所以攻疾防患，喻针石也。斯文之兴，盛于三代。"吴讷《文章辨体》曰："盖箴者，规诫之辞，若针之疗疾，故以为名。……箴是规讽之文，须有警诫切劘之意。"③ 徐师曾《文体明辨》曰："盖医者以箴石刺病，故有所讽刺而救其失者谓之箴，喻箴石也。……大抵皆用韵语，而反覆古今兴衰理乱之变，以垂警戒，使读者惕然有不自宁之心，乃称作者。"④ "箴"重规讽，且有韵。黄佐《六艺流别》把"箴"归为《礼》体文，认为"《礼》以节文斯志者也，其源敬也"。⑤ 以"箴"题名者基本上是韵

---

① 《丛书集成续编》（台版）第 60 册，第 665 页。
② 同上书，第 487 页。
③ 吴讷著，于北山点校：《文章辨体序说》，第 46 页。
④ 徐师曾著，罗根泽点校：《文体明辨序说》，第 140—141 页。
⑤ 黄宗羲：《明文海》卷二一九，《文渊阁四库全书》第 1455 册，第 436 页。

语，如汪继培《训子四箴》。其《治家箴》曰："克振家声，务本为大。姻莫系援，交毋向背。勿吝而鄙，勿夸而泰。重学尊师，守常远怪。御下宜宽，睦邻须耐。要言不烦，此其大概。"① 又如方孝孺《家人箴》，其《审听》曰："听言之法，平心易气，既究其详，当察其意。善也吾从，否也舍之，勿轻于信，勿逆于疑。近习小夫，闺阁嬖女，为谗为佞，类不足取。不幸听之，为患实深。宜力拒绝，杜其邪心。世之昏庸，多惑乎此。人告以善，反谓非是。家国之亡，匪天伊人。尚审尔听，以正厥身。"② 虽然都是强调对子孙的规戒，但"箴"与"戒""训"之间还是有所差异的。一般来说，"箴"所规戒的子孙侧重于泛指和全体，"戒"和"训"则往往是指向特定的对象，所以家训较少以"箴"题名。

四　"规"与"范"

"规"也是一种重要家训文体标志。贺复徵曰："规者为圆之器，以之名文所以成人之德也。《书》曰：'官师相规。'义盖始此。后世学校则每用之。徐师曾曰：'今人以箴规并称，而文章顾分为二体者，何也？箴者，箴上之阙；而规者，臣下之互相规谏者也。其用以自箴者，乃箴之滥觞耳。然规之为名虽见于《书》，而规之为文则汉以前绝无作者，至唐元结始作《五规》，岂其缘书之名而创为此体欤？'"③ 家训当中，"规"实际也是家族长者对晚辈的训诫和制约，常用的有"家规""族规""宗规"等。以"规"作为家训文体

① 张应昌编：《清诗铎》卷二二，中华书局 1960 年版，第 785 页。
② 方孝孺著，徐光大校点：《逊志斋集》卷一，第 31 页。
③ 《文章辨体汇选》卷四七五，《文渊阁四库全书》第 1407 册，第 751 页。

标志的家训文本通常是分条陈述相关训诫内容。如何伦《何氏家规》，其《隆师亲友之规》曰：

一、凡家素清约，自奉宜薄，然待师友，则不当薄也。切不可因己无成而不教子，又不可以家事匮乏而不从师。务要益加勉励，则所闻者尧舜周孔之道，所见者忠信敬让之行，渐摩既久，身日进于仁义而不知也。若为利欲所蔽，违弃师友，则与不善人处，所闻所见，无非欺诬作伪，汗漫邪淫之事，身日陷于刑戮而亦不自知也。言之痛心，各宜自省。

二、君子以文会友，以友辅仁。必须趣向正当，切磋琢磨，有益于己者，始可日相亲与。若乃邪僻卑污，与夫柔佞不情，拍肩执袂，相诱为非者，慎勿与之交接。

三、学问之功，与贤于己者处，常自以为不足，则日益；与不如己者处，常自以为有余，则日损。故取友不可以不谨也，惟谦虚者能得之。①

隆师亲友的训诫教化分三条罗列，规定了何氏家族子孙应如何做到隆师亲友。"规"体家训文本出现较晚，主要是在明清时期才大量出现，尤以清代平民家训为主体，并且这类家训往往依附于家谱、族谱和宗谱当中。

与"规"相近的还有"范"体标志，诸如"家范""族范""宗范"之类。相对于"规"体家训，"范"体家训则较早出现，如

---

① 张文嘉辑：《重定齐家宝要》，《四库全书存目丛书·经部》第115册，第665页。

宋代袁采《袁氏世范》、吕祖谦《家范》等。"范"体家训也是以分条罗列的文本形式为主导。如清代金敞《宗范》：

> 千罪百恶皆从傲生，傲则自高自是不肯下人，至不肯下人则无不集之祸。
>
> 不近正人则恶日长，而我不知。
>
> "学吃亏"三字最是讨便宜法，人不知也。
>
> 莫不祥于不安分，如幼不肯事长，不肖不肯事贤，与一切好为侈大皆是。
>
> 小有才而又刚愎自用，覆亡有余矣。故上者，能学问以进德，德进则才自敛；次亦须先识时务。①

"范"体家训也是把相关训诫内容分条罗列，与"规"体家训相似。此外，郑太和《郑氏规范》则是把"规"与"范"合用，其文本形式也是分条罗列相关内容。"范"体家训虽然比"规"体家训更早出现，但后来规体家训基本上都是以"规"命名，而少用"范"体。

五 "约"

徐师曾曰："按字书云：约，束也。言语要结，戒令检束皆是也。古无此体，汉王褒始作《僮约》，而后世未闻有继者。岂以其文无所施用而略之与？愚谓后世如'乡约'之类亦当仿此为之。庶几不失古意，故特列之以为一体。"②"约"体家训与"规"体家训大

---

① 张伯行辑：《课子随笔钞》卷三，《丛书集成续编》（台版）第 61 册，第 60 页。
② 《文章辨体汇选》卷五一，《文渊阁四库全书》第 1042 册，第 273 页。

致相似，也是分条罗列，形成一种具有约束力的家训条文。如清代陈确《丛桂堂家约》，其序曰："岂惟予家，盖易简而天下之理得矣。于是本先人之志，具为约，以遗子孙。有渝约者，即为不类，众共黜之。"其所列家约主要有"子初生""就塾""冠""婚""嫁""丧""葬""祭""宴集""杂约"等条文。如"子初生"条："弥月周岁，勿受人贺，勿开喜筵。凡儿女始生，未知其能长育与否，正当惜物养福，奈何喜儿女之生，轻贱众生以为宴乐乎！未离乳，勿与肉食及糕果之类。先人尝云'养小儿宁饥毋饱，宁寒毋暖，宁听其啼号，毋勤抱持'，乃所以安全之也。勿寄拜父母及神佛、卖婆、渔婆之类，尤当切戒。"①相对于"规"体家训，以"约"命名的家训较少，而以"乡约"命名的则较多。或许以"约"命名者大体上是众人平等协商后的约定。如唐灏儒《葬亲社约》制订，其序曰："不孝之罪，莫大乎不葬其亲。而以贫自解，加以阴阳拘忌，既俟地，又俟年月之利，又俟有余赀，此三俟者，迁延岁月，而不可齐也，势愈重而罪愈深。今集同社数十人，为劝励之法，以七年为度。期于皆葬，谨陈数则如左。"所谓"集同社数十人，为劝励之法，以七年为度"，即是一种协商后而制定的条约。其约束对象基本上已经超出家族甚至宗族的范围了。

六　其他标志

除上述家训文体标志外，家训命名还有"勉""勖""寄""示"等词。这些词语不像"戒""诫""训""箴"那样具有明确的文体

---

① 陈确：《陈确集》别集卷九，中华书局1979年版，第513—514页。

意涵指向，但当它们带上"子孙"等特定教化对象后，则呈现家训的文体体式。

"勉"，勉励。段玉裁《说文解字注》曰："勉，勥也。勥旧作彊。非其义也。凡言勉者皆相迫之意。自勉者，自迫也。勉人者，迫人也。"此标志以戒子诗为多，如方孝孺《勉学诗》共二十四首，其二、三曰："劝尔一杯酒，君行莫匆匆。君心虽欲速，道路久乃通。东可窥大壑，西能越空同。不忧岁月晚，但忧筋力穷。三年刻片楮，九年成一弓。制作虽云难，为艺则已工。小事可喻大，愿言置胸中。"①

"勖"，古同勉励。《说文》曰："勖，勉也。"此标志也多以戒子诗居多，如柴静仪《勖用济》："君不见，侯家夜夜朱筵开，残杯冷炙谁怜才？长安三上不得意，蓬头黧面仍归来。呜呼！世情日千变，驾车食肉人争羡。读书弹琴聊自娱，古来哲士能贫贱。"② 柴静仪，字季娴，浙江钱塘人，沈汉嘉室，著有《凝香室诗钞》。此诗是柴氏训诫其子沈用济的家训诗。

"寄"，托付。《说文》曰："寄，托也。"此标志也是以戒子诗居多，如潘希曾《寄程甥文德》曰："不多年纪好文章，珍重吾家坦腹郎。志笃尚须开万卷，学成何止擅三场。功名世济方为孝，冰玉人看亦有光。别后自嗟心力倦，犹能刮目日相望。"③

"示"，本义为显现。《说文》曰："天垂象，见吉凶，所以示人

---

① 方孝孺著，徐光大校点：《逊志斋集》卷二三，第 803 页。
② 沈德潜：《清诗别裁集》卷三一，河北人民出版社 1997 年版，第 643 页。
③ 潘希曾：《竹涧集》卷三，《文渊阁四库全书》第 1266 册，第 680 页。

也。从二。三垂，日月星也。观乎天文，以察时变。示，神事也。"
段玉裁注曰："示，神事也。言天县象箸明以示人。圣人因以神道设
教。"因此，"示"又引申为教导。如《礼记·檀弓下》："国奢则示
之以俭，国俭则示之以礼。"家训以"示"命名寓有教导之意。此
类标志涉及韵、散两体，以韵体家训居多，自唐代开始，以"示"
来标志戒子诗成为最常用和通行的作法。如袁枚《示儿》曰："不
将《庭诰》学延之，但说平生要汝知。骑马莫轻平地上，收帆好在
顺风时。大纲既举凭鱼漏，小穴难防任鼠窥。（古谚云：鼠穴留一
个，好处不穿破。）三百六旬三十日，可闻谇语响茅茨？"① 以"示"
命名的散体家训，如王守仁《示弟立志说》："予弟守文来学，告之
以立志。守文因请次第其语，使得时时观省；且请浅近其辞，则易
于通晓也。因书以与之。夫学莫先于立志。志之不立，犹不种其根
而徒事培壅灌溉，劳苦无成矣。世之所以因循苟且，随俗习非，而
卒归于污下者，凡以志之弗立也。故程子曰：'有求为圣人之志，然
后可与共学。'人苟诚有求为圣人之志，则必思圣人之所以为圣人者
安在？非以其心之纯乎天理，而无人欲之私欤？圣人之所以为圣人，
惟以其心之纯乎天理而无人欲，则我之欲为圣人，亦惟在于此心之
纯乎天理，而无人欲耳。欲此心之纯乎天理而无人欲，则必去人欲
而存天理。务去人欲而存天理，则必求所以去人欲而存天理之方。
求所以去人欲而存天理之方，则必正诸先觉，考诸古训，而凡所谓

---

① 袁枚：《小仓山房诗集》卷三六，王英志校点《袁枚全集》第 1 册，江苏古籍出
版社 1993 年版，第 886 页。

学问之功者，然后可得而讲，而亦有所不容已矣。"①

由上可知，"勉""勖""寄""示"等词语虽然没有明显的训诫文体意涵指向，但当它们带上训诫对象时，其训诫指向往往比"戒""诫""训""箴"等训诫文体意涵指向明确者更具体和清晰。

七 无标志的家训文本

家训文本绝大部分都有文体标志，但也有极少数家训的题名中没有明显的文体标志，这类家训从其内容也可以辨析出来。韵体家训，如陆游《志学》："圣门志学岂容差，山立方当斥百家。早忝授经闻博约，晚羞同俗陷浮华。风髻槁面寒无褐，雷转饥肠饭有沙。漫道衰慵贪睡美，五更和梦听城笳。"此首诗告诫家族子孙立志读书，必须万苦千辛，方可成功。虽未有明确的标志，却可以认定为家训作品。散体家训，如姚舜牧《药言》，其"药言"之名譬喻为家训。其题辞曰：

> 病莫大于病心，而病身为小。何者？身病病身耳，病身者心容有不病也。病心则莫不病，神乱智昏，百体随之。于耳为聋，于目为瞶，于手足持动为支离狂痫，块然之躯，特委形耳。传之家，家尤之而家病；传之国，国尤之而国病；传之天下，天下尤之而天下病。嗟嗟，病孰大于病心者哉？然心病更难医矣。医虚以补，医实以泻，医暑以清，医湿以燥。而此方寸许立于虚实暑湿之外，以受百邪之交攻，则针砭之所不能加，药

---

① 王守仁撰，吴光等编校：《王阳明全集》（第 1 册），上海古籍出版社 2014 年版，第 289 页。

饵之所不能施，所谓膏肓之疾，秦越人望之而却走者也。古之
仁人欲起而医焉，别攻一药，独创一方，复不能以百代之上而
望问于百代之下，乃更著为方书，使后之病者自按而自药之，
则言是也。调剂于典坟，而咀嚼于经传，所从来矣，有是哉，
姚氏也。而《药言》乎哉？取其言而读之，其事近，其意简，
其言亦平平无甚谬巧，药之云乎？是不然，洞光员龙无捄于癣
痂，而马渤牛溲，仓公袭而藏之。立方者不必岐黄期于验，择
药者不必金石期于切，故曰有奇症无奇药也。又曰："方欲奇，
药欲平也。"言而药，又乌用彼傲诡不情惊世骇俗之虚论哉？然
则姚氏之言：甘，其参苓也；苦，其芩蘗也；猛力涤荡，其黄
硫乌附也。倘因病而药之，病者不病，不病者，又奚病病乎？
予谓此言，心言也，此药，心药也。天下用之，而犹病心者寡
矣。姚氏者，其圣门之国手，治世之大医王也哉。是编也，辑
之于李仲善，出之于金德征。曰：施药，不若施方，盍梓之？
予曰：善。因漫题之于左，时万历庚申仲春大理寺病夫太丘王
三德，书于秣陵平反堂之小轩。①

题辞者认为药即是言，言即是药，药可以治病，言可以治家治世，
因此作者以《药言》命名，其文本即是一部重要的家训作品。又如
冯班《将死之鸣》，也是未有明确标志的家训文本。其序曰："忽感
小疾，遂至沈笃，引镜视面，殆恐不济。年近七十，亦无余憾，所
可念者，汝辈生计贫薄，学业无成，以为惙惙耳。我平生更历患苦，

---

① 《丛书集成初编》第976册，第1页。

见事颇多，内省自讼，岂惟五十知非。今以所见，载之于纸，汝辈时一省之，所益非少。长寝之后，此书存者，如我未死也。"① 所谓将死之鸣，即是临终之言，为遗言。以遗言为家训往往也是家训形成的一种重要来源，刘邦《敕太子》即是刘邦的临终遗言。

总之，家训作为一种训诫文体，一般都有明确的文体标志，这些文体标志本身就有较为强烈的训诫内涵，从而与文本内容形成"文"与"题"的呼应。

第二节　家训的文体形式

家训的文体形式涉及各种文体，就语言韵散而言，有诗词体家训、散文体家训和格言体家训；就书写形式而言，则有书信体家训、家训专书和家训规条。

一　诗词体家训

诗词体家训包括家训诗和家训词两种，其中主要是家训诗。家训诗又称戒子诗、训子诗，是韵体家训最重要的文体形式之一，最早的家训诗是汉代东方朔《戒子诗》。唐代以后家训广泛出现，而宋代开始，家训诗的数量激增，到明清时期则达到异常繁荣的状态。宋代以后家训诗能够繁荣兴盛起来，其原因有二：一是家训诗作者身份发生重要变化。两晋南北朝时期戒子诗数量不多，其作者多为门阀士族子弟，并且其家族往往处于衰微当中，如陶渊明、陆机等。宋代开始，

---

① 冯班撰，李鹏点校：《钝吟杂录》，第 134 页。

随着科举制度日渐规范化和严格化，科举成为重要的选官制度，由此产生了新兴的科举士人和文人，他们成了家训诗的重要作者。明清家训诗作者则由科举士子扩展到广大平民，布衣诗人和女性诗人也成为家训诗的重要作者群体。作者群体的大量扩展首先得益于人们文学素养的普遍提升，这使得他们有能力吟诗教子，女性诗人的出现更是如此。二是家训诗以训诫议论为突出特点，此种诗歌特点与宋代以议论为诗的诗学思潮特别契合，因此宋代家训诗数量能够剧增。

从诗体形式来看，家训诗大致遵循了由古体诗到格律诗的一般诗歌发展规律，并且是以格律诗为主体的多样化发展，但同时为了适应家训内容的书写，家训诗的诗体形式也呈现出一些个性特点。一是两晋南北朝家训诗多采用四言体古诗，如陶渊明《命子》、陆机《与弟清河云诗》、谢灵运《赠从弟弘元诗》等，这与追溯祖先功绩和家世传统的训诫内容密切相关，体现了教化者对祖先的敬仰之情和对门第的肃穆之感，具有宗庙祀颂的雅颂体色彩。后世家训诗则较少采用四言体，但当教化内容主要述及祖先功德时，往往又会采用四言体。二是自唐宋开始家训诗多用格律体形式，但古体诗仍然得到广泛运用。为了凸显教化效果，教化者往往会因时制宜创作多首家训诗，最典型者莫过于陆游，一生作了200多首家训诗。这在中国家训史上是绝无仅有的现象。三是明清家训诗除了常规诗体形式外，还有不少超长篇幅的诗歌。一方面表现在诗歌的字数得到极大扩展，如金甡《热河寓舍代书示儿》多达六百字；另一方面则表现在大量使用联章组诗，其中以二首至十首之间的联章组诗较常见，也有大型联章组诗者，如方孝孺《勉学诗》二十四章、娄坚《岁暮杂题示儿复闻》三十章，而金垤《家诫诗》则为极致，共有五十章。这些联章组诗分开来是独立的诗歌，每首有其独立的教化主题，合起来又是组诗，贯通教化者独特的教化思想。家训诗的篇幅不断得到扩展，体现了教化者对家族子孙的要求也越来越细致和严格，这与教化思想越来越专制化和集权化的趋势是一致的。

家训诗作为一种家训文体，有其自身独特的文体优点，即短小精炼，易作、易诵和易记，既便于教化者训诫，也有利于教化对象受教。如陆游《示儿》曰："闻义贵能徙，见贤思与齐。食尝甘脱粟，起不待鸣鸡。冷清园中菜，寒酸太学廉。时时语儿子，未用厌锄犁。"八句律诗把求义、齐贤、耐苦和重耕的思想表达出来了，有利于对儿子的教化和训诫，也有利于儿子对教化内容的接受。此外，家训诗作为一种具有浓厚审美意蕴的艺术形式，有利于教化者把自己的生命体验和人生感悟融于家训中传授给子孙。如魏骥《秋日有感书勉诸子》："凉飙动高柯，落叶坠庭户。节序互变更，春来又秋暮。人生百岁中，发黑忽改素。当为贵及时，其力宜自努。不见庸劣徒，终身无所措。嗟予日渐老，抚景亦深悟。"① 诗歌点明了教化和创作的机缘，由秋日落叶而比兴到青春易逝，因青春易逝所以要及时努力，情中有训，训中抒情。

二 散文体家训

所谓散文体家训，是特指所有以散体语言撰写的家训，即除韵体家训之外的家训作品。散文体家训和家训诗一样，也是家训最为

---

① 魏骥：《南斋先生魏文靖公摘稿》卷八，弘治刻本。

重要的文体形式之一。最早成熟的散文体家训就是刘邦的《敕太子》，而汉代也是散文体家训兴起的重要时期，汉代的散文体家训主要以书信形式来呈现，后文会专门介绍。

此后，北齐颜之推《颜氏家训》对散文体家训发展起了奠基作用，它"奠定了我国传统家训文献的基本形式，对后世家训的发展产生了积极的影响"。①《颜氏家训》因此也被视为是"家训之祖"，宋人陈振孙曰："古今家训，以此为祖。"②颜之推著述《颜氏家训》目的就是为了教子齐家，其《序致》曰：

> 夫圣贤之书，教人诚孝，慎言检迹，立身扬名，亦已备矣。魏、晋已来，所著诸子，理重事复，递相模教，犹屋下架屋，床上施床耳。吾今所以复为此者，非敢轨物范世也，业已整齐门内，提撕子孙。夫同言而信，信其所亲；同命而行，行其所服。禁童子之暴谑，则师友之诚不如傅婢之指挥，止凡人之斗阋，则尧、舜之道不如寡妻之诲谕。吾望此书为汝曹之所信，犹贤于傅婢寡妻耳。

> 吾家风教，素为整密，昔在龆龀，便蒙诱诲；每从两兄，晓夕温清，规行矩步，安辞定色，锵锵翼翼，若朝严君焉。赐以优言，问所好尚，励短引长，莫不恳笃。年始九岁，便丁荼蓼，家涂离散，百口索然。慈兄鞠养，苦辛备至；有仁无威，导示不切。虽读《礼传》，微爱属文，颇为凡人之所陶染，肆欲

---

① 赵振：《中国历代家训文献叙录》，齐鲁书社2014年版，第6页。
② 陈振孙：《直斋书录解题》卷十，上海古籍出版社1987年版，第305页。

轻言，不修边幅。年十八九，少知砥砺，习若自然，卒难洗荡。二十已后，大过稀焉；每常心共口敌，性与情竞，夜觉晓非，今悔昨失，自怜无教，以至于斯。追思平昔之指，铭肌镂骨，非徒古书之诫，经目过耳也。故留此二十篇，以为汝曹后车耳。①

所谓"整齐门内，提撕子孙"，即是教育家族子孙，达到齐家传家的目的，因此希望《家训》能为"汝曹"所信。同时，这种家训教化不是空洞说教，而是把作者自己的亲身经历和人生经验传授给家族子孙。《颜氏家训》共分为"序致""教子""兄弟""后娶""治家""风操""慕贤""勉学""文章""名实""涉务""省事""止足""诫兵""养生""归心""书证""音辞""杂艺""终制"等二十篇。全书以散文的文体形式容纳了丰富多彩的训诫内容，内容与形式有机地结合在一起，为家族教化和规范起到了重要作用。明人张璧曰："书靡范，曷书也？言靡范，曷言也？言书靡范，虽联篇缕章，赘焉亡补。乃北齐颜黄门《家训》，质而明，详而要，平而不诡。盖"序致"至终篇，罔不折衷今古，会理道焉，是可范矣。"②明代于慎行亦曰："夫其言阃以内，原本忠义，章叙内则，是敦伦之矩也；其上下今古，综罗文艺，类辨而不华，是博物之规也；其论涉世大指，曲而不诎，廉而不刿，有《大易》《老子》之道焉，是保身之诠也；其撮南北风土，俊俗具陈，是考世之资也。统之，有

---

① 王利器：《颜氏家训集解》（增补本），第1、4页。
② 同上书，第614页。

关于世教，其粹者考诸圣人不缪，儒先之慕用其言，岂虚哉?"①
张、于二人都对《颜氏家训》的教化内容、语言运用和文体形式等
方面作了高度评价。因此，《颜氏家训》被称为"家训之祖"，并不
是说其是最早的家训著作，而是指其内容、语言和形式等方面为后
世家训撰写起了奠基作用，奠定了我国传统家训文献的基本形式。

对散文体家训起到重要推动作用的另一部家训是袁采《袁氏世
范》，此书被称为"《颜氏家训》之亚"。袁采，字君载，信安（今
浙江衢县）人。宋孝宗隆兴元年（1163）进士，历任乐清、政和、
婺源诸县县令，后官至临登闻鼓院，以廉明刚直著称于世。《袁氏世
范》分"睦亲""处己""治家"三卷，每卷之下又分几十个条目，
每条前面都有后人所加标题，共200余条，比较全面地阐述了封建
家庭的伦理关系、治家方法、为人处世之道等。②《袁氏世范》以散
文体书写家训教化，其训诫内容和行文语言都受到高度称颂。如宋
代刘镇曰："其言则精确而详尽，其意则敦厚而委曲，习而行之，诚
可以为孝悌，为忠恕，为善良，而有士君子之行矣。"③ 明人沈懋孝
曰："其言不比文苑之言，大都深识人情，饱尝世故，实历真言，刺
心苦语，非老吏归田，好薄游行路，或如耆臣告主，亦似庄家训儿，
玩之味泳，行之义精，布燠菽甘，有补生人日用。若以参于颜（之
推）、柳（玭）、司马（光）家训之间，自是一套近里佳言，士大夫
家若以此训子弟，日放几格前，真可破其虚迂诞、不谙世务之

────────────

① 王利器：《颜氏家训集解》（增补本），第618页。
② 赵振：《中国历代家训文献叙录》，第99—100页。
③ 袁采：《袁氏世范》，天津古籍出版社1995年版，第174页。

习。"① 清人袁廷梼亦曰:"谨读数过,其言约而赅,淡而旨,殆昌黎所谓'其为道易明而其为教易行'者耶!"② 这些评论都认为《袁氏世范》的文体语言通俗而富于深刻的表现力,达到韩愈所谓"其为道易明而其为教易行"的效果。《四库全书总目》卷九二:"其书于立身处世之道,反覆详尽,所以砥砺末俗者,极为笃挚。虽家塾训蒙之书,意求通俗,词句不免于鄙浅,然大要明白切要,使览者易知易从,固不失为《颜氏家训》之亚也。"③ 虽然以尚雅标准批评《袁氏世范》语言浅俗鄙陋,但还是高度评价了其家训价值。对于《袁氏世范》的散文体书写特点,试以"人物之性皆贪生"条为例作一分析:

> 飞禽走兽之与人,形性虽殊,而喜聚恶散,贪生畏死,其情则与人同。故离群则向人悲鸣,临庖则向人哀号。为人者既忍而不之顾,反怒其鸣号者有矣。胡不反己以思之?物之有望于人,犹人有望于天也。物之鸣号有诉于人,而人不之恤,则人之处患难、死亡、困苦之际,乃欲仰首叫号,求天之恤耶!大抵人居病患不能支持之时,及处囹圄不能脱去之时,未尝不反复究省平日所为,某者为恶,某者为不是,其所以改悔自新者,指天誓日可表。至病患平宁及脱去罪戾,则不复记省,造罪作恶无异往日。余前所言,若言于经历患难之人,必以为

---

① 沈懋孝:《长水先生文钞·袁氏世范序》,《四库禁毁书丛刊》本。
② 袁采:《袁氏世范》,第 181 页。
③ 纪昀等:《钦定四库全书总目》(整理本),中华书局 1997 年版,第 1209 页。

然。犹恐痛定之后不复记省，彼不知患难者，安知不以吾言
为迂?①

家训主要表达两层意思，一是人只有身处困境中才知反省悔悟，二
是人一旦痛定之后又易忘前车之事，对贪生怕死和好了伤疤忘了痛
的人性弱点进行了批判，从而教化人们要去恶向善，改悔自新。行
文通俗易懂，语言表现力强，逻辑层次清晰，充分运用了散文的文
体特点来展开教化和训诫。诚如刘镇所评："其言则精确而详尽，其
意则敦厚而委曲。"

　　散文体家训作为古代家训文献的重要文体形式之一，其突出的
优点是行文自如，文本容量大，能够充分表达教化者所需训诫的思
想观念和教化内容，因此古代大部分家训文献都是散文体家训。这
其中颜之推《颜氏家训》和袁采《袁氏世范》的示范效应具有重要
引领作用，如张纯《普门张氏族约》、汪辉祖《双节堂庸训》等家
训就明确提到过《袁氏世范》。

　　三　格言体家训

　　格言体家训是一种介于骈、散之间的家训文体形式，它往往是
三言两语，却又言简意赅，有散文的自由，却又时有骈偶对仗，辞
简旨深，意蕴隽永。如陈其德《垂训朴语》曰："大凡怨尤之念，
皆从见人有不是处生来。见人有一分不是，便见自家有一分是。即
此自是一念，深为天道所忌，亦是自画地位。"②

---

① 袁采:《袁氏世范》，第 143 页。
② 《四库全书存目丛书·子部》第 94 册，齐鲁书社 1997 年版，第 398 页。

　　格言体家训与连珠、语录、清言等密切相关。① "连珠滥觞于《韩非子》中的'内、外储说'，成型于两汉。" "一般以'臣闻''盖闻''尝闻'开头，多是'受诏作之'，并具备讽谏君主的功用。"② 傅玄《连珠序》曰："其文体辞丽而言约，不指说事情，必假喻以达其旨，而贤者微悟，合于古诗劝兴之义。"这指出了连珠的文体特点，即辞丽言约，譬喻达旨，令阅者求悟。如《艺文类聚》卷五七引扬雄《连珠》曰："臣闻明君取士，贵拔众之所遗；忠臣荐善，不废格之所排。是以岩穴无隐，而侧陋章显也。"引班固《连珠》曰："臣闻公输爱其斧，故能妙其巧；明主贵其士，故能成其治。"连珠也是骈散结合，散体中有对偶。显然，格言体家训与连珠有一定渊源，只不过连珠是臣谏君，而格言体家训则是长辈训导晚辈。

　　格言体家训还与语录密切相关。《论语》就是一部重要的语录体著作。唐宋三教合一的文化发展，促进了禅宗语录的兴盛以及理学家对语录这种形式的接受和运用。唐代孔思尚《宋齐语录》是以语录命名之始，此后语录受到理学家重视，如朱熹《朱子语录》等。试看《朱子语录》卷四："人物之生，天赋之以此理，未尝不同，但人物之禀受自有异耳。如一江水，你将杓去取，只得一杓；将碗去取，只得一碗；至于一桶一缸，各自随器量不同，故理亦随以异。"格言体家训是长者训化晚辈的话语，其实也是一种语录的记载。

---

　　① 连珠、语录、清言等相关研究，参阅赵伯陶《明清小品：个性天趣的显现》第五章，广西师范大学出版社 1999 年版。
　　② 赵伯陶：《明清小品：个性天趣的显现》，第 143 页。

　　格言体家训发展还离不开清言的兴盛。"清言是明清小品中体制较为特殊、类似于格言警句的文学形式，往往三言两语，即收颊上三毫之效。""清言之作，篇幅短小精悍，议论言简意赅，读来琅琅上口。回思韵味无穷。它有诗的意境，却无格律韵脚的限制；它有文的自由，却又时时对仗，音调铿锵。"① 明清时期的清言作品非常发达，明代如徐学谟《归有园麈谈》，吴从先《小窗自纪》，屠隆《娑罗馆清言》，洪自诚《菜根谭》，陈继儒《岩栖幽事》《太平清话》，赵世显《一得斋琐言》，杨梦衮《草玄亭漫语》，王佐《敬胜堂杂语》，郑瑄《昨非庵日纂》，陆绍珩《醉古堂剑扫》等；清代如申涵光《荆园小语》、王晫《快说续纪》、叶镇《散花庵丛语》、张潮《幽梦影》、江熙《扫轨闲谈》、刘因之《谰言琐记》、陈星瑞《集古偶录》等。② 试看洪自诚《菜根谭·概论》："狐眠败砌，兔走荒台，尽是当年歌舞之地；露冷黄花，烟迷衰草，悉属旧时争战之场。盛衰何常，强弱安在？念此令人心灰。"又如《菜根谭·修省》："欲做精金美玉的人品，定从烈火中锻来；思立掀天揭地的事功，须向薄冰上履过。"清言文体形式与格言体家训非常接近，只不过清言多释道观念，而格言体家训以儒家思想为主体。

　　连珠、语录和清言对格言体家训都具有重要影响，尤其是后两者。语录，如朱熹有《朱子语录》，其《朱子家训》即是格言体家训。如其曰："君之所贵者，仁也。臣之所贵者，忠也。父之所贵者，慈也。子之所贵者，孝也。兄之所贵者，友也。弟之所贵者，

---

① 赵伯陶：《明清小品：个性天趣的显现》，第 141 页。
② 同上书，第 149—150 页。

恭也。夫之所贵者，和也。妇之所贵者，柔也。事师长贵乎礼也，交朋友贵乎信也。"① 又如明人张永明《语录》和陈其德《垂训朴语》，也是以语录为基础而形成的格言体家训，其题目即直接以"语录"题名。试看张永明《语录》：

事无大小，皆不可苟，且处之必尽其道。

作事切须谨慎仔细，最不可怠忽疏略。

小人有功，可优之以赏，不可假之以柄。

祥者，福之先也，见祥而不为善，则福不至；殃者，祸之先也，见殃而能行义，则祸不至。②

这些家训都是语录式，教育子孙如何做事，如何处世，如何对待福祸，言简意赅而又意蕴隽永，甚至具有一定哲思性。

清言对格言体家训也具有重要影响，如陈继儒有《岩栖幽事》《太平清话》等清言著作，其《安得长者言》即是具有清言意蕴的格言体家训。如其曰：

吾本薄福人，宜行厚德事；吾本薄德人，宜行惜福事。

闻人善则疑之，闻人恶则信之，此满腔杀机也。

静坐然后知平日之气浮，守默然后知平日之言躁，省事然后知平日之费闲，闭户然后知平日之交滥，寡欲然后知平日之

① 原载于《紫阳朱氏宗谱》，《朱熹集·外集》第九册第二卷，四川教育出版社1996年版，第5751页。
② 张永明：《张庄僖文集》卷五，《文渊阁四库全书》第1277册，第386页。

病多，近情然后知平日之念刻。①

这些家训涉及修身处世等内容的教化，都具有深刻的感悟性和哲思性，与其清言作品极相似。此外，明人张永明《语录》和陈其德《垂训朴语》虽以"语录"命名，但其内容也具有清言特点。如陈其德《垂训朴语》曰："增一分明敏，不若减一分世情；加一重振作，不若去一重昏惰。盖骛世情则品俗，任昏惰则品下。"② 清人陆世仪《思辨录》也是一部清言式的格言体家训。

格言体家训中以"格言"直接命名者，如朱柏庐《治家格言》、顾三英《居家格言》等。其中朱柏庐《治家格言》是格言体家训的代表作，在民间影响极大，以至人们常常将其与朱熹《朱子家训》相混淆。朱柏庐，名用纯，字致一，江苏昆山人。因慕"二十四孝"中魏时孝子王裒"闻雷泣墓"故事，自号柏庐。朱柏庐居乡侍母，潜心研究程朱理学，倡知行并进。其《治家格言》有着深刻的生命体验和老成的经验总结，试看家训开篇：

> 黎明即起，洒扫庭除，要内外整洁；既昏便息，关锁门户，必亲自检点。
> 一粥一饭，当思来处不易；半丝半缕，恒念物力维艰。
> 宜未雨而绸缪，毋临渴而掘井。
> 自奉必须检约，宴客且勿留连。
> 器具质而洁，瓦缶胜金玉；饭食约而精，园蔬逾珍馐。勿

---

① 《丛书集成初编》第 375 册，第 1 页。
② 《四库全书存目丛书·子部》第 94 册，第 397 页。

营华屋，无谋良田。①

这些家训语言简洁精练，又重形式上的骈偶对仗，内涵却丰富隽永，贴近生活实际，又能对生活经验和人生体验进行形而上的睿智总结，具有易知、易记和耐品的特点，因而深受人们喜爱和欢迎，成为重要的教子作品。

格言体家训除了以整篇家训形式呈现外，一些散文体家训也常常会运用。如何伦《何氏家规》："学问之功，与贤于己者处，常自以为不足，则日益；与不如己者处，常自以为有余，则日损。故取友不可以不谨也，惟谦虚者能得之。"袁采《袁氏世范》卷中："居官当如居家，必有顾藉；居家当如居官，必有纲纪。"其单言独句运用较为广泛。

总之，格言体家训语言简洁，形式精致，内涵丰富，意蕴隽永，它往往是教化者生活经验的总结，人生体验的感悟，思想观念的升华，因而虽然整篇采用格言的家训数量远不如诗词体家训和散文体家训，但其影响深远，流传久远。

四 书信体家训

书信体家训是就其书写形式而言，书信可散可骈，但家训的书信写作往往是散文体，因此书信体家训就其文本而言一般是散文。

早期家训大多以书信形式出现，特别是汉晋南朝时期，如孔臧《诫子琳书》、刘向《诫子歆书》、马援《诫兄子严、敦书》、张奂《诫兄子书》、郑玄《诫子益恩书》、诸葛亮《诫子书》、王修《诫子

---

① 张伯行辑：《课子随笔钞》卷三，《丛书集成续编》（台版）第61册，第64页。

书》、王昶《诫子书》、殷裒《诫子书》、羊祜《诫子书》、陶渊明《与子俨等疏》、王僧虔《诫子书》、徐勉《诫子崧书》等，都是当时著名的书信体家训。可以说，在颜之推《颜氏家训》出现以前，家训著作绝大部分是以书信著作形式出现的。唐宋以后，虽然家训的文体形式和书写方式趋于多样化，但书信仍然是家训的重要文体和书写形式之一，颇受教化者重视。

书信体家训的突出特点是所教化的对象往往是特定的个体，具有一对一的精准教化指向。如王守仁《赣州书示四侄正思等》：

近闻尔曹学业有进，有司考校，获居前列，吾闻之喜而不寐。此是家门好消息，继吾书香者，在尔辈矣。勉之，勉之！吾非徒望尔辈但取青紫荣身肥家，如世俗所尚，以夸市井小儿。尔辈须以仁礼存心，以孝悌为本，以圣贤自期，务在光前裕后，斯可矣。吾惟幼而失学无行，无师友之助，迫今中年，未有所成。尔辈当鉴吾既往，及时勉力，毋又自贻他日之悔，如吾今日也。习俗移人，如油渍面，虽贤者不免，况尔曹初学小子，能无溺乎？然惟痛惩深创，乃为善变。昔人云："脱去凡近，以游高明。"此言良足以警，小子识之！吾尝有《立志说》，与尔十叔，尔辈可从钞录一通，置之几间，时一省览，亦足以发；方虽传于庸医，药可疗夫真病。尔曹勿谓尔伯父只寻常人尔，其言未必足法；又勿谓其言虽似有理，亦只是一场迂阔之谈，非吾辈急务。苟如是，吾末如之何矣！读书讲学，此最吾所宿好，今虽干戈扰攘中，四方有来学者，吾未尝拒之，所恨牢落尘网，未能脱身而归。今幸盗贼稍平，以塞责求退，归卧林间，携尔尊朝夕切劘砥砺，吾何乐如之！偶便，先示尔等，尔等勉焉，毋虚吾望。正德丁丑四月三十日。①

此书信具有直接的针对性，即是对四侄正思等人的教化。书信中提出了四点教化内容：一是勉励读书以修身养性而非追逐荣利物欲；二是要懂得洁身自好，不为习俗世风所熏染；三是抄录《立志说》置于几间，作为读书修身的训诫；四是遵从自己的教化，因为即便是庸医亦可疗真病。最后指出"读书讲学，此最吾所宿好"，自己希望辞官归林后，"携尔尊朝夕切劘克莱砺"，其"何乐如之"。前两点是总体要求，后两点是具体操作。教化行为始终处在教化者与特定受教者之间，两者虽隔千山万水，却有如面对面的谆谆教诲之感。这正是书信体家训的长处和优点，给人以一种身临其境之感。

书信体家训虽以书信为载体，但并不是所有长辈给晚辈的书信都是家训文本，只有那些具有训诫内容的书信才能成为家训文本，因此何为书信体家训需要作具体的甄别。

五　家训专书

家训专书也是从书写形式来辨识的，相对于单篇而言，其往往是书册形式出现，以多卷为主，如是单卷本则字数较多，能够独立成册。颜之推《颜氏家训》被称为"家训之祖"，不但体现在内容和文体上，也体现在书写形式上，是第一部以专著形式著述的家训作品。此后，唐代李世民《帝范》也是一部重要的家训专书，因作者的身份为皇帝，因而对家训专书的繁荣发展起了重要推动作用。

---

① 王守仁撰，吴光等编校：《王阳明全集》第 3 册，第 1087—1088 页。

毫无疑问，家训专书的突出特点就是容量大且具有一定系统性。如清代浙江汪辉祖《双节堂庸训》共六卷 219 个条目。其自序曰："《双节堂庸训》者，龙庄居士教其子孙之所作也。……居士扃户养疴，日读《颜氏家训》《袁氏世范》，与儿辈讲求持身涉世之方，或揭其理，或证以事，凡先世嘉言媺行及生平师友渊源，时时乐为称道，口授手书，久而成帙。删其与颜、袁二书词指复沓者，为纲六、为目二百十九，厘为六卷：首《述先》，志祖德也，先考、妣事具行述者不赘；次《律己》，无忝所生，有志焉未逮也；次《治家》，约举大端而已，家世相承，兼资母范，故论女行稍详；次《应世》，寡尤寡悔，非可倖几也；次《蕃后》，保世滋大，其在斯乎？以《师友》终之，成我之恩，辅仁之谊，永矢勿谖矣。友之存者，儿辈耳熟能详，不烦录叙；且凛凛乎，有《谷风》阴雨之忧焉。"[1]《双节堂庸训》以《述先》始，志祖德；接着是《律己》《治家》《应世》，遵循儒家修齐治平序列；然后是《蕃后》，示意子孙传承；最后是《师友》，由己及人。全书按照"祖先—本人—后代—师友"的逻辑序列编排文本内容，家训容量大，文本结构清晰。

探讨家训专书就不能忽略家训选集，家训选集虽不是个人专著，却对家训文本的传播和流传起了重要作用，它扩大了家训的社会作用和后代影响，尤其是单篇家训更是如此。最早的家训选集是宋代刘清之《戒子通录》，此后有明代秦坊《范家集略》以及清代张文嘉《重订齐家宝要》、张师载《课子随笔》、陈宏谋《五种遗规》、

---

① 汪辉祖：《双节堂庸训》，天津古籍出版社 1995 年版，第 244 页。

黄涛《家规省括》等。除秦昉和张文嘉为江南文士外，其他几位都不是江南文士，但鉴于这几部家训选集的重要性，现一并作个介绍。

刘清之，字子澄，号静春，临江（今江西清江）人。《戒子通录》是刘清之经朱熹倡导而编纂的一部家训选集。元人陈黄裳《戒子通录序》曰："近世朱徽文公既成《小学》之书，又柬刘静春集史传嘉谟善行与宋氏诸儒之格言为《戒子通录》，凡为父母、为子侄、为兄弟、为夫妇之道具是。阶庭讲学，耳濡目染，非苟知之，亦允蹈之，其于世教实非小补。"全书共选录家训上自先秦，下至两宋，共171篇，其中前七卷为父训136篇，最后一卷为母训35篇。每篇家训文本以节录为主，家训前面均有小注，介绍家训作者生平或家训写作背景。秦昉，字表行，号俨尘，江苏无锡人。《范家集略》共六卷，分"身范""程范""文范""言范""说范""闺范"等，"自周、秦以及明代，凡前贤格言懿行，汇为一帙"。① 其中，"身范"辑录历代名人教子故事，"闺范"辑录古代妇女教家故事及五种女训作品，其他各卷均是家训文本及教子言论的节录。张文嘉，字仲嘉，仁和（今浙江杭州）人。《重订齐家宝要》分上、下两卷，上卷包括家居礼、童子礼、义学约、师范、家诫、家规、宗讲约、乡约、文雅社约等门，下卷包括冠礼、昏礼、丧礼、祭礼等门。全书以家礼文本节录为主体，同时也节录其他一些家训文献。张师载，字又渠，号愚斋，仪封（今河南兰考）人，清代名臣张伯行次子。《课子随笔》共十卷，节录汉唐以来家训诗文一百余篇，以明清两代为

---

① 纪昀等：《钦定四库全书总目》卷一三三，第1756页。

主，同时附有编者评论。该书有很高的文献价值，保存了很多后世不易看到的家训文献。陈宏谋，原名弘谋，晚年因避乾隆帝弘历讳，改为宏谋。字汝咨，号榕门，临桂（今广西桂林）人。《五种遗规》包括《养正遗规》《教女遗规》《训俗遗规》《从政遗规》和《在官法戒录》五种。《养正遗规》二卷补编一卷，主要是节录一些学规及蒙训文献；《教女遗规》三卷，主要节录一些女训文献；《训俗遗规》四卷，内容较为庞杂，有家训、乡约、宗约、会规、语录、劝善书等文献节录；《从政遗规》二卷，主要节录一些为官的训诫文献；《在官法戒录》四卷，主要辑采历代典籍所载官吏的种种善行与劣迹文献，并加以评论，以作为为官者戒。黄涛，字天水，号文川，福建同安人。《家规省括》三卷，每卷按内容分若干条目，每个条目辑录前人家训、族规、格言以及经史著作中的治家教子文献，时有按语加以评论。该书也具有较高文献价值，辑有不少后世不易见到的家训文献。① 除了上述家训选集外，清代大型类书《古今图书集成》辑有《家范典》，该典汇辑了自先秦至清初有关家范的论说、诗文、史事等文献资料，其中有不少家训文本。

　　另外，清人石成金《传家宝全集》是特殊的家训专书，介于著与辑之间。作者石成金，字天基，号惺斋，江苏扬州人。《传家宝全集》，又称《家宝全集》或《传家宝》，汇集了石成金的著述 150 余种。作者"广泛搜集前贤格言庭训诗文，以及村俗俚言、谚语童谣等，或加以演绎，或加以修改，或寓以新意，通俗流畅，妙语连篇，

---

① 参见赵振《中国历代家训文献叙录》（齐鲁书社 2014 年版）相关家训叙录。

寓意深邃，醒人醒世"。①

由于家训专书容量大，内容丰富，它不但在家族教化中具有重要作用，而且对社会教化也具有重要影响，其社会传播广，流传时间久，是一种重要家训书写形式。

六　家训规条

所谓家训规条，是指以条文形式书写的家训文本。这种家训文本具有简洁明了、条目清晰等文本特点，制定者可以随时添加，受教者也易于阅读和掌握。现存最早的家训规条之一当属订于唐代大顺元年（890）的江州《陈氏义门家法》，共有 33 条，作者陈崇曾任江州长史等职。

江南望族家训当中也有许多规条形式的家训文本，特别是依附于家谱和宗谱的家训文本更是如此。江南早期的家训规条以宋代范仲淹《义庄规矩》和元代郑太和《郑氏规范》最为著名。

范仲淹《义庄规矩》是配合其义庄分配租米钱粮而制定的规条，共有 13 条，目的在于赈济救助范氏宗族穷困子弟。如规定：

一、女使有儿女在家及十五年，年五十岁以上，听给米。

二、冬衣每口一匹，十岁以下、五岁以上各半匹。

三、每房许给奴婢米一口，即不支衣。

四、有吉凶增减口数，画时上簿。②

---

① 石成金编著，李惠德校点：《传家宝全集》前言，中州古籍出版社 2000 年版，第 2 页。

② 范仲淹：《范文正公集》附录《建立义庄规矩》，商务印书馆 1937 年版，第 540 页。

后来，范氏子孙在范仲淹制定的规矩上又陆续增订了不少条文，其子范纯仁、范纯礼、范纯粹与五世孙范之柔等都参与增订，以范纯仁和范之柔续增最多。《四库全书总目》曰："其《义庄规矩》一卷，则仲淹尝买田置义庄于苏州，以赡其族。创立规矩，刻之版榜，后其法渐隳。治平中，其子纯仁知襄邑县，奏乞降指挥下本州，许官司受理，遂得不废。南渡后，其五世孙左司谏之柔，复为整理，续添规式。其本为范氏后人所录，凡皇祐二年仲淹初定规矩十条（按：此为约数），又熙宁、元丰、元祐、绍圣、崇宁、大观间纯仁兄弟续增规矩二十八条。其庆元二年十二条，则之柔所增定。书中称二相公者谓纯仁，三右丞者谓纯礼，五侍郎者谓纯粹，皆其子孙之词也。"①

《义庄规矩》对后世影响极大，此后有许多类似规条。如江苏境内就有安氏《义庄规条》（道光三年）、《义田规条》（嘉庆八年）（咸丰元年江苏金匮《胶山安氏家乘赡族录》），王氏《怀义堂义庄规条》（道光四年）、《续立义庄规条》（咸丰九年）（民国八年江苏常熟《太原王氏家乘》），潘氏《松鳞庄规条》（道光十二年）、《松鳞庄赡族规条》（道光十七年）、《松鳞庄续增赡族规条》（道光二十六年）、《松鳞庄续订规条》（光绪十一年）、《松鳞庄续订规条》（光绪三十二年）（光绪三十四年江苏元和《大阜潘氏支谱》），席氏《义庄规条》（光绪七年江苏苏州《席氏世谱载记》卷十二），陆氏《义庄规条》（咸丰五年）、《赡族规条》（咸丰五年）、《续增规条》

---

① 纪昀等：《钦定四库全书总目》卷五九，第 829 页。

（同治十三年）、《庄塾规条》《会课规条》（光绪十三年改）、《惜字规条》《祭祀规条》（咸丰五年）（光绪十四年江苏苏州《陆氏葑门支谱》），等等。①

郑太和《郑氏规范》也是规条形式的家训，但其内容是针对整个家族教化和治理而言的，涵盖了治家、教子、睦族、处世等方方面面，而不同于《义庄规矩》只是规定义庄义田所收租米钱粮的分配。《郑氏规范》最初由六世孙郑太和创订，只有 58 条；后七世孙郑铉又有增补，共有 92 条；再后来八世孙郑涛率诸弟郑泳、郑涣、郑湜等人，并向宋濂请教，进行增删，最终形成 168 条。《郑氏规范》在后世影响极大，特别是明太祖朱元璋浏览过后，御赐郑氏为"孝义家"，并称其为"江南第一家"，更是极大地扩展了郑氏家族及《郑氏规范》的社会影响力。清人胡凤丹《重刻〈旌义编〉序》曰："今读是编，百六十有八则，自冠、婚、丧、祭，以至衣服、饮食，靡弗肫然秩然。型以仁，范以礼，而其敷词质实，妇孺尤易通晓。视昔圣贤家训、庭诰之作，有过之而无不及焉。……今安得四海之内，家置《旌义》（共二卷，上卷为《郑氏规范》，下卷为相关文辞）一编，以挽浇漓，而敦伦纪，俾家齐而国治，国治而天下平焉。"

家训规条是家训书写的重要文本形式之一，特别是明清时期大量的平民家训尤其喜欢采用这种简洁明了的家训文本形式。相对其他文本形式，这种文本形式不但具有教化作用，更具有律令般的束缚力，因而受到制定者重视。

---

① ［日］多贺秋五郎：《宗谱的研究·资料篇》，《东洋文库论丛》（第四十五），1960 年版。

第三节　家训的语言运用

家训文献作为一种特殊的教育文本，其语言运用既不同于一般文学作品，也不同于后世的法律文书，而有着特定的语言个性。这种语言个性主要表现为雅不废俗，俗中有雅；既重散语，也有韵语；以直言为主，间以引言。

一　雅言与俗言

传统家训的语言运用总体上来讲，属于雅言范畴，采用的是文言，而不是白话。就不同的家训文体而言，家训诗歌比散文体家训更重雅言。如张藻《训诸孙读书》其三："一勤振百惰，勉强几自然。少年贵立志，戒为习俗牵。凡人鲜恒德，见异辄思迁。累代缙绅子，弓冶失家传。踔厉起寒素，企踵追前贤。灼灼桃李树，徒倚春风妍。丸丸松柏姿，后雕冰雪坚。勖哉勿暴弃，讵让他人先。"①这首家训诗以雅言为主，有些地方还运用典故，如"弓冶"一词。弓冶谓父子世代相传的事业。语本《礼记·学记》："良冶之子，必学为裘；良弓之子，必学为箕。"《北史·魏收魏季景等传论》："季景父子，雅业相传，抑弓冶之义。"不过家训中的典故基本上都较为浅显，且多与家族、家教密切相关。再如袁枚《示儿》："不将《庭诰》学延之，但说平生要汝知。骑马莫轻平地上，收帆好在顺风时。大纲既举凭鱼漏，小穴难防任鼠窥。（古谚云：鼠穴留一个，好处不

---

① 张藻：《培远堂诗集》卷三，《四库未收书辑刊》第 10 辑第 20 册，北京出版社 1997 年版，第 673 页。

穿破。）三百六旬三十日，可闻诤语响茅茨?"① 此诗虽运用一些俗语，如古谚之类，但仍以雅言为主，其中"不将《庭诰》学延之"一句是典故。《庭诰》，南朝宋颜延之所著。《南史·颜延之传》曰："（延之）闲居无事，为庭诰之文以训子弟。"《庭诰》曰："庭诰者，施于闺庭之内，谓不远也。""庭诰"即家训文字，泛指家教。

　　由于家训是以教化为主要功能的阅读文本，其教化对象跨越不同年龄阶段、不同性别以及不同社会阶层，家训撰写者往往会有意追求雅言的通俗化。如袁采《袁氏世范》自序曰：

　　　　近世老师宿儒多以其言，集为"语录"，传示学者。盖欲以所自得者，与天下共之也。然皆议论精微，学者所造未至。虽勤诵深思，犹不开悟，况中人以下乎? 至于小说诗话之流，特贤于己，非有裨于名教。亦有作为家训，戒示子孙，或不该详，传焉未广。采朴鄙，好论世俗事，而性多忘，人有能诵前言，而己或不记忆，续以所言私笔之，久而成编，假而录之者颇多，不能遍应，乃锓木以传。昔子思论中庸之道，其始也，夫妇之愚，皆可与知，夫妇之不肖，皆可能行，极其至妙，则虽圣人亦不能知，不能行，而察乎天地。今若以"察乎天地"者而语诸人，前辈之语录，固已连篇累牍，姑以夫妇之所与知能行者语诸世俗，使田夫野老、幽闺妇女，皆晓然于心目间。人或好恶不同，互是迭非，必有一二契其心者，庶几息争生活上刑，

---

① 袁枚:《小仓山房诗集》卷三六，王英志校点，《袁枚全集》第1册，第886页。

俗还醇厚，圣人复起，不吾废也。①

袁采认为不因教化对象而随意采辑前辈语录来教化，虽议论精微深刻，却不能使所学者理解和领悟，虽连篇累牍，却不能达到应有的教化效果，徒劳无益。因此，只有语言通俗化，才能使田夫野老、幽闺妇女，都能了然于心目中。可以说，袁采《袁氏世范》的语言运用确实达到这种效果。清人杨复吉评曰："若兹《世范》一书，则凡以'睦亲'、以'处己'、以'治家'者，靡不明白切要，使人易知易从。"②

家训发展到明代，强调通俗更是整个社会的导向。如高攀龙撰写《家训》就强调要用"浅近语"，"士人观此亦足助警省，农工商贾听此亦足保身家，微仅为可见子孙计，直为无穷不可见之子孙计，又为天下凡有子孙者通计也"。③清代石成金《传家宝全集》更是主张言言通俗易懂，甚至广采村俗俚言、谚语童谣等语言入家训当中。如其《俚言》即以俚言俚语书写教化文本，试看《事亲》："'孝顺仍生孝顺子，忤逆还生忤逆儿。不信但看檐前水，点点滴滴不差移。'此劝俗之至言也。要知自己儿子看见我如何孝顺父母，日后长大了，亦照样孝顺我；若或自己儿子看见我如何忤逆父母，日后长大了，亦照样忤逆我，此必然之理。究竟好是好的自己，坏是坏的自己，报应昭然，丝毫不爽。"④石成金不但引俗语，而且训诫文本的书写语言也是俗言俗语，明白如话。当然，完全明白如话的传统

---

① 袁采：《袁氏世范》，第 172 页。
② 同上书，第 177 页。
③ 高攀龙：《高子遗书》卷十，《文渊阁四库全书》第 1292 册，第 647 页。
④ 石成金编著，李惠德校点：《传家宝全集·福寿鉴》，中州古籍出版社 2000 年版，第 7 页。

家训文本是极少数，绝大多数家训虽然追求通俗易懂，但也注重俗中有雅，没有失去文言作为书写语言的典雅性。

二 散语与韵语

所谓散语即无韵之文，韵语则是有韵之文。传统家训是以散语为主体，但也有不少家训采用韵语，这在前文对家训文体形式分析时已经探讨过。这里需申论的是散语与韵语对于某些作者来说，会同时受到重视和运用。以陆游为例，陆游中年以后撰有《放翁家训》以教化子孙后代，此家训是以散语书写的，同时陆游又十分喜欢撰写家训诗，其一生撰有 200 余首家训诗，由此形成家训文与家训诗互为印证。如《放翁家训》曰：

> 风俗方日坏，可忧者非一事，吾幸老且死矣，若使未遽死，亦决不复出仕，惟顾念子孙，不能无老妪态。吾家本农也，复能为农，策之上也。杜门穷经，不应举，不求仕，策之中也。安于小官，不慕荣达，策之下也。舍此三者，则无策矣。汝辈今日闻吾此言，心当不以为是，他日乃思之耳，暇日时与兄弟一观以自警，不必为他人言也。①

此段家训主要训诫家族子孙要务农为本，诗书传家，以出仕为官为下策。这是散语家训，同时陆游又撰有韵语家训《示子孙》，表达了同样的训诫内容，其曰："为贫出仕退为农，二百年来世世同。富贵苟求终近祸，汝曹切勿坠家风。"

---

① 《丛书集成新编》（台版）第 33 册，第 141 页。

陆游的这种韵散使用分布在不同的家训文本当中，而有的韵散使用则在同一家训文本当中，如方昕《集事诗鉴》。方昕，字景明，号莆阳吏隐，南宋莆阳（今属福建）人，一生隐居不仕。《集事诗鉴》初名《诗事集鉴》，又名《诗鉴》，后改名《增广世范诗事》，是从历史典籍中辑录各种伦理道德典范的人物事迹来教化人们。其自序曰："昕闻《诗》之《关雎》，始于厚人伦，而可以风天下。《书》之《尧典》，始于亲九族，而可以协万邦。《易》之《家人》则曰：'正家而天下定。'《礼》之《大学》则自齐家而后治国平天下。微乎一家之法，大哉万化之原也！……此道不明，人伪滋炽；父子之属，形借锄之德色；兄弟之伦，愤豆萁之相煎。衣冠辈流，覆车莫戒；阎闾编户，敝将若何？稽诸史牒，有先贤所可喜之节、匹妇所可传之事，厘为三十条，名《诗事集鉴》，人惟有所鉴则有所戒，无所鉴则冥行翳路，投足荆榛竟不知所向如何也？"①《集事诗鉴》的文本形式极为独特，先是以散语集事，然后以韵语作归纳总结，韵语与散语互文成篇。如《父之于子当鉴刘商、邓禹》曰：

刘商有子七人，各受一经。一门之内，七业俱成。邓禹有子十三人，使各守一艺，教养子孙为后世法。今之习俗，多以生男为喜，日望一日，无所成就。其原失于素无绳墨约束，虽悔何追！韩退之远其子于城南，作诗以警之。必以年十二三为虑，以至二十三十而贤不肖决矣。有父如刘商、邓禹何忧乎哉！

俗喜生男复患多，龙猪一判奈身何！早分经艺为家俭，有

---

① 方昕：《增广世范诗事序》，《集事诗鉴》，《知不足斋丛书》本。

石虽顽亦可磨。①

刘商，晋代人，张宣子之女婿；邓禹，字仲华，东汉新野（今属河南）人，拜大司徒，升右将军，为太傅。两人都善教子，刘商使七子各受一经，邓禹使十三子各守一艺。韩愈有家训诗《符读书城南》，其诗曰："木之就规矩，在梓匠轮舆。人之能为人，由腹有诗书。诗书勤乃有，不勤腹空虚。欲知学之力，贤愚同一初。由其不能学，所入遂异间。两家各生子，提孩巧相如。少长聚嬉戏，不殊同队鱼。年至十二三，头角稍相疏。二十渐乖张，清沟映污渠。三十骨骼成，乃一龙一猪。飞黄腾踏去，不能顾蟾蜍。一为马前卒，鞭背生虫蛆。一为公与相，潭潭府中居。问之何因尔，学与不学欤。"② 无论是散语还是韵语，其内容都是强调父亲对儿子教化的重要作用，批评当下人们只知生男，不知教儿，由此形成互文效果。《集事诗鉴》自南宋起就与袁采《袁氏世范》一起刊刻而传播，前者集事，后者说理，两种家训文本又形成互文。

清代石成金《天基遗言》中《世事十条》也是采用韵散互文的文本形式来书写的。试看其《莫结讼》："好兵者国必亡，好讼者家必破。事有万不可已，才可经官。稍可者惟当忍让，宁为懦夫，切莫尚气。既省了许多银钱，又省了许多求人，更免了自己许多忧惊惨苦。"此是散语文本，训诫家族子孙莫要结讼。紧接着则附有韵诗，其曰："戒后人，莫结讼，告状先要银钱用。赔了工夫受苦辛，

---

① 方昕：《集事诗鉴》，《知不足斋丛书》本。
② 《全唐诗》卷三四二，中华书局 1960 年版，第 2285 页。

诸凡忍耐休轻动。"①

无论是散语还是韵语，都有其各自的优点和缺点，同一家训文本同时采用散语和韵语，集其优点而强调训诫内容，是一种颇为特殊的家训文本形式。

三 直言与引言

所谓直言即是教化者以自己的语言来教化，引言则是引用他人的语言来教化。传统家训文本基本以直言为主，但偶尔也有引言者。引言有两种形式，一种是教化者直接引用他人言语，一种是从受教者角度来书写或记录家族长者的训诫语言。

前者如孙植《孙简肃家规》，该家训多采他人家训而辑之，清人秦坊《范家辑略》注云："公多采集前人，今据所见注别。"据秦坊统计，《孙简肃家规》引用许相卿《许云邨贻谋》最多，有 16 条。如其曰："子弟性资拙钝，莫将举业担（耽）误，早令习练公私百务，如农桑本业、商贾末业、书画医卜，皆可食力资身。人有常业则富，不暇为非，贫不至失节，但皆不可不学，以延读书种子。惟不可入僧道，不可作书算手，毋充门隶，毋作中媒，毋为赘婿，毋后异姓。"此条家训引自许相卿《许云邨贻谋》。引用他人言语作为训诫材料，蒙训文本较多这种现象。如吕祖谦《少仪外传》以引言为主体，有引前人家训者，如引司马光《温公家训》曰："人之爱其子者，或多曰：'儿幼未有知尔，俟其长而教之。'是犹养恶木之萌芽，曰'俟其合抱而伐之'，其用力顾不多哉？又如开笼纵鸟而捕

---

① 石成金编著，张惠民校点：《传家宝全集·人事通》，第 162 页。

之，解缰放马而逐之，曷若勿纵勿解之为易也？"① 也有引理学家言语者，如引《程氏遗书》曰："古之为士者，自十五入学，至四十方仕，中间自有二十五年学，又无利可趋，则所志可知。须去趋善，便自此成德。后之人，自童稚间已有汲汲趋利之意，何由得向德？"② 引用前贤的懿行嘉言作为家训和蒙训文本，不但体现了教化者的思想观念，而且使得教化内容更令人信服，因而能够取得更好的教化效果。当然，其缺陷是显得缺乏创新性。

后者以袁衷等《庭帏杂录》和温璜《节孝家训述》为突出代表。《庭帏杂录》是袁氏五子袁衷、袁襄、袁裳、袁表、袁衮记录其父袁参坡与母李氏平时对他们训示的语录，由钱晓修订。袁参坡为浙江嘉善人，生平事迹不详。袁氏五子作为受教者而书写和记录了其父母的训诫语言。如袁表所记录的家训文本：

> "韩退之《符读书城南诗》，专教子取富贵，识者陋之。吾今教尔曹正心诚意，能之乎？"予应曰："能。"问："心若何而正？"对曰："无邪即正。"问："意若何而诚？"曰："无伪即诚。"叱曰："此口头虚话，何可对大人，须实思其何以正、何以诚，始得。"余瞿然有省。③

这是袁表与其父亲袁参坡的对话，这种对话即表达了袁父的教化内容。又如袁衮所记录的家训文本：

---

① 吕祖谦：《少仪外传》，黄灵庚、吴战垒主编《吕祖谦全集》（第2册），第22页。
② 同上书，第23页。
③ 《丛书集成初编》第975册，第14页。

四兄补邑弟子，母语余曰："汝兄弟二人譬犹一体，兄读书有成而弟不逮，岂惟弟有愧色，一即兄之心当亦歉然也。愿汝常念此，努力进修，读书未熟，虽倦不敢息，作文未工，虽钝不敢限。百倍加工，何远不到。"①

这是袁宗所记录的袁母教化内容，也是以一种对话形式来表达的。也有省去对话形式，直接引用教化者言语者，如袁襄所记家训文本："士之品有三：志于道德者为上，志于功名者次之，志于富贵者为下。近世人家生子，禀赋稍异父母，师友即以富贵期之。其子幸而有成，富贵之外，不复知功名为何物，况道德乎？吾祖生吾父，岐嶷秀颖，吾父生吾亦不愚，然皆不习举业而授以五经义古义。生汝兄弟始教汝习举业，亦非徒以富贵望汝也。伊周勋业，孔孟文章，皆男子常事。位之得不得在天，德之修不修在我。毋弃其在我者，毋强其在天者。欲洁身者，必去垢；欲愈疾者，必求医。昔曹子建文字好人讥弹，应时改定，岂独文艺当尔哉？进德、修业皆当如此。"②

温璜《节孝家训述》，又名《温氏母训》，是温璜母陆氏所训，温璜述录。如温璜所记曰："节孝曰：人言日月相望，所以为望，还是月亮望日，所以圆满不久也。你只看世上有贫人仰望富人的，有小人仰望贵人的，只好暂时照顾，如十五六夜月耳，安得时时偿你缺陷？待到月亮尽情，乌有那时日影再来光顾些须？此天上榜样也。

---

① 《丛书集成初编》第975册，第17页。
② 同上书，第4—5页。

贫贱求人，时时满望，势所必无，可不三思?"①《温宝忠先生遗稿》所载家训名为《节孝家训述》，其所记录温母所训，一般都有"节孝曰"作为开头。而其他版本以《温氏母训》为名者，其所记录温母所训，则删除了"节孝曰"三字。

引言形式的家训文本较少，但如果以受教者身份来记录教化者的训诫言语，不仅形式独特，而且是必要的。

第四节 家训的表达方式

传统家训的表达方式以说理为主，但有时也会运用叙事和抒情来增加家训表达的多样性，以求得更好的家训教化效果。

一 说理

训者，说教也。家训作为一种说教文体，说理是其主要的表达方式。家训的说理方式有正面说理，也有反面说理。

正面说理的家训文本，如周思兼《莱峰遗语》：

> 《西铭》明理一而分殊，处兄弟之道，须要晓得此理。兄弟本同一气，如左右手互相扶持，不独道理当如此，事体亦当如此。人家兄弟和睦，外人亦不敢轻侮。古人以箸为喻，一箸易折，二箸合并，急忙难折。凡官司户役之类，务要同心协办，庶可保全。譬诸垣墙，但倒一堵，余堵相随而仆。此理甚明，人弗察耳。此所谓理一也，又要晓得分殊。虽是兄弟，各有室

---

① 温璜：《温宝忠先生遗稿》，《四库禁毁书丛刊·集部》第83册，第451页。

家，岂得不私其财，彼心与我心不甚相远，务要各相体谅，财上分明，不可一毫占便宜。不独道理当如此，事体亦当如此。譬如绫罗绢帛，必须经纬分明，乃成丈匹。愈精愈细，愈觉美好。略有稀密，便觉滥恶，所以凡事均平，自然和睦到底。官司户役之类，尤宜加意，一有欺心，争竞即起。古人谓得便宜处，失便宜，最可玩味。一家仁又要一家让，徒仁不能久也。识得此意，虽分财异产亦可，虽同居共爨亦可。①

这一段是论说如何处理兄弟关系的家训教化，作者从"理一分殊"的哲学原理出发，论说兄弟之间既要坚守手足之情，互相扶持，做到和睦相处，同心协力，同时又因兄弟各有室家，各有私财，因而要各相体谅，财物要分明。这样，兄弟分财异居亦可，同居共爨亦可。其论说逻辑清晰，层次明了，说理深刻。

反面说理的家训文本，如高攀龙《家训》：

世间惟财色二者最迷惑人，最败坏人，故自妻妾而外皆为非己之色。淫人妻女，妻女淫人，夭寿折福，殃留子孙，皆有明验显报。少年当竭力保守，视身如白玉，一失脚即成粉碎；视此事如鸩毒，一入口即立死。须臾坚忍，终身受用；一念之差，万劫莫赎。可畏哉！可畏哉！古人甚祸非幸之得，故货悖而入亦悖而出。吾见世人非分得财，非得财也，得祸也。积财愈多，积祸愈大，往往生出异常不肖子孙，作出无限丑事，资

---

① 周思兼：《学遗纪言》附录，《四库存目丛书·子部》第85册，第469页。

人笑话。层见叠出于耳目之前而不悟，悲夫！吾试静心思之，净眼观之。凡宫室、饮食、衣服、器用，受用得有数，朴素些有何不好？简淡些有何不好？人心但从欲如流，往而不返耳。转念之间，每日当省，不省者甚多，日减一日，岂不潇洒快活。但力持勤俭两字，终身不取一毫非分之得，泰然自得，衾影无怍，不胜于秽浊之富百千万倍耶！①

这是一段关于修身养性的家训教化，作者从因果报应观念出发，论说了财色迷人、坏人的消极恶果，最终会引起夭寿折福，甚至殃及子孙，不但于己无益，于家亦有害。由此，家训正面提倡朴素简淡和勤俭持家的家风家教。

传统家训作为一种说教之语，虽然有些家训文本非常注重阐述其说教的理由和原因，但大部分家训往往是直接训诫，要求家族子孙遵循和服从相关的教化内容。如吴麟征《家诫要言》："进学莫如谦，立事莫如豫，持己莫若恒，大用莫若畜。"又曰："毋为财货迷，毋为妻子蛊，毋令长者疑，毋使父母怒。"② 前者是可做，后者是不可做，都是直接训诫，没有可做和不可做的缘由阐说。

这种略去了缘由的训诫是一种简化的说理方式，也是传统家训最主要的说理方式，其特点是简洁明了，易说易教，也易听易记。因为家训文本不但要诉诸视觉，更要诉诸听觉，受教化者有许多是童孺、妇女以及受教育不多甚至是缺失者。如《郑氏规范》就明确

① 高攀龙：《高子遗书》卷十，《文渊阁四库全书》第1292册，第645页。
② 《丛书集成新编》第33册，第187页。

规定了听诵家训的制度，其曰："每旦，击钟二十四声，家众俱兴。四声，咸盥漱；八声，入有序堂。家长中坐，男女分坐左右，令未冠子弟朗诵男女训戒之辞。"①

二　叙事

家训虽以说理为主要表达方式，但偶尔也有叙事，从相关事件叙述中传达教化的内容和要求。如范仲淹《告诸子及弟侄》："吾贫时，与汝母养吾亲，汝母躬执爨而吾亲甘旨，未尝充也。今得厚禄，欲以养亲，亲不在矣。汝母已早世，吾所最恨者，忍令若曹享富贵之乐也。"② 范仲淹叙述了自己与妻子当年贫困境况下如何孝敬双亲，如今自己得厚禄，欲以养亲，而亲不在。从叙事引申到对诸子及弟侄的教化，训诫他们不能贪图享乐而忘记尽孝侍奉双亲。又如王十朋《家政集》："吾见乡里富家子弟，有以博而荡财产者，有以博而陷囹圄者，不可一一数，亦不可指其人而明言之也。博之为害大矣，吾家幸自祖父以来，未尝好博，非特不好也，亦不识也。十朋今年三十有二矣，亦未尝识其所以谓博者，非天性如此，盖亦得之于家传也。二弟今亦未尝识博，第恐他日为人所导，以博为戏，日一识之，心必好之，有不能自禁者。切须痛念：博者，盗贼之所为也。谨不可识之，不独奉亲之日如此，当终身不习之可也。为吾子孙者，当念乃祖乃父之戒，谨勿学盗贼之所行云。"③ 家训简述了乡里富家子弟以博为戏与自家自祖父以来未尝好博的事实对比，训诫子孙要谨守家风，切

---

① 《丛书集成初编》第 975 册，第 2 页。
② 《戒子通录》卷六，《文渊阁四库全书》703 册，第 71 页。
③ 王十朋：《王十朋全集·辑佚》（修订本），第 1063 页。

勿好博！

明清江南家训在叙事数量上有所增加，且叙事篇幅也有所扩展，有的家训还常以完整的叙事篇章作为训诫内容。如王时敏《奉常家训》，其《乐郊园分业记》《分田完赋志》《分田就养志》等篇章都是完整的叙事文。试看《分田完赋志》：

> 吾弱冠之年，祖父背弃，遂专家秉，清白之遗，本无葳蓄。尔时国步承平，世途宽泰，滋殖尚易，保守非难。且以旧阅单丁，仰席先人余荫，田租岁入，质库子钱，自足应酬公私，赡给俯仰，一切钱谷出入，悉付家倌主之。吾衣租食税，了不知何有何无也。既因京邸栖迟，往来频数，复以交道日广，子息日繁，费用浸益浩繁，婚嫁更苦纷叠。吾既不事生产，又复渐萌侈心，郑驿郇厨，宾朋踵属，西园东墅，土木烦兴，兼仆辈奢汰成风，侵牟沿习，竞为窃蟊，莫塞漏卮，先世所付典赀，不几年而荡扫根本，有拨剩有租田。又以旱潦洊逢，漕白赔补。自此生计渐蹙，愁绪常萦，无复往时饶裕之乐矣。迨陵谷迁改，世事推移，诛求之乌纱难堪，胥吏之狼攫无餍，驯至襟捉肘露，嚣耻囊羞。而迩年赋敛促数，加派烦苛，款项多端，纷淆孰辨。且新令锲急，如烈火峭涧，犯之立糜。田为祸媒，莫甚今日。是以富室相戒寸壤不收，负郭膏腴，贬价莫售，鬻田之路既塞，易银之道愈穷。比限频临，追呼叠至，每当签票交驰，不免仓皇四应。顾瞻戚党称贷，无门搜索，空囊典质，无物自维。风烛残息，日夕忧煎，犹涸辙之鱼，寒号之鸟，顾生不能，求死不得，其苦殆难以言喻也。家人辈儿吾如此，咸谓累以贫增，

后将转甚，亟宜早图变计。而诸儿晨昏趋侍，亦以吾年老不堪苦累，愿为代任赋役。恳请至于再三，遂于今月初旬，勉从众议。即现在田中，择其上者，留千二百亩自赡。九子各受余田二百，收其租入，以供三千亩之赋。吾则安享其奉，面无催科之扰。自此假息酣眠，安闲饱饭，以尽余年。庶几日昃之歌，犹可自遣。顾此日田之为累，夫人知之，世俗之老而传者，大都簇金椟镪贻其子以富乐。吾独计土任赋，贻之以累，实于心有戚戚然。况田非饶美，岁有丰凶，万一年谷不登，赋调繁重，则赔贩之苦，更有不可胜言者。诸子固皆贫窭，使将来因之坐累，胶扰不穷，吾独能晏然而已乎？噫，亦可悲矣。惟是时极难，危朝不谋夕，欲规经久，实鲜良图，只就目前事，所当为力有可为者，黾勉架漏牵补，聊以延支。向后茫茫，讵能预料。我思既不得去累，终属之诸子，无可解免，即今分受，不过稍先岁月，矧劫运巡回。桑海瞬息，数年以来，见奥区荡为，宿莽膏坏，化为石田者，比比而是，安能保饘粥之产，永为常业。惟愿邀天地之灵，祖宗之庇，自兹以往不罹兵革，不遇凶灾，勤苦力耕，输将公税，但使岁时祭飨荐馨不缺于粢盛。朝夕饔飧，奉养常充，与菽水勉延。累世之家法以毕，疲暮之余生则犹是天之幸人，世之吉祥，善事又何必于刹那梦中？鳃鳃远计作千年调哉。兹分拨既竣，爰揭壮年余衍，及今晚景萧条之况。前后胪陈，以示诸子，使知盛衰之代谢，稼穑之艰难，门第不足称，甘偷岂长保务崇俭德，恪守素风，读书为善。——尽其在我而已，流行坎止，听之于天。于以惜余福，处今世，庶几得之耳。援笔欷歔，申以教诏，凡我子姓慎毋忽诸。①

此篇的文眼是"盛衰之代谢，稼穑之艰难，门第不足称，甘偷岂长保务崇俭德，恪守素风，读书为善"，此即教化者的训诫内容，但作者是以叙事方式来表达相关教化内容，通过自家历史变迁的叙述来进行训诫。

相对于说理的抽象性来说，叙事则更具感性，生活的细节，事件的缘由，都能通过叙事娓娓道来，因而叙事化的家训更易引起受教者的共鸣。但叙事家训的突出缺点是篇幅过长，语言不够精练，与家训的文体要求不太相适应，所以家训叙事中一般不常见。

三 抒情

抒情也是家训书写的一种表达方式，但主要运用在家训诗当中，散文体家训则基本上没有抒情的运用。

家训诗的抒情运用较多，如吴霖《辛丑岁杪将赴桃溪留示诸子》："年衰耽养拙，岁晚忍言别。俯视乏遗谋，掀髯冒冰雪。稚子牵我衣，涕泗声呜咽。尔亦具人心，能不中肠结。东家编绝韦，西邻砚穿铁。见贤不思齐，愚贱从兹决。轩窗足文史，兄弟堪磨切。若曹其勉旃，逮今勤诵说。"② 吴霖，字西台，浙江海宁附贡。弱冠时锐意向学，曾挈仲弟介如负笈从师，介如早世，吴霖乃绝意进取，著有《拙巢诗稿》。诗歌描绘了一幅凄凉晚景图，岁末年关，风雪飘舞，虽然年老体衰，稚子牵衣涕泗，却要离家外出。由此，作者发

---

① 王时敏：《王烟客先生集》，《清代诗文集汇编》第 7 册，第 613 页。
② 潘衍桐：《两浙輶轩续录补遗》卷四，夏勇、熊湘整理《两浙輶轩续录》（第 16 册），浙江古籍出版社 2014 年版，第 4511 页。

出"尔亦具人心，能不中肠结"，抒发了愁肠百结却又无可奈何的情感。造成如此凄凉晚景是由于"见贤不思齐，愚贱从兹决"，因此作者训诫诸子"若曹其勉旃，逮今勤诵说"，能够见贤思齐，锐意进取。抒情在此首家训诗中得到充分运用，所起的训诫效果格外突出。

抒情在女性作者的家训诗中运用得更加充分。如陈瑞辉《寄子》其一："青春不相借，白发日以多。庭树隔萱草，儿离奈母何。儿行千里程，母心千里逐。惟愿得成名，老景受福禄。"① 陈瑞辉，字蕉窗，浙江永嘉人，张曾室，通判张泰青母，著有《熊丸集》。诗歌既抒发了儿行千里母担忧的舐犊浓情，同时又在这种舐犊之情中寄予儿子功成名就的祝愿和希望。又如谢香塘《示儿三十三韵》：

> 我家本儒术，颇流翰墨芳。长兄年逾壮，拔萃游帝乡。次弟弱冠余，食饩于上庠。三弟差后起，近亦沾芹香。而我独不栉，颇复知词章。自从适汝父，笔研成抛荒。汝父喜挥霍，家事慵屏当。渐至谤台筑，遂以腴产偿。侥幸内规劝，补牢鉴亡羊。讵谓丁厄运，二竖居膏肓。行年未三十，下招来巫阳。吁嗟我命薄，绿鬓称未亡。尔时未有汝，寂寂守空房。我非惜一死，所计在久长。孀居十余载，涕泪常盈裳。立嗣乃得汝，稍稍宽衷肠。井臼躬操作，米盐策周详。一日复一日，渐渐充仓箱。营缮有宫室，世业重恢张。嗟哉收桑榆，辛苦已备尝。今汝年十二，如日生东方。延师课汝读，期汝早腾骧。上作廊庙器，下为宗族光。少壮不长在，白日去堂堂。我今明教汝，及

---

① 陈瑞辉：《熊丸集》，嘉庆九年（1804）教本堂刊本。

　　　　时须就将。勿坠青云志，而诒白首伤。如农事穮蓘，乃得年丰
　　　　穰。如冶加锤炼，乃使工精良。汝果能努力，余日引领望。援
　　　　毫申此语，勖哉慎勿忘。①

谢香塘，浙江平阳人，丈夫挥霍败家，又早卒，谢氏收族子为螟蛉
子。诗歌先是叙述自己的苦难，后是诚勉螟蛉子早日腾骧，能够
"上作廊庙器，下为宗族光"。全诗虽以叙事为主体，但充满了苦情、
悲情和舐犊之情，是一首典型的事中寓情之诗。

　　由上可知，传统家训的表达方式是以说理为主，而抒情多见于
家训诗等韵体家训当中，叙事运用得最少。

---

　　① 潘衍桐：《两浙𫐢轩续录》卷五三，夏勇、熊湘整理《两浙𫐢轩续录》（第14
册），第4195页。

第三章

江南望族家训的文化功能

　　家训对于家族传承发展具有重要的文化功能，首先是家族教化功能，以家族子孙为教化对象，强调子孙教育对于家族传承发展的重要性；其次是家族律化功能，即家训具有一定的强制约束力，是一种特殊的家法条文，特别是那些以"家规""宗规""族规""家约""宗约""族约"等命名的家训规条更是如此；最后是家风养成功能，家训对于家族成员处世行事的整体风格和文化素养具有教化和养成作用。家训既具有家族性特征，又具有普世性特征，这种普世性表现在家训文本往往不局限于个体家族，而能够为其他家族教育所共享和通用。家训的文化本质是儒家思想为核心，体现了家国同构的宗法社会，作为国家意识形态的儒家思想对家训文化的导向作用以及家族教化对儒家思想接受的主动性和自觉性。

第一节　家训的家族性与普世性

　　家训是家族教育的文化载体，因此其文化功能首先是为家族服务的，具有家族性特征，同时家训的文本内容又往往具有超越个体家族的特点，能够为其他家族教育所共享和通用，成为社会教化的重要文本和文献，所以家训又具有普世性的文化特点。

家训的家族性特征一方面表现在家训教化者具有强烈的家族观念。如叶梦得《石林家训》：

> 吾久欲取平日训导汝曹之言，及论说祖先遗德所以成吾家法，与古今言行可师可警之事，略为疏记，使汝曹常得视习践行。频年多故，匆匆不果。今五十五年矣。去年自浙东归，鬓发尽白，志意衰谢，复度世间何所观望？兵革未息，风警告日传。既添重禄，又有此族属。外则岂敢忘王室之忧，内亦以家室为务。危坐终日，百念关心，何曾少释？顾犹有所可幸以为喜者，惟汝曹修身、立行、艺业增进时，有一事一言慰满，吾意庶几可稍舒。目前栋、楹既已长立，模、楫、橹亦长矣。汝五人志行皆不甚卑，但自少即享安逸，狃于因循，未知归乡。今夏山中营治居室，开辟径道，粗办泉石，松竹成阴。奉荣国太夫人与汝曹杖策来往登览，燕间自颇多暇日，家庭会集，初无杂语，皆是昔所常言，往往或重复至再。今择其可记者录之，使汝曹人人录一编，置之几案，朝夕展味，心慕力行，但能尽此所载，仿佛无愧方为不虚生一世。在家在国必各略有可观，使汝曹至是。虽吾身享万钟之禄，目观四方之安，退剧百年之寿，何以易此？汝曹虽有三牲八鼎之养，亦何足言？然古有父兄之教，汝等既自有成，以次传道，何虑不能同至于善？缙、绘、绶、绨、绰，亦稍能成立，汝等各诵之，思之，蹈之，守之，毋忽此。既有劝有戒，间及他人家事，姑欲汝曹知畏耳。吾平生不欲言人过失，家庭之私故无所隐，不可以传于外，诸

院兄弟有知好者，则出示之。岂徒成吾宗，亦成以成吾族也。①

叶梦得撰写《石林家训》有很强烈的家族教化意识：一是有针对性的教化对象，子辈栋、桯、模、楫、橹等五人，孙辈缙、绘、绥、绤、绰亦五人；二是有具体的教化要求，"汝曹人人录一编，置之几案，朝夕展味，心慕力行，但能尽此所载，仿佛无愧方为不虚生一世"，"汝等各诵之，思之，蹈之，守之，毋忽此"；三是规定了家训文本传播范围及其原因："吾平生不欲言人过失，家庭之私故无所隐，不可以传于外，诸院兄弟有知好者，则出示之。岂徒成吾宗，亦成以成吾族也。"因为涉及家庭隐私，所以强调家训只为家庭教育服务，同时也可给诸院兄弟，为家族和宗族服务。由此可知，叶梦得撰写《石林家训》具有强烈的家族服务意识，强调了家训的家族性特征。

又如陈其德《垂训朴语》："余自三十以前，蚩蚩莽莽，未知作何生涯，成何品格，几与草木同腐。至三十始食饩黉宫，舌耕是给，束缚于先徒者二十余年。虽寒颤如冰，然于清风明月之下，鸡鸣昧爽之时，每有所得，随笔书之，亦几成帙。迨苜蓿多年，更往来吴越，纵囊无长物，而领略于青峰碧涧间者，味复不浅，于是检点老生常谈，分列品则，题曰《垂训朴语》。只以传我后人，使贤愚可以并识，高下可以通行，稍有知觉者，亦必不作无赖子。至于超群轶众之资，则经史如日月，堆典如山河，往圣前贤，宏词奥义，博览

---

① 《丛书集成续编》（台版）第60册，第487页。

遐搜，自足扩闻见而益神智，又何借此谆谆训语为哉？"① 陈其德认为《垂训朴语》是其数十年来的经验总结和生命感悟，所以只能传其家族，教化其家人，"只以传我后人，使贤愚可以并识，高下可以通行，稍有知觉者，亦必不作无赖子"。陈其德明确区分了家训与其他文化教育的不同特征。其曰："至于超群轶众之资，则经史如日月，堆典如山河，往圣前贤，宏词奥义，博览遐搜，自足扩闻见而益神智，又何借此谆谆训语为哉？"正因为认识到家训与其他文化教育的不同，所以陈其德非常强调家训为个体家族服务的文化特征。

家训的家族性特征另一方面则表现在家训文本内容也具有一些家族性特征。如叶梦得《石林家训》除了作者强调家训的私家性外，其家训文本也具有家族个性特征。如其《因仲子桯、模出仕以忠谏之义喻其行》曰：

> 甚哉，臣之事君也，莫先于谏。下能言之，上能听之，则王道光矣。谏于未形者，上也；谏于已彰者，次也；谏于既行者，下也；违而不谏，则非忠矣。夫谏，始于顺辞，中于抗议，终于死节，以成君休，以安社稷。《书》云："木从绳则正，后从谏则圣。"今吾子勿以出仕为悦，而以谏君为悦；勿以谏君为悦，而以忠谏为悦，庶免素食怠事之殃。且桯也，径情直行而病于委屈；模也，有劲节而无要略。汝曹各宜勉励，毋忘临行告诫之训。②

① 《四库全书存目丛书·子部》第94册，第396页。
② 《丛书集成续编》（台版）第60册，第488页。

此篇家训主要训诫人们出仕要以忠谏之义而行之，具有很强的针对性，即针对叶梦得之子叶樘和叶模而言。叶樘"径情直行而病于委屈"，叶模"有劲节而无要略"，两人都有各自的性格缺陷，叶梦得正是针对他们的性格缺陷而进行训诫，教育他们如何做到忠谏事君，出仕为官。

又明代袁黄《了凡四训》，其文本内容也具有浓厚的家族个性。如其中的"立命之学"，主要训诫"命由我作，福自己求"以及"积善改过"的思想观念，但主要是通过袁黄自己与云谷禅师交往经历的叙述来训诫，具有浓厚释道色彩。袁黄先是叙述自己遇到云南一位精通邵雍《皇极数正传》的孔姓《易》学者，得知自己科宦、得子和寿夭皆已命中注定，无法改变；后来又遇上云谷禅师，禅师则完全否定了命数皆定的观念，认为"命由我作，福自己求"。"立命之学"载道：

> 余曰："吾为孔先生算定，荣辱生死，皆有定数，即要妄想，亦无可妄想。"云谷笑曰："我待汝是豪杰，原来只是凡夫。"

> 问其故？曰："人未能无心，终为阴阳所缚，安得无数？但惟凡人有数；极善之人，数固拘他不定；极恶之人，数亦拘他不定。汝二十年来，被他算定，不曾转动一毫，岂非是凡夫？"

> 余问曰："然则数可逃乎？"曰："命由我作，福自己求。诗书所称，的为明训。我教典中说：'求富贵得富贵，求男女得男女，求长寿得长寿。'夫妄语乃释迦大戒，诸佛菩萨，岂诳语欺人？"

云谷禅师以佛教释典来论证积德行善而改变命运的思想观念，并教袁黄以功过格之法，记录自己的行善之"功"和为恶之"过"，以鞭策自己"积善改过"，进而改变自己的命运。袁黄最后又是得子，又是科举及第，并且长寿，完全否定了孔姓先生所谓的命定说，而印证了云谷禅师"命由我作，福自己求"的说法。袁黄《了凡四训》的文本内容极为另类，因为自宋代以后，儒家思想成为家训的思想导向，绝大多数家训都是宣扬儒家内圣外王的修身思想，很少有佛教观念的教化，有的家训甚至严斥佛教信仰，把信佛者斥为不肖子孙，而袁黄却融儒道释于一体，宣扬释道思想观念，颇有家族个性特征。[①]

中国传统家训除了具有家族性特征外，其实更多的是普世性特征。所谓普世性特征，是指家训不独为某个特定家庭和家族所用，也能够为其他家庭和家族所用，甚至成为社会教化的重要文本。如周思兼《家训》，基本上都是采辑他人家训而成，诸如柳玭《戒子书》、杨慈湖《纪先训》、陆放翁《家训》以及范仲淹、黄庭坚、陆九渊等的训诫之言，都被周思兼辑采。周思兼曰："昔陆放翁《家训》载《水东日记》，顾文僖公节其尤切于事者，扁之于堂。余因其意，书之墓门。子孙岁时祭扫，见而读之，惕然有警，余之愿也。"[②] 又如张纯《普门张氏族约》引用了郑太和《郑氏家训》、袁采《袁氏世范》等其他家训内容作为自己家族的家训文本；而张纯

---

① 参阅曾礼军《简论袁黄〈了凡四训〉劝善思想的宗教影响》，《嘉兴学院学报》2011 年第 4 期。

② 周思兼：《学遗纪言》附录，《四库存目丛书·子部》第 85 册，第 469 页。

《普门张氏族约》又被附刊于项乔《项氏家训》之后，作为项氏家族的家训文本。项乔曰："右《张约》沧江纯所纂。纯，吾家外甥，与乔同志同窗。其言若互相发者，间所援引故事，切当人情，故附录之请我族众一体遵守。"[1] 这些家训都突破了特定家庭和家族的使用范围，而为其他家庭和家族所共享和通用。

有些作者在撰写家训时就十分注重家训的普世性作用。如袁采《袁氏世范》，刘镇序曰：

> 思所以为善，又思所以使人为善者，君子之用心也。三衢袁公君载，德足而行成，学博而文富，以论思献纳之姿，屈试一邑学道爱人之政，武城弦歌，不是过矣。一日出所为书若干卷示镇曰："是可以厚人伦而美习俗，吾将版行于兹邑，子其为我是正而为之序。"镇熟读详味者数月，一曰睦亲，二曰处己，三曰治家，皆数十条目。其言则精确而详尽，其意则敦厚而委曲，习而行之，诚可以为孝悌，为忠恕，为善良，而有士君子之行矣。然是书也，岂唯可以施之乐清，达诸四海可也；岂唯可以行之一时，堂诸后世可也。噫，公为一邑而切切焉欲以为己者为人，如此则他日致君泽民，其思所以兼善天下之心，盖可知矣。[2]

袁采，字君载，其为乐清县令时撰写此《世范》。这既是一部家训著作，涉及睦亲、处己和治家等家训内容，同时又具有普世教化的价

---

① 项乔撰，方长山、魏得良点校：《项乔集》，第533页。
② 袁采：《袁氏世范》，第174页。

值，对于社会风俗、人心世道的教化具有重要作用。袁采欲于其任职的乐清刊刻此家训，其普世教化目的十分明显。《袁氏世范》也确实具有突出的普世性特征，广为其他家族所采用。如清人袁廷梼曰："谨读数过，其言约而赅，淡而旨，殆昌黎所谓'其为道易明而其为教易行'者耶！予方刻载家谱，鲍丈以文见而赏之，复梓入丛书，附《颜氏家训》后，以广其传。"①

家训的普世性特征更表现在家训文本内容具有普世的通用性，而不局限于个体家庭和家族。如朱柏庐《治家格言》就具有广泛的通用性。试看："一粥一饭，当思来处不易；半丝半缕，恒念物力维艰。"此家训教化人们要珍惜粮食，珍爱财物，其适用范围显然不局限一家一族，而具有普世性。同时，不同的家训文本，其内容也往往具有趋同性，这也是家训普世性特征的重要表现。如叶梦得《石林治生家训要略》提倡俭约，其曰：

夫俭者，守家第一法也。故凡日用奉养，一以节省为本，不可过多。宁使家有盈余，毋使仓有告匮。且奢侈之人，神气必耗，欲念炽而意气自满，贫穷至而廉耻不顾。俭之不可忽也若是夫。②

明代张永明《家训》也有大致相同的训诫，其曰：

俭，德之共也，能崇尚俭约，深自樽节。省口腹之欲，抑

---

① 袁采：《袁氏世范》，第181页。
② 《丛书集成续编》（台版）第60册，第497页。

耳目之好，不作无益以害有益，不务虚饰以损实费。食可饱而
不必珍，衣可暖而不必华，居处可安而不必丽，吉凶宾客可修
礼而不必侈。如此，则一身之求易供，而一岁之计可给。既免
称贷举，息俯仰求人，又且省事寡过，安乐无忧。故富者能俭，
则可以常保；贫者能俭，则可以无饥寒。岂不美哉？①

两则家训都教化家族子孙要崇尚俭约，它们之间除了语句不同外，
其内容大同小异，并无特定的家族个性。因此，这些家训文本可以
通用于不同家族之中。

正是由于家训的普世性特征，使得家训的家族性并不明显，因
而一些社会教化的文本内容也可以成为家训文本。如石成金所辑撰
《俚言》，其序曰："天下人众，以大概论之，读书明道之通士仅居
小半，而不读书与少年之常人，转居大半。若以深奥文言向常人谈
说，犹方底圆盖，不能领略，说与不说同也。予住扬之邵伯东墅，
父祖俱以耕读贻后。家大人维石公手抄训言二十余页，特命不肖庭
训，谓言虽浅近，乃潞安知府李令萧公撰谕教民者，惟以正心敦伦
为本，实吾人传家之宝也。予细捧读，语不深奥，即妇人小子闻皆
知晓。惜语无多，予因不揣愚昧，仿添十七，妄分十类，首重人伦，
先以事亲敬上、和妻教子之道，次涉世务，继以治家待人、重儒安
分之法，复以行善戒恶为言行总要，撰集成部。予父以萧训为传家
宝，予因谬用是名。虽来碔玞乱玉之诮，然而予之心存省济，则与
萧公无异。愿世人各置案头，时阅体行，俱有福寿之享，而无灾难

---

① 张永明：《张庄僖文集》卷五，《文渊阁四库全书》第1277册，第383页。

之侵，即奇珍异宝，未必胜此。方知浅言亦可少翼于经传。在读书通士，自必鄙此书之俚俗，然而有益于天下之不读与少读书者不小矣。"① 石成金所辑撰《俚言》本为县令教民读本，石氏之父视为传家之宝，作为庭训之物，石成金又进一步倡导其传家教化的作用，希望世人各置案头，时阅体行。由此可见，家训与普世读物并无明确的界限，家训除了家族性特征外，尚有普世性特征。

总体来看，中国传统家训虽然有家族性特征，又有普世性特征，但家族性特征远不如普世性特征明显，并且大多数家训的文本内容也具有趋同性，乃至雷同。

第二节　家族教化功能

家庭和家族教育是中国古代最主要的教育方式，而家训是家庭和家族教育的重要文化载体，因此家族教化是家训最主要的文化功能。

家训作者撰写家训的首要目的就是进行家庭和家族教化，许多家训作者都有明确的表达。如闵景贤撰写《法楹》，其目的就是为了教化家族子孙。其曰：

> 太尉刘子真，清洁有志操，行己以礼，而二子不才，并黩货致罪，子真坐免官。客曰："子奚不训导之？"子真曰："吾之所行是，所闻见不相祖，习岂复教诲之所变耶？"谢安夫人教

---

① 石成金：《传家宝全集·福寿鉴》，第1页。

儿，问太傅："那得初不见君二儿?"答曰："我常自教儿。"宋王敬弘，见儿孙岁中不过一，再相见，见辄克日，未尝教子孙学问，各随所欲。人或问之，答曰："丹朱不应乏教，宁越不闻被捶。"观此，则谆谆家诲，不几太烦。愚意无隐之，教二三子不能得之。夫子过庭之训，不废丁宁。由闻见而祖习，由祖习而心行，使人常知所教。丹朱、宁越，贤不肖，相去终难以语，或人也。取支子《家训》，读而删之，附以教家《法楹》，共垂为则。展读者，得其意，迂不为漫，庸而味转隽永也。曰：三尺之童听之，木木然，如奉令甲；七尺丈夫听之，亦恐恐焉，如惧渊冰也。愚欲手书千幅，布之凡有家者，置楹间，表太尉太傅之所行，而矫敬弘之过不知亦有当。①

刘子真能够反思自己只有身教而无言传，谢安能够时常教儿，而王敬弘却放纵儿孙，各随所欲。对此，闵景贤赞同前两者，而反对后者，认为"夫子过庭之训，不废丁宁"。因此他所撰《法楹》有着强烈的家教目的："三尺之童听之，木木然，如奉令甲；七尺丈夫听之，亦恐恐焉，如惧渊冰也。"

又如汪辉祖撰写《双节堂庸训》，其目的也是为了教化家族子孙。其曰：

> 《双节堂庸训》者，龙庄居士教其子孙之所作也。中人以上，不待教而成；降而下之，非教不可。居士有五男。子，才

---

① 闵景贤：《快书》卷四九，《丛书集成续编》第78册，上海书店出版社1994年版，第487页。

不逮中人。孙之长者，粗解字义；其次亦知识渐开。居士扃户养疴，日读《颜氏家训》《袁氏世范》，与儿辈讲求持身涉世之方，或揭其理，或证以事，凡先世嘉言懿行及生平师友渊源，时时乐为称道，口授手书，久而成帙。删其与颜、袁二书词指复沓者，为纲六、为目二百十九，厘为六卷……居士自少而壮、而老，循轨就范，庸庸无奇行也。庸德庸言之外，概非所知，故名之曰《庸训》。冠以"双节堂"者，获免于大戾，禀二母训也。诸所为训，简质无文，皆从数十年体认为法、为戒，欲令世世子孙、妇稚可以通晓。自念身为庸人，不敢苛子孙蕲至圣贤，而参以颜、袁二书各条，则学为圣贤之理，未尝不备。夫人无中立，不志于圣贤，其势必流于不肖，可不慎欤？嗟乎！教者，祖父之分；率教者，子孙之责。苟疑训词为庸，而别求新异之说以自托，将有离经叛道，重贻身世之患者，是则居士之所大惧也。①

汪辉祖认为"中人以上，不待教而成；降而下之，非教不可"，其"子，才不逮中人。孙之长者，粗解字义；其次亦知识渐开"，都是非教不可之人；并且认为"教者，祖父之分；率教者，子孙之责"。因此，他撰写《双节堂庸训》就是为"教其子孙所作"，《双节堂庸训》是其"数十年体认为法、为戒"者，"欲令世世子孙、妇稚可以通晓"。

为了更好地发挥家训的家族教化作用，不少家训文本对于家教

---

① 汪辉祖：《双节堂庸训》，第244—245 页。

的重要性进行了训诫。如方孝孺《杂诫》第三十七章曰："爱其子而不教，犹为不爱也。教而不以善，犹为不教也。有善言而不能行，虽善无益也。"[1] 又如石成金《俚言》曰：

　　世上接续宗祀，保守家业，扬名显亲，光前耀后，全靠子孙身上。子孙贤则家道昌盛，子孙不贤则家道消败，这子孙关系甚是重大。无论贫富贵贱，为父祖的，俱该把子孙加意爱惜。但是为父祖的，不知爱惜之道，所以把子孙都耽误坏了。何谓爱惜之道？"教"之一字，时刻也是少它不得。……子孙好与不好，只在个教与不教上。起根盖不教他俭朴，则必奢华；不教他辛勤，则必游惰；不教他忍耐，则必忿争；不教他谦恭，则必倨傲，出此入彼，自然之理。但世上的人，那一个生下来就是贤人？都从教训成的；那一个生下来就是恶人？都从不教训坏的。譬如玉不琢磨，就是废玉，怎得能成珍器？田不耕锄，就是荒田，怎得能丰熟？[2]

石成金认为子孙是家道盛衰的根本，而子孙的好坏全在一个"教"字上，"贤人"是教训成的，"恶人"是从不教训坏的，就如玉需琢磨、田需耕锄一样，子孙也需教训。

　　有的家训还对家族教育进行制度化规范，如郑太和《郑氏规范》：

---

① 方孝孺著，徐光大校点：《逊志斋集》卷一，第20页。
② 石成金：《传家宝全集·福寿鉴》，第15页。

　　每旦，击钟二十四声，家众俱兴。四声，咸盥漱；八声，入有序堂。家长中坐，男女分坐左右，令未冠子弟朗诵男女训戒之辞。男训云："人家盛衰，皆系乎积善与积恶而已。何谓积善？居家则孝悌，处事则仁恕，凡所以济人者皆是也；何谓积恶？恃己之势以自强，克人之财以自富，凡所以欺心者皆是也。是故能爱子孙者，遗之以善；不爱子孙者，遗之以恶。《传》曰：'积善之家必有余庆，积不善之家必有余殃。'天理昭然，各宜深省。"女训云："家之和与不和，皆系妇人之贤否。何谓贤？事舅姑以孝顺，奉丈夫以恭敬，待娣姒以温和，接子孙以慈爱，如此之类是已；何谓不贤？淫狎妒忌，恃强凌弱，摇鼓是非，纵意徇私，如此之类是已。天道甚近，福善祸淫，为妇人者不可不畏。"诵毕，男女起，向家长一揖，复分左右行，会揖而退。九声，男会膳于同心堂，女会膳于安贞堂。三时并同。其不至者，家长规之。①

又曰：

　　朔望，家长率众参谒祠堂毕，出坐堂上，男女分立堂下，击鼓二十四声，令子弟一人唱云："听，听，听，凡为子者必孝其亲，为妻者必敬其夫，为兄者必爱其弟，为弟者必恭其兄。听，听，听，毋徇私以妨大义，毋怠惰以荒厥事，毋纵奢侈以干天刑，毋用妇言以间和气，毋为横非以扰门庭，毋耽曲蘖以

---

① 《丛书集成初编》第975册，第2页。

乱厥性。有一于此，既殒尔德，复瘰尔胤。睠兹祖训，实系废
兴。言之再三，尔宜深戒。听，听，听。"众皆一揖，分东西行
而坐。复令子弟敬诵孝悌故实一过，会揖而退。①

《郑氏规范》规定了每天早晨未冠子弟需要诵训辞，男女训辞各
不相同；每月初一和十五则全体家人需听训辞，然后再诵孝悌故实。
不但郑氏子弟需接受家训教育，而且外来新妇也需学习家训教育。
《郑氏规范》曰："诸妇初来，何可便责以吾家之礼？限半年，皆要
通晓家规大意。或有不教者，罚其夫。"② 郑氏新妇需在半年内通晓
家规大意，否则要惩罚其夫。

又如浙江上虞金坛范氏《家训》（弘治九年）对家训教育也作
了明确规定。其曰："故约其所呈作家训四章，以为子孙戒。于每年
元日祭祀众会之时，令善读者宣之于宗祖之前，乞阴加祸福。遵行
者，家道子孙昌盛；不遵行者，家道子孙衰微。庶足使人畏惧，可
以维持范式之家声于悠久也。"③

对于如何教训子孙，有的家训也有明确的规定。如项乔《项氏
家训》曰：

怎的是教训子孙？子孙所以接待门风者也。人家子孙从幼
便当教以孝、弟、忠、信、礼、义、廉、耻八个字名义，及足
容重、手容恭、目容端、口容止、声容静、头容直、气容肃、

① 《丛书集成初编》第 975 册，第 2 页。
② 同上书，第 16 页。
③ 古虞金坛《范氏宗谱》卷二，光绪十年。转引自〔日〕多贺秋五郎《宗谱的研究·资料篇》，第 601 页。

立容德、色容庄等九件规样，使知蒙以养正，毋学说谎，毋学恶口骂人，毋学谈论人过恶，毋学滥交不好朋友。到长，便当教以冠婚丧祭之礼，学为成人之道，毋玩法而淹杀子女，毋贪财而不择妇婿，毋信僧道而打醮念佛，毋惑阴阳讳忌、风水荫应而停顿丧灵。其资质聪俊者则教之读书，立德立功立言，不贵徒取科甲；其质庸凡则教之安常生理，不求分外名利。切不可纵其骄惰放肆、自由自在。才骄惰放肆、自由自在，便沉溺于酒色财气，无所不为，产业必被其浪费，家风必被其败坏矣。谚云："有好子孙方是福，无多田地未为贫。"又云："子孙强是我，要钱做甚么？子孙不如我，要钱做甚么？"此子孙诚不可不教训也。①

从内在的道德修养到外在的行为规范，从幼年的蒙训养正到成年的冠婚丧祭礼俗，从资质聪俊者到资质平庸者，后辈教育不但对子孙全覆盖，而且教化内容也是面面俱到。由此可知家训对于家族子孙教育的重要性。

当然，由于童蒙是人的一生最重要的受教育阶段，因此童蒙教育一直是古代教育关注的重点，古代家训也非常强调童蒙教育的重要性。如金敞《家训纪要》："凡人志向之邪正，其根本皆植于童蒙之时。盖童子原以先人之言为主，教之者须以孝弟忠信之事，反覆讲解，日渐月摩，使其天性自然开发，故引而之于善也不难。若以儇薄口语快靡，货贿之习诱进而奖劝之，则其知识渐启，必与善日

---

① 项乔撰，方长山、魏得良点校：《项乔集》，第514—515页。

远，与恶日近。由此而家庭举成荆棘，里党视为凶顽，虽圣人复生，亦无匡正之法矣。可不畏哉。"① 该家训认为凡人志向之邪正植根于童蒙之时，所以童蒙教育极为重要，不可不畏之。

第三节　家族律化功能

除了教化功能外，传统家训的另一项重要文化功能就是律化功能，即具有法律规范的文化功能。这是就那些规条形式的家训而言，诸如"家规""族规""宗规""家约""族约""宗约"之类更是如此。钟于序《宗规叙》曰："规犹国有律也，法律不明，则朝野无以为奉行之准，规条不饬则家庭何以为服习之常，是以之古君子必著为章程，立之禁令，以垂训子孙。子孙之贤者，将修明而传述之，其不贤者亦有所顾畏而不敢犯。虽无老成人，尚有典型，斯之谓矣。"② 钟于序认为家规就像国家的法律，法律不明，则国家无以为准则，规条不整饬，则家族无以为习俗。

从某种程度上讲，家规就是家法，对整个家族或宗族成员具有规范和约束力，违反相关规定即要受到惩罚。如陈龙正《家矩》：

宗族传习不齐，耕读之外，工商经纪悉从便，业惟禁五条。一不许倚势诈人，武断乡曲；二不许刁唆词讼，惯作中保；三不许买充衙门员役，作奸犯科；四不许出家为道士僧尼，灭绝伦理；五不许鬻身为仆，辱及先祖。犯者不给条约，以仲秋祭

---

① 张伯行辑：《课子随笔钞》卷三，《丛书集成续编》（台版）第61册，第56页。
② 张潮：《昭代丛书》丙集卷一八，《丛书集成续编》（台版）第60册，第643页。

祠日，会本人亲房同告于先灵，而削其名。惟幼时为父母所鬻，非本人之罪，给米代赎其身，稍知自爱仍与入谱。其前项过恶有能痛自惩创者，本人亲房及族长会同保结补给条约，册尾本名之下仍注，量关一年查，果改，行一体永助。至有不孝不义，如殴骂尊长，渎伦，鼠行，此三者天下大恶奇丑，改悔无门，即于闻知之日，会同族众削去谱名，永不复入。其或不率教训，罪未及追取条约，又不可置之不问者，姑罚除应给事项自一石至十石，量犯轻重以为等差。又有因婚丧事宜，关领额米，却为赌博烟花浪费者，以后凡遇应给事宜，并减半，终其身。①

此篇家训，不仅规定了家族成员不能从事的五种行为，而且对于如何惩罚违反禁令者也有明确规定。这对整个家族既有规范和约束力，又有惩戒作用，起到了法律文书的文化功能，是家族律化功能的具体体现。

律化功能与教化功能的不同之处在于前者具有强制性的惩戒和处罚措施，被惩罚的对象必须接受相关的处罚结果，而后者只是一种说教行为，受教化者是否接受说教内容没有强制性规定。因此，家训的家族律化功能突出表现在惩罚措施上。具体而言，其惩罚措施主要有五大类。

一是语言惩戒。这类惩罚措施主要是言语叱责或是以文字记录相关过失，以示警戒。如钱惟演《谱例一十八条》曰："凡族长当立家规以训子弟，毋废学业，毋惰农事，毋学赌博，毋好争讼，毋以恶陵

① 《古今图书集成》第329册，中华书局1934年版，第39页。

善，毋以富吞贫。违者叱之。"又曰："祖宗坟头有坍坏，即当修治，不可视为等闲。凡值清明佳节，各思拜扫。怠者叱之。"① 所谓"违者叱之""怠者叱之"，即是一种语言上的叱责。又如《郑氏规范》第二十八条曰："立劝惩簿，令监视掌之，月书功过，以为善善恶恶之戒。有沮之者，以不孝论。"第二十九条曰："造二牌，一刻劝字，一刻惩字，下空一截，用纸写帖，何人有何功，何人有何过。既上劝惩簿，更上牌中，挂会揖处，三日方收，以示赏罚。"② 劝惩簿及劝惩牌，则是一种文字记录的惩戒，使有过失者能够自警和自醒。

二是身体惩罚。这是一种体罚，通过体罚来达到惩戒的目标，许多家庭和家族都喜欢采用这种惩罚方式。如海盐白苧朱氏《奉先公家规》："近时富贵子弟年未强壮，即置婢妾。吾家子孙非三十以上无子者，不许置偏房。或当娶而失期者，众跪于祠堂前而切责之。"又曰："每岁元旦，合吾家人清晨谒祠堂毕，悉会集于兆庆堂。左右序立，向家长揖。揖毕，左右对揖而退。仍给与酒肴。有不至者，跪罚。"③ 这是罚跪的体罚方式。又如萧山沈氏《宗约》曰："议祭礼以诚敬为主，无得谊诨，怠慢犯者，各责二十板。"又曰："议庙内无许赌钱、耍拳、踢鞠、抛砖、打瓦，违者重责三十板。"④ 这是杖责的体罚方式。身体惩罚主要是这两种方式。

---

① 《苏州吴县湖头钱氏宗谱》卷首，光绪七年本，转引自费成康主编《中国的家法族规》附录，上海社会科学院出版社 1998 年版，第 253 页。

② 《丛书集成初编》第 975 册，第 4—5 页。

③ 《白苧朱氏宗谱》卷二，光绪十五年，转引自费成康主编《中国的家法族规》，第 285、286 页。

④ 《萧山沈氏续修宗谱》卷三四，光绪十九年，转引自［日］多贺秋五郎《宗谱的研究·资料篇》，第 699、670 页。

　　三是财物惩罚。这是一种经济惩罚措施，通过经济惩罚来达到警示和教育作用。如范之柔《续定规矩》载："文正公曾祖徐国公、祖唐国公、父周国公坟茔并在天平山坐落，间有族人辄敢于上牧羊及偷斫林木柴薪，近虽行下，义庄专一责令墓客看守外，今后如有违犯之人，诸房觉察，申文正位，罚全房月米一年。义庄辄令墓客充后者，罚掌庄子弟本名月米一季。"又曰："旧规诸房不得租种义庄田地，诡名者同。近来有恃强，公然于租户名下夺种者，及有坝捺义庄田，渭泾车漕种菱，不容租户车水上下者，为害甚大。今后探闻有违犯之人，罚全房月米半年。"① 京江柳氏《宗祠条例》载："族中有鳏寡孤独残废无养者，议定每口每月给米二斗四升，男妇同，其子女五岁开支，十三岁内照成人减半，十三岁外方与成人一例。夏月收麦易面，每月每口至面三十斤，子女减半。每月初五日开仓支给。倘非孤寡残废无依，不得借名冒支，亦无许非时透给。若经管之人不与本色，改折银钱，察出见一罚十。"又曰："每年米麦，除支用外余存若干，恐日久朽蠹，算明粜银入祠。公商，或典房取息，或买田取租。倘不足置产，封交下手，不许借用，亦不许私借与人。倘不恪遵，必照数加倍议罚。"② 财物惩罚措施一般是与家庭财用相关的规定密切相关。

　　四是出族惩罚。这是家法中最为严厉的惩罚措施，所谓出族就是取消家族和宗族成员的族籍资格，将其变成一名无所归依的流浪

---

① 范仲淹：《范文正公集》附录《建立义庄规矩》，第546页。
② 《京江柳氏宗谱》卷十，道光五年，转引自［日］多贺秋五郎《宗谱的研究·资料篇》，第805页。

人员。如毗陵新安刘氏《乐隐公家劝录》载："宗谱传示子孙，务要及时修辑，毋致散亡。凡在宗族，弗论亲疏，弗论贤愚，一一登明谱牒。毋曰某为疏而略之，某为贫贱而黜之。况天道有往复，安知贤者之子孙，后世不覆坠乎？不肖者之子孙，苟能自励，他日不为贤子孙乎？至有为非为盗而不悛者，始除其名。"① 婺源溪南江氏《祠规》载："凡此浇漓父兄，悉当规勉，务令改过，挽回厚德，以保身家。如有怙恶、拐骗、偷盗等，情已获真赃，正犯轻则祠正副议加责罚，重则请其门尊自令引决，仍削本枝，不许入祠。"又载："台阃之间，必严分内外，慎其出入，限其进止，务使家庭严肃，毋致渎伦。倘有奸秽，不道贴玷宗风，祠正副即会同门尊，令自引决，仍削本枝，不许入祠。"② 萧山沈氏《宗约》载："议子孙游手好闲，不务正业者，不许值年，行入匪类者，逐出家庙，永不复入。"③

　　五是告官惩罚。告官惩罚往往是在家规家法惩治不了违犯者的情况下所作出的一种惩罚措施。如范仲淹置办义庄义田，又制定了《义庄规矩》，但后来宗族成员大肆破坏，其子范纯仁于是奏请官府处置。其曰："切念臣父仲淹先任资政殿学士日，于苏州吴长两县置田十余顷。其所得租米，自远祖而下诸房宗族，计其口数，供给衣食及婚嫁丧葬之用，谓之义庄。见于诸房选择子弟一名管勾，亦逐旋立定规矩，令诸房遵守。今诸房子弟有不遵规矩之人，州县既无

---

① 《毗陵新安刘氏宗谱》卷一，转引自费成康主编《中国的家法族规》附录，第263页。

② 《溪南江氏家谱》第六本，转引自［日］多贺秋五郎《宗谱的研究·资料篇》，第787页。

③ 《萧山沈氏续修宗谱》卷三四，光绪十九年，转引自［日］多贺秋五郎《宗谱的研究·资料篇》，第699页。

敕条，本家难为伸理，五七年间，渐至废坏，遂使饥寒无依。伏望朝廷特降指挥下苏州，应系诸房子弟，有违犯规矩之人，许令官司受理。伏候敕旨。"① 范仲淹之孙范之柔《续义庄规矩》亦载："诸房闻有不肖子弟因犯私罪听赎者，罚本名月米一年；再犯者，除籍，永不支米（奸盗赌博，斗殴陪涉及欺骄善良之类，若户门不测者非）。除籍之后，长恶不悛，为宗族乡党善良之害者，诸房具申文正位，当斟酌情理，控告官府，乞与移乡，以为子弟玷辱门户者之戒。"② 如果出族之后仍然为害乡里，则要求报告官府来处置。

告官惩罚标志着惩罚方式由家法走向国法。有时家法和国法是一起使用的，如上虞金坛范氏《家训》载："其不遵而有事发者，轻则会请族众自行责罚，重则告官遣其出族，不与相齿。"③ 又如《郑氏规范》载曰："子孙赌博无赖及一应违于礼法之事，家长度其不可容，会众罚拜以愧之。但长一年者，受三十拜；又不悛，则会众痛棰之；又不悛，则陈于官而放绝之。仍告于祠堂，于宗图上削其名，三年能改者复之。"④ 一般来说，犯国法者往往会受到最严厉的家法即出族处置。

有惩即有奖，除了惩罚措施外，家规家法还有奖励性措施。如婺源溪南江氏《祠规》载："族中子弟天资颖异，富者自行择师造就，贫者祠正副于祠内量贴灯油，四季会考，敦请科第者主其事，

---

① 范仲淹：《范文正公集》附录《建立义庄规矩》，第540页。
② 同上书，第547页。
③ 古虞金坛《范氏宗谱》卷二，光绪十年，转引自〔日〕多贺秋五郎《宗谱的研究·资料篇》，第601页。
④ 《丛书集成初编》第975册，第3页。

以次给赏纸笔以示劝勉，其费皆动支祠银。"① 但家法往往以惩罚措施为主，而奖励性措施相对较少。

对于家法的最终裁定，一般是宗族里德高望重的宗长或族长拥有最终的裁定权。如鄞城华氏《明德堂家训》："立宗长以振风俗。……分职受事，而责其成功，制财用之节，量入为出。子孙宜推尊以遵其教，小事大事必禀明而后可行。违逆不遵者，黜；傲慢不遵者，黜。为匪者，宗长可杖；嫖赌者，宗长可杖；崇尚异端，鸣官究治。若偶犯小过，谅其轻重罚之，以充公用。宗长不贤，众举其次长，贤德者代之。庶有所矜式，而我族其敦厚矣夫。"② 对于家族和宗族内部的事务，家训也倡导内部解决，反对求助外部势力。如鄞城华氏《明德堂家训》："宗族争斗，骨肉相残，辄向外姓里长诉理，甚至讼及当官，卖产争胜，何其愚也。凡我族或有不平，质之宗长，辨其曲直，从而罚其曲者，伸其直者。庶几讼端不兴，亦保家修身之道也。"③这就更强化了宗长（族长）对于家法的最终裁定权。

第四节　家风养成功能

所谓家风，是指一个家庭或家族的处世和行事所表现出来的整体风格，涉及家族成员的精神风貌、道德品质、审美格调和整体气

---

① 《溪南江氏家谱》第六本，转引自［日］多贺秋五郎《宗谱的研究·资料篇》，第787页。
② 《华氏宗谱》卷首，光绪二十四年，转引自［日］多贺秋五郎《宗谱的研究·资料篇》，第649页。
③ 同上。

质等方面；同时广义的家风还包括家族成员的文化修养和文化素质。钱穆指出："当时门第传统的共同理想，所期望于门第中人，上自贤父兄，下至佳子弟，不外两大要目：一则希望其能有孝友之内行，一则希望其能有经籍文史学业之修养。前一项之表现，则成为家风；后一项之表现，则成为家学。"① 钱穆对家风和家学作了区分，通常所谈家风多为前者，而广义的家风还包括后者。家风形成具有多方面的因素，但言传身教的家族教育具有至关重要的作用，家训是家族教育的重要文化载体，因此家训对于家风养成具有重要作用。

　　传统家训对家风养成多有直接的训诫。如《郑氏规范》曰："家业之成，难如升天，当以俭素是绳是准。唯酒器用银外，子孙不得别造，以败我家风。"② 此是训诫要养成生活俭朴的家风。又如陆树声《陆氏家训》："余年八十有一，列仕版者近五十年。平生多病嗜退，家食之日多，就禄之日少。弟中丞自登第以来，涉历台省，晚至开府，然皆恪守家风，在官则廉慎自守，居乡则安静寡营。"③ 此是训诫要遵守清廉为官的家风。再如唐文献《家训》："汝辈虽杜门简出，其间亦有学中公事，及亲戚燕会，不免一出者，须要简省仆从，不必侈丽冠服，非大风雨及远行，不得辄乘帷轿，夜归不得辄用擎灯，及令家人延街呵喝。如此赫奕气势，但博得闾巷细民，逊避羡艳而已。不知儒素家风，一时扫地，有识之士，笑且鄙之矣。

---

　　① 钱穆：《略论魏晋南北朝学术文化与当时门第之关系》，《中国学术思想史论丛》卷三，第 266 页。
　　② 《丛书集成初编》第 975 册，第 14 页。
　　③ 秦坊：《范家集略》卷二，《四库全书存目丛书·子部》第 158 册，齐鲁书社1997 年版，第 291 页。

人而使十百小民欣羡，较之一二有识叹服，所得孰多？况吾家百五六十年来，衣冠诗礼之族，尤比一时崛起者不同，汝辈当存素风，不可自趋恶习。至于接待亲友，须一味谦卑慎重，不可轻狂躁率。凡遇我平日交与之人，即当待以后辈之礼，其尤密者，皆称伯叔，侍奉坐随行，不得放肆。"① 此是训诫家族子孙为人处世要养成谦卑有礼的儒素家风。再如张履祥《训子语》有《子孙固守农士家风》的训诫，凡九条。如其一曰："子孙只守农士家风，求为可继，惟此而已。切不可流入倡优下贱，及市井罢棍、衙役里胥一路。"② 此是训诫子孙要坚守耕读为本的家风。这些家训的"家风"训诫，主要涉及道德品质和精神风貌等方面的家风养成。

其实，家训作为一种修身养性、处世交往和进退出处的家教文化载体，其教化本身就对家风养成具有重要推动作用。如徐三重《鸿洲先生家则》：

> 谓胜良田美舍。然亦有不能读而旋散失者，此贤愚属之大运，同岂得因斥卖而并田舍不贻耶？则畜置书籍，亦自尽祖父垂训之心耳。迩来书籍浩繁，不能遍访，然有益亦自有数。第取性命经纶及典章、故实。其余若诗词之类，已属虚华戏亵，诸语益不典矣。道术不明，学者失据，往往好诸浮浅、夸诞，而大道微言妙义，读之如睹暗，如嚼蜡；即不敢非笑而心寐，如文侯之临古乐，岂非世教不明使然哉？善读书者，第取圣贤

---

① 唐文献：《唐文恪公文集》卷一六，《四库存目丛书·集部》第 170 册，第 632—633 页。

② 张履祥撰，陈祖武校点：《杨园全集》，第 1351 页。

道德本旨，及政治往迹，以评骘编简，即汉魏以前，著述尚可别其纯漓，何况后代浮浪不根之语耶？知此，则书籍可畜亦可读矣。借人一事，古谓四痴，嚣又甚焉。若不能读，则俱听之耳。凡淫亵戏谑、非礼无益者，并不宜有。至于天文图谶、妖幻符咒、秘记左道等书，国有明禁，尤宜戒绝。有则即当焚毁，毋蹈罪戾。①

重视藏书的重要性，有利于形成书香门第的家风家教。读书以修身养性和培养道德情操，有利于培育儒素家风。上引文的家训教化内容是要求家族子孙重视藏书和读书，而潜在的文化作用则是推动了良好家风的养成，所以说家训具有家风养成功能。

家训的家风养成作用，试看娄坚《示儿复闻》：

伊予三得雄，惜也两前夭。五女夺其孟，余各缔姻好。汝虽最后生，未娠已前兆。幸也甫艾年，天乎俾尔绍。父母三人怜，逝将渐衰老。回思伉俪初，所欣晬盘早。骤折不复芽，比壮心悄悄。嗟予鲜兄弟，无能别求篦。尔兄生复殇，有命讵能越。犹记醉酒归，谷璧去吾袄。我闻铿然声，嘱僮求以燎。幸完当生男，一念默有祷。市桥互经过，灯火纷缭绕。竟以完璧还，慰此中慅慅。尔生甫七年，诵诗颇驯扰。暗记无忽遗，称于傅若保。及此十八龄，游庠睼俊造。三复美成训，沉思戒其掉。汝父不遭时，长怀力自拗。况尔未弱冠，而欲希骎衰。志骛

---

① 徐三重：《明善全编》，《四库全书存目丛书·子部》第106册，第149页。

千里遥，心潜一毫小。颜跖复分涂，依附徒为娚。行以证此心，行迷心讵了。胡彼禅与玄，强分释与老。儒称孟学孔，一贯无深渺。其源本邃初，其泽随旱涝。斯以为通儒，斯以为大道。皇王植其根，著述分其杪。仁人以之昌，残贼用是剿。汝其奉为训，永以诒述绍。①

娄坚是明万历年间贡生，祖先自长洲迁嘉定。娄坚娶徐氏，生三子五女，仅存一子四女，作者生最小的儿子时已经五十四岁了。《示儿复闻》正是娄坚向其仅存的儿子娄复闻所作的家训诗，诗歌先是叙述生儿的困难、丧儿的悲痛和得儿的欣喜，进而诫勉儿子要志存高远，努力向学，成为仁人志士。娄复闻长大成人后，确实遵守了父亲的教诲，发扬了娄氏洁身自好、坚守气节的家风。据相关史料记载，娄复闻在崇祯乙酉年"嘉定三屠"第二次国难中，以不遵"剃发令"而被斩首，从此娄坚血脉无以为继。②

再看温璜《节孝家训述》，此家训又名《温氏母训》，是温璜母陆氏所训，温璜述录。温璜，初名以介，字于石，乌程（今浙江湖州）人。大学士温体仁再从弟。《明史》卷二七七载："母陆氏守节，被旌。璜久为诸生，有学行。崇祯十六年秋举进士。授徽州推官。甫莅任，闻京师陷，亟练民兵，为保障计。明年，南京亦覆。知府秦祖襄及诸僚属皆遁，璜乃尽摄其印，召士民慰谕之。金声举兵绩

---

① 娄坚：《吴歈小草》卷二，《四库禁毁书丛刊·集部》第49册，北京出版社1997年版，第32—33页。

② 事见《嘉定之屠》，彭遵泗等《蜀碧》（外二种），北京古籍出版社2002年版；朱子素《嘉定县乙酉纪事》，于浩《明清史料丛书八种》（第7册），北京图书馆出版社2005年版。

溪，璜与掎角，且转饷给其军，而徙家属于村民舍。未几，声败，璜严兵自守。郡中故御史黄澍以城献，璜趋归村舍，刃其妻茅氏及长女，遂自刭死。"①《四库全书总目》卷九三亦曰："璜于顺治乙酉（顺治二年，1645）起兵，与金声相应，以拒王师。凡四阅月，城破，抗节以死。其气节震耀一世，可谓不愧于母教。又高承埏《忠节录》载璜就义之日，慨然语妻茅氏曰：'吾生平学为圣贤，不过求今日处死之道耳。'因绕屋而走。茅氏曰：'君之迟留，得无以我及长女宝德在乎？'时女已寝，母呼之起。女问何为？母曰：'死耳。'女曰：'诺。'即延颈受死，璜手刃之。茅氏亦卧床引颈待刃，璜复斫死。乃自刭。知其家庭之间，素以名教相砥砺，故皆能临难从容如是，非徒托之空言者矣。"② 所谓名教相砥砺，即是温母所作家训的教化。如其曰：

> 节孝谓介曰：作家的，将祖宗紧要做不到的事，补一两件；做官的，将地方紧要做不到的事，干一两件，才是男子结果。高爵多金，还不算是结果。

> 节孝曰：远邪佞，是富家教子第一义；远耻辱，是贫家教子第一义。至于科第文章，总是儿郎自家本事。③

这些家训对温璜的人格培养及温氏家风的养成具有重要作用。清人陈宏谋评曰："温母之训，不过日用恒言。而于立身行己之要，型家

① 张廷玉等：《明史》，中华书局1974年版，第7093页。
② 纪昀等：《钦定四库全书总目》（整理本），中华书局1997年版，第1231页。
③ 温璜：《温宝忠先生遗稿》，《四库禁毁书丛刊·集部》第83册，第451页。

应物之方，简该切至，字字从阅历中来。故能耐人寻思，发人深省。由斯道也，可不愧须眉矣，岂仅为清闺所宜则效哉！于石先生这气节凛凛，有自来也。"①

广义地讲，以"经籍文史学业之修养"为主要内涵的家学也是一种家风，它是一个家族的文化素养和文化修养的集中体现。古代家训也非常注重家学传承的教化，如陆游《读经示儿子》："通经本训诂，讲字极声形。未尽寸心苦，已销双鬓青。惧如临战阵，敬若在朝廷。此是吾家事，儿曹要细听。"② 作者强调"通经"是"吾家事"，要求儿曹认真研读和传承。在《诵书示子聿》中则指出了其家学渊源："楚公著书数百篇，少师手挍世世传。"③ 楚公即陆游祖父陆佃，以经学名家，著有《埤雅》《礼象》等 240 卷；少师即陆游父亲陆宰，他对陆佃所著经书进行了校对和疏注。所以陆游把通经看成陆氏家学，并且教育儿子要传承家学。

又如章学诚《家书二》，其曰：

> 古人重家学，盖意之所在，有非语言文字所能尽者。《汉书》未就，而班固卒，诏其女弟就东观成之。当宪宗时，朝多文士，岂其才学尽出班姬下哉？家学所存，他人莫能与也。大儒如马融，岂犹不解《汉书》文义，必从班姬受读？此可知家学之重矣。后世文章艺曲，一人擅长，风流辄被数辈，所谓弓冶箕裘，其来有自，苟非天弃之材，不致遽失其似者也。吾于

---

① 陈宏谋辑：《五种遗规·教女遗规》，第 154 页。
② 《全宋诗》第 40 册，北京大学出版社 1998 年版，第 25096 页。
③ 同上书，第 25183 页。

史学，盖有天授。自信发凡起例，多为后世开山。而人乃拟吾于刘知几！不知刘言史法，吾言史意；刘议馆局纂修，吾议一家著述：截然两途，不相入也。至论学问文章，与一时通人全不相合。盖时人以补苴罅漏见长，考订名物为务，小学音画为名。吾于数者皆非所长而甚知爱重，咨于善者而取法之；不强其所不能，必欲自为著述以超时尚。此吾善自度也。时人不知其意而强为者，以谓舍此无以自立。故无论真伪是非，途径皆出于一。吾之所为，则举世所不为者也。如古文辞，近虽为之者鲜，前人尚有为者。至于史学义例，校雠心法，则皆前人从未言及，亦未有可以标著之名。爱我如刘端临，见翁学士（方纲）询吾学业究何门路，刘则答以不知，盖端临深知此中甘苦难为他人言也。故吾最为一时通人所弃置而弗道。而吾于心未尝有憾。且未尝不知诸通人所得亦自不易，不敢以时趋之中不无伪托而并其真有得者亦忽之也。但反而自顾，知己落落，不过数人，又不与吾同道。每念古人开辟之境，虽不知殁身之后，历若干世而道始大行；而当其及身，亦必有子弟门人为之左右前后，而道始不孤。今吾不为世人所知，余邨、虎脂又牵官守，恐未能遂卒其业。尔辈于此，独无意乎？①

章学诚认为家学是具有家族特征的，能够代际传承，流风所及，泽被数代，进而指出自己的治学既不同于古人，也与一时通人全不相合，但"自信发凡起例，多为后世开山"，希望家族子孙能够承继自

---

① 章学诚：《章学诚遗书》卷九，文物出版社 1985 年版，第 92 页。

己的治学传统，成为章氏家学。

总而言之，家训对于家风养成具有重要的教化作用，无论是内在的精神风貌、道德品质和家族气质，还是外化的学术成就和文化特征，家训都有着形式不一的教化和规定，推动了家风的养成和形成。

第五节　家训的儒家文化本质

家训的文化功能虽然以家庭和家族为主要服务对象，但就其文化本质而言，家训乃是以儒家思想观念为核心的家族教化和律化的文化载体。家训的儒家文化本质主要体现在家训的文本内涵是以"修齐治平"等儒家思想为核心导向的，这突出表现在两个方面。

一是重视儒家伦理道德教化。儒家伦理道德是为适应君主中央集权而形成的意识形态和思想观念，主要包括忠、孝、仁、义、礼、智、信、廉、耻等文化内涵。其中，忠孝观念最能体现儒家伦理道德。古代家训非常重视忠孝等儒家伦理道德的教化和训诫。如叶梦得《石林家训》，其《戒诸子侄以保孝行》曰："夫孝者，天之经也，地之义也。故孝必贵于忠，忠敬不存，所率皆非其道。是以忠不及而失其守，非惟危身，而辱必及其亲也。故君子行其孝，必先以忠，竭其忠则禄至矣。故得尽爱敬之心，以养其亲，施及于人。诗云：'孝子不匮，永锡尔类。'汝等读书，独不观圣人之言，浑是教人一个孝悌忠信，且只是一个孝字，无处不到。故曰：求忠臣必于孝子之间。汝等能孝于亲，然后能忠于君，忠孝不失，庶克尽臣子之职矣。"① 叶梦得认为孝是天经地义之事，求忠臣必于孝子之间，这是对忠孝观念的教化。又如金垎《家诫五十首》："立身惟树德，大本在伦常。忠孝揭日月，岂待言说详。其余多节目，法戒各有当。胪举俾聪听，庶几知否臧。"② 立身在于树德，树德的根本是伦常，而伦常的中心是忠孝，因此立身首先要有忠孝的思想观念。

二是强化儒家礼仪规范。家训中儒家礼仪规范的教化主要是家礼教化，包括冠礼、婚礼、丧礼和祭礼等礼仪，以吕祖谦《家范》、朱熹《家礼》等家训作品为典型。朱熹《家礼序》曰："凡礼有本有文。自其施于家者言之，则名分之守、爱敬之实者，其本也；冠婚丧祭仪章度数者，其文也。其本者有家日用之常礼，固不可以一日而不修；其文又皆所以纪纲人道之始终，虽其行之有时，施之有所，然非讲之素明，习之素熟，则其临事之际，亦无以合宜而应节，是亦不可以一日而不讲且习焉者也。"③ 儒家礼仪规范是儒家伦理纲常的外在表现，遵守礼仪规范即是坚守伦理道德。朱熹《家礼》影响深远，如明代王敬臣《礼文疏节》即是对朱熹《家礼》的节疏。其曰："余所纂《礼文疏节》，大概一以文公《家礼》为主，而备其所未备也。"④ 除了家礼专书外，一般家训中也非常重视家礼的教化。如方孝孺《家人箴》，其《谨礼》曰："纵肆怠忽，人喜其夫。孰知夫者，祸所自出。率礼无愆，人苦其难。孰知难者，所以为安。嗟时之人，惟佚之务。尊卑无节，上下失度。谓礼为伪，谓敬不足

---

① 《丛书集成续编》（台版）第 60 册，第 488 页。
② 金垎：《静廉斋诗集》卷一八，《续修四库全书》第 1440 册，第 589 页。
③ 《朱子全书》（修订本）第 7 册，第 873 页。
④ 王敬臣：《俟后编》卷四，《四库全书存目丛书·子部》第 107 册，第 48 页。

行，悖理越伦，卒取祸刑。逊让之性，天实锡汝。汝手汝足，能俯兴拜跽，曷为自贼，恣傲不恭？人或不汝诛，天宁汝容！彼有国与民，无礼犹败。矧予眇微，奚恃弗戒。由道在己，岂诚难耶？敬兹天秩，以保室家。"①《家人箴》强调要谨守礼仪规范，做到尊卑有节，上下有度。又如项乔《项氏家训》曰："家礼祠堂既立，子孙有远行者，先期三日请宗子入告；有冠婚丧祭之事必告；生子命名必告。或有水火、盗贼，必先救祠堂、迁神主，次及祭器，然后及家财。易世，改题神主而递迁之。五世服尽，祧其主而埋于墓。"②此家训强调了家礼施行的要件和要求。

儒家思想成为家训文本内涵的核心导向，既是家族自身发展传承的需要，也是国家对个体家族统治强化的需要。

从家族自身发展传承来看，家训教化的目的是为了推动家族兴盛繁荣和持久传承，而要实现兴家、隆家和传家的目的，家族子孙首先必须进入精英文化圈和上层统治阶层，由此其家族人才培养的思想观念和文化导向也就必须与占据统治地位的主流意识形态保持一致，使其培养的家族人才能够为国家统治阶层所用，所以儒家思想成为家训文本内涵的核心导向是家族教育的自觉选择。科举制度兴起以后，特别是宋代科举走向规范化和严格化之后，由家族走向望族并持续维持其社会地位，"科举入仕是最为重要的途径。因为做官既可以提高个人乃至家族的声望，又可以迅速增大财富，所以族人出仕为官且'代有高官显宦'乃是望族能够形成和经久不衰的关

①　方孝孺著，徐光大校点：《逊志斋集》卷一，第29页。
②　项乔撰，方长山、魏得良点校：《项乔集》，第518页。

键所在"①。明人王士性就说过："缙绅家非奕叶科第，富贵难于长守。"② 科举入仕的选官方式更加推动了家族教育对儒家思想接受的自觉性和主动性，以便家族人才有更多机会中举入仕。有研究者指出："隋唐以后的科举考试把这种尊一罢百的局面推向顶峰，使家庭教育的内容成为彻头彻尾的儒学说教。"③ 因此，家训教化以儒家思想为核心正是家族传承发展的必然文化选择。此外，家族教育是古代十分重要的教育形式之一，由于社会教育的不发达，家族教育在很大程度上承担了官方教育的任务，因此它必须输出符合精英思想观念的人才。

从国家对个体家族统治强化来看，历代统治者都很注重引导家族教育的文化导向，以强化其对个体家族的统治，尤以明清统治者为特别突出。如朱元璋于洪武三十年九月颁布《教民榜文》，又称《教民六谕》或《圣谕六言》，其文曰："孝顺父母，恭敬长上，和睦乡里，教训子孙，各安生理，毋作非为。"④ 朱元璋的《教民六谕》对家训创作产生了重要影响，不少家训都明确训诫家族子孙要恪守此六谕，如高攀龙《家训》、姚舜牧《药言》、项乔《项氏家训》、何士晋《宗规》等都有明示。朱元璋还大力倡导孝道，《明史·孝义传一》载曰："明太祖昭举孝悌力田之士，又令府州县正官以礼遣孝廉士至京师。百官闻父母丧，不待报，得去官……有司上礼部请旌者，岁不乏人，多者十数。激劝之道，綦云备矣。"清初皇帝

---

① 吴仁安：《明清江南著姓望族史》，上海人民出版社 2009 年版，第 182 页。
② 王士性：《广志绎》卷四，《五岳游草·广志绎》，中华书局 2006 年版，第 266 页。
③ 刘宏斌：《传统家庭教育文化中的子女教育观评析》，《教育评论》1992 年第 4 期。
④ 《明实录·太祖实录》卷二五五。

对社会教化也十分重视。顺治曾将朱元璋《教民六谕》在全国颁行，名曰《六谕卧碑文》，只改动其中两个字。康熙即位后，在《六谕卧碑文》基础上亲自拟订了《圣谕十六条》，教育八旗子弟，并颁行全国。其曰："敦孝弟以重人伦，笃宗族以昭雍睦，和乡党以息争讼，重农桑以足衣食，尚节俭以惜财用，隆学校以端士习，黜异端以崇正学，讲法律以儆愚顽，明礼让以厚风俗，务本业以定民志，训子弟以禁非为，息诬告以全善良，诫匿逃以免株连，完钱粮以省催科，联保甲以弭盗贼，解仇忿以重身命。"① 雍正即位后，又对《圣谕十六条》逐条训释解说，名曰《圣谕广训》，于雍正二年二月颁行全国。这些圣谕重视儒家思想道德和伦常的教化，强化了对家族和乡党的训治导向。

儒家思想成为家训文本内涵的核心导向还与古代家国一体的社会结构形式密切相关。中国古代社会是以血缘为纽带的宗法社会，家族（家庭）是社会的基本细胞，国家是在家族基础上的扩展和延伸，家国具有同构特征，正家、治家，推而广之即是正国、治国。王十朋《家政集序》曰："有公家之政，有私家之政。士君子达而见用，有爵位于朝，外则行公家之政，以泽民生；内则修私家之政，以化子孙。至若穷而未通，藏而未用也，公家之政岁虽不得行，私家之政不得不修。《孝经》曰：'居家以理，故治可移于官。'《大学》之书曰：'欲治其国者，先齐其家。'又曰：'身修而后家齐，家齐而后国治。'然则士君子欲修身行道，以治天下国家者，必自私

————————

① 《清实录·圣祖实录》"康熙九年十月"条。

家之政始。"① 家国同构，治国必以齐家始，而居家以理，治可移于官，所以作为国家意识形态的儒家思想也必然居于齐家的核心主导地位。正如张永明《语录》曰："余平生所学，惟守忠信笃敬四字。以此存心即以此诲人，以此教家即以此治国，未尝须臾离也。"② 既以儒家思想教家，也以儒家思想治国，两者是统一的。

此外，还需特别强调理学家对于推动家训的儒家文化本质的形成具有重要贡献。家训的儒家文化本质特征是自宋代开始得到强化和凸显的，因为宋代理学家诸如张载、程颐、朱熹、吕祖谦等，不但主张重构科举制度下新型的家族理论和制度，以强化家族对于敬宗收族的文化作用，而且还十分重视以儒家思想观念来进行家族教育和童蒙教育，注重家训和蒙训的撰写。

---

① 王十朋：《王十朋全集·辑佚》（修订本），第 1031 页。
② 张永明：《张庄僖文集》卷五，《文渊阁四库全书》第 1277 册，第 384 页。

第四章

江南望族家训的立人观念

家族子孙的成人和成才是传统家训教化的重要内容，因为子孙的贤达与否直接关系到家族盛衰兴替。宋代邵雍就指出："克肖子孙，振起家门；不肖子孙，破败家门。猗嗟子孙，盛衰之根。"① 子孙的成人与成才对于家族的传承发展具有十分重要的作用。所以，方孝孺《杂诫》曰："爱其子而不教，犹为不爱也。教而不以善，犹为不教也。"② 立人教育主要包括修身、治学、治生、处世和为官五个方面教化。其中，前三者是就受教化者个体自身成长而言，后两者是就受教化者与社会国家的关系而言，五个方面的教化内涵共同塑造受教化者成才和成人。

第一节　道德为先的修身观念

古代家训教化首先强调的是修身教化，认为"做好人"是立人的第一要义。高攀龙《家训》："吾人立身天地间，只思量作得一个

---

① 邵雍：《盛衰吟》，《击壤集》卷一八，《四库全书》第 1101 册，第 146 页。
② 方孝孺著，徐光大校点：《逊志斋集》卷一，第 20 页。

人，是第一义，余事都没要紧。……作好人，眼前觉得不便宜，总算来是大便宜；作不好人，眼前觉得便宜，总算来是大不便宜。千古以来，成败昭然，如何迷人尚不觉悟，真是可哀！吾为子孙发此真切诚恳之语，不可草草看过。"① 高攀龙认为人立身天地间的第一要义就是思考如何做一个好人，其余的事都是无关紧要。唐文献《家训》亦曰："第一要思量做个好人，至于读书作文，登科登第，又落第二义矣。"② 所谓"做好人"，就是强调人的道德品质和性格特征的教育，重视道德为先的人格教化。如《庭帏杂录》曰：

> 士之品有三：志于道德者为上，志于功名者次之，志于富贵者为下。近世人家生子，禀赋稍异父母，师友即以富贵期之。其子幸而有成，富贵之外，不复知功名为何物，况道德乎？吾祖生吾父，岐嶷秀颖，吾父生吾亦不愚，然皆不习举业而授以五经义古义。生汝兄弟始教汝习举业，亦非徒以富贵望汝也。伊周勋业，孔孟文章，皆男子常事。位之得不得在天，德之修不修在我。毋弃其在我者，毋强其在天者。欲洁身者，必去垢；欲愈疾者，必求医。昔曹子建文字好人讥弹，应时改定，岂独文艺当尔哉？进德、修业皆当如此。③

袁参坡认为在道德、功名和富贵之间以道德为最上，功名富贵得与不得在于上天，而道德之修与不修则在于自我，道德为先是修身的

---

① 高攀龙：《高子遗书》卷十，《文渊阁四库全书》第1292册，第644页。
② 唐文献：《唐文恪公文集》卷一六，《四库存目丛书·集部》第170册，第627页。
③ 《丛书集成初编》第975册，第4—5页。

根本。汪辉祖《双节堂庸训》也指出"穷达皆以操行为上"，其曰：
"士君子立身行世，各有分所当为。俗见以富贵子孙，光前耀后，其
实操行端方，人人敬爱。虽贫贱终身，无惭贤孝之目。若陟高位、
拥厚资，而下受人诅，上干国纪，身辱名裂，固玷家声；即幸保荣
利，亦为败类。"① 汪辉祖认为士君子立身行世以道德操行为先，有
道德操行，虽贫贱终身不以为耻；若无道德操行，即便陟高位、拥
厚资，也终为败类，为天下所耻笑。

　　古代家训中关于道德为先的修身教化涉及泛化和具体两个层面。
从泛化层面来看，道德为先的修身教化主要是强调人要修德积善，
重视"德"和"善"的品质和行为；从具体层面而言，则是指一些
较为具体的道德品质的培养，诸如忠信笃敬、孝悌仁爱等为儒家伦
理道德所倡导的品质和行为。

　　先看修德积善的家训教化。如方孝孺《四忧箴》即有《修德》，
其曰："是以贤哲，务德是修，行以终身，恒以为忧。一事之成，一
行之蹈，岂云匪德，贵乎弥邵。知不逮舜，仁不逮尧，曰伊曰周，
德音孔昭。彼与吾同，作则万世。独为凡民，宁不有愧。"② 圣贤尚
以终身修德，凡人倘不务德是修，宁不有愧乎！陈其德《垂训朴语》
则提出"积德如积财"训诫，其曰："昔人积德，正如积财。虽财
则人人知积，念念思积，至于德则茫然不省，良心尽丧，甚至刻薄
一分，快活一分。虽财积如山，心穷如乞丐矣。"③ 人人皆知积财，

---

① 汪辉祖：《双节堂庸训》，第196页。
② 方孝孺著，徐光大校点：《逊志斋集》卷一，第23页。
③ 《四库全书存目丛书·子部》第94册，第399页。

却不知积德，虽财积如山，心穷却如乞丐，所以积德应如积财一样受到重视。那么如何修德积德？朱柏庐《劝言》有相关教化，其曰：

> 积德之事，人皆谓惟富贵，然后其力可为。抑知富贵者，积德之报，必待富贵而后积德，则富贵何日可得？积德之事，何日可为？惟于不富不贵之时。能力行善，此其事为尤难，其功为尤倍也。盖德亦是天性中所备，无事外求，积德亦随在可为，不必有待。假如人见蚁子入水，飞虫投网，便可救之。又如人见乞人哀叫，辄与之钱，或与之残羹剩饭。此救之与之之心，不待人教之也，即此便是"德"。即此日渐做去，便是"积"。今人于钱财田产，即去经营日积，而于自己所完备之德，不思积之，又大败之，不可解也。①

朱柏庐认为积德随在可为，不必有待外物。诸如人见蚁子入水，飞虫投网，顺手救助，便是积德；人见乞人哀叫，或与之钱，或与之食物，此便是积德。积德其实就是行一些小善事，行善于不富不贵时，自然有富贵之时，获得积德之报。其曰："要知吾辈今日，不富不贵，无力无财，可以行大善事，积大阴德，正赖此恻隐之心。就日用常行之中，所见所闻之事，日积月累，成就一个好人，不求知于世，亦不责报于天。若又不为，是真当面错过也。不富不贵时不肯为，吾又未知即富即贵之果肯为否也。"②

修德即是积善，积善即能成德。高攀龙《家训》曰："善，须

---

① 陈宏谋辑：《五种遗规·训俗遗规》卷三，第260页。
② 同上书，第260—261页。

是积，今日积，明日积，积小便大。一念之差，一言之差，一事之差，有因而丧身亡家者，岂可不畏也。""去无用可成大用，积小惠可成大德，此为善中一大功课也。"① 积善需日积月累，才能由小成大，由小惠成大德。徐祯稷《余斋耻言》即指出"为善易，积善难"，其曰："或问于余斋曰：为善者，必得天乎？曰：未也。为善者，必得人乎？曰：未也。夫为善易，积善难。士之于善也，微焉而不厌，久焉而不倦，幽隐无人知而不间，招世之疾逢时之患而不变。是故根诸心，诚诸言行，与时勉勉，不责其功夫，然后亲友信之，国人安之，而鬼神格之也。善积未至，其畴能与于斯乎？"② 为善容易，积善困难，难就难在持之以恒，既不因善事细微而不为，也不因持久而厌倦；既不幽隐无人知晓而间断，也不因时代风云变幻而放弃。

为了宣传积善成德思想，家训作者还常常以"福善祸恶"的因果报应观念来训诫家族子孙积善行德。如张永明《家训》：

> 《易》曰："积善之家，必有余庆。积不善之家，必有余殃。"《易》六十四卦，凡事不言，必独于积善积不善以必字断之，以其感之必应也。夫有阴德者，必有阳报；有隐行者，必有昭名。此诚天地不易之理。盖人有一二善，未必便有善报；人有一二恶，未必便有恶报。然今日作一善，明日作一善，积之不已，人钦神佑，福庆必来。今日作一不善，明日作一不善，

---

① 高攀龙：《高子遗书》卷十，《文渊阁四库全书》第 1292 册，第 644、646 页。
② 《四库未收书辑刊》第 6 辑第 12 册，第 744 页。

积之不已，人怨神怒，祸殃必至。故圣人系易又申之曰："善不
积，不足以成名；恶不积，不足以灭身。成名即庆也，灭身即
殃也。"岂惟身名已哉，《易》之所谓余者，言其殃庆尚及子孙
也，可不畏哉？①

张永明认为积善即是积阴德，有阴德必有阳报，有隐行必有昭名，
善行到了一定程度必然有福庆，而恶行到一定时候也必然会有余殃。
陈继儒《安得长者言》亦曰："一念之善，吉神随之；一念之恶，
厉鬼随之。知此可以役使鬼神。"② 陈继儒也强调了善恶的因果报应。
善恶对立，在强调积善的重要性时，家训还强调"去恶"，尤其
是往往易为人们所忽视的"小恶"。如陈确《示儿帖》曰：

小善小恶，最易忽略。凡人日用云为小小害道，自谓无妨。
不知此"无妨"二字种祸最毒。今之自暴自弃，下愚不肖，总
只此"无妨"二字，不知不觉，积成大恶。故古之君子，克勤
小物，非是务小遗大。盖小者犹不可忽，况大事乎！二子皆有
为善之姿与为善之心，但自是之病未除。是已则非人，种毒非
小。又气质粗浮，忽略微细，故为三复昭烈之言。《易》曰：
"小人以小善为无益而弗为也，以小恶为无伤而弗去也，故恶积
而不可掩，罪大而不可解。"每读《易》至此，未尝不惊魂动
魄，心胆堕地也。二子毋易吾言，戒谨恐惧，庶几寡过。慎小
之道，悉数之，虽优优三千，未能终物；举其大指，不过言行

---

① 张永明：《张庄僖文集》卷五，《文渊阁四库全书》第 1277 册，第 384 页。
② 《丛书集成初编》第 375 册，第 2 页。

两端。慎之又慎，犹多错误，况一不慎，事何可言！克己让人，苟全性命，何独下士处乱世之法，虽躬上圣而逢熙世，何独不然。惟氓之蚩蚩，罔知畏惧耳。①

陈确认为小善小恶最易为人们所忽略，恶行在人们不知不觉中就会由小变大，最终酿成大错，所以修身对小恶无须防微杜渐，慎之又慎。

　　道德为先的修身教化，除了泛化训诫修德积善外，对于一些具体的道德品质也有明确的训诫。如袁采《袁氏世范》强调"人贵忠信笃敬"，其曰："言忠信，行笃敬，乃圣人教人取重于乡曲之术。盖财物交加，不损人而益己，患难之际，不妨人而利己，所谓忠也。不所许诺，纤毫必偿，有所期约，时刻不易，所谓信也。处事近厚，处心诚实，所谓笃也。礼貌卑下，言辞谦恭，所谓敬也。若能行此，非惟取重于乡曲，则亦无人而不自得。然敬之一事，于己无损，世人颇能行之，而矫饰假伪，其中心则轻薄，是能敬而不能笃者，君子指为谀佞，乡人久亦不归重也。"② 所谓忠信笃敬，就是忠诚谦恭，诚信为人，表里如一。张履祥《示儿》亦指出："忠信笃敬，是一生做人根本。若子弟在家庭不敬信父兄，在学堂不敬信师友，欺诈傲慢，习以性成，望其读书明义理，向后长进难矣。"③ 忠信笃诚是儒家伦理道德最为重要的内涵之一。《易经·文言》早已提出，其曰："君子进德修业。忠信，所以进德也，修辞以立其诚，所以居业也。"

---

① 陈确：《陈确集》卷一六，第389—390页。
② 袁采：《袁氏世范》，第68页。
③ 张履祥著，陈祖武校点：《杨园先生全集》卷一四，第442页。

又如张永明《家训》曰："男子立身天地间，以孝弟忠信礼义廉耻八字，朝夕体认，实践躬行，万善百行，皆从此出。如农夫力田，下了谷种，则禾苗发生，自然秀实。人能全此八者，出则为朝廷之良臣，处则为乡邦之贤士，即至贫极贱亦不失为畎亩之善民。何施不当，何用不臧哉？其他智术权谋行险徼幸，纵获利益取快目前，实丛怨之府，基祸之媒也。吾子孙其勉之，戒之！"① 孝悌忠信，礼义廉耻，这八字是儒家伦理道德的重要文化内涵，也是家训关于修身教化的具指内涵。姚舜牧《药言》亦指出："孝悌忠信，礼义廉耻，此八字是八个柱子。有八柱始能成宇，有八字始能成人。"② 王师晋《资敬堂家训》亦曰："必也教之孝悌忠信，礼义廉耻，以植其基，济人利物以广其量，庶几上格天心，稍可悠久。后之人能世世知是，所谓世德传家者即此矣。"③ 这些家训都强调了孝悌忠信、礼义廉耻八字对于修身成人的重要教化作用。

此外，安贫去欲也是重要的道德品质。如支大伦《酌家训》曰："夫情欲无涯而分有涯，声利难必而德可必，天道恶盈，鬼神害盈，况横目之民哉？吾家世书生，无百金之蓄，衣仅御寒，食仅充饥，屋庐仅蔽风雨，仕官仅免徭隶，婚娶勿贪富贵，奴婢才足使令，常守清白家风，自有意趣。眼见近世大家，旦夸门市，夕已张罗，昨侈轻肥，今成饿莩者，何啻一二？由其嗜贵而不知贱，倚富而暗于

---

① 张永明：《张庄僖文集》卷五，《文渊阁四库全书》第 1277 册，第 378 页。
② 《丛书集成初编》第 976 册，第 1 页。
③ 《丛书集成续编》（沪版）第 78 册，第 589 页。

贫也。"① 又如陈其德《垂训朴语》："利欲二字如张天纲，贪求一途如铁门关。在网中能轻身跃出，在关中能劈头打开，非有真精神大力量者，不能也。宜以此自当。"②

由于道德为先是修身教化的重要文化内涵，在涉及"才"与"德"的取舍时，往往舍"才"取"德"。如高攀龙《家训》："不可专取人之才，当以忠信为本。自古君子为小人所惑，皆是取其才，小人未有无才者。"③ 君子有德有才，而小人无德有才，凭"才"而取舍，必然为小人所迷惑。

对于为何要重视道德为先的修身教化，袁采《袁氏世范》从"性有所偏在救失"的角度进行阐释。其曰："人之德性出于天资者，各有所偏。君子知其有所偏，故以其所习为而补之，则为全德之人。常人不自知其偏，以其所偏而直情径行，故多失。《书》言九德，所谓宽、柔、愿、乱、扰、直、简、刚、强者，天资也；所谓栗、立、恭、敬、毅、温、廉、塞、义者，习为也。此圣贤之所以为圣贤也。"④ 人性先天就有所偏失，只有通后天的学习为才能达到"全德"，成圣成贤。这正是理学家关于修身养性的思想在家训中的运用和教化。

---

① 支大伦：《支华平先生集》卷三六，《四库全书存目丛书·集部》第 162 册，第 421 页。
② 《四库全书存目丛书·子部》第 94 册，第 399 页。
③ 高攀龙：《高子遗书》卷十，《文渊阁四库全书》第 1292 册，第 644 页。
④ 袁采：《袁氏世范》，第 65 页。

第二节　读书躬行的治学观念

读书治学是古代家训中关于立人教育的重要内容。方孝孺《宗仪》曰：“学者，君子之先务也。不知为人之道，不可以为人。不知为下之道，不可以事上。不知居上之道，不可以为政。欲达是三者，舍学而何以哉！故学，将以学为人也，将以学事人也，将以学治人也。将以矫偏邪而复于正也。人之资不能无失，犹鉴之或昏，弓之或枉，丝之或紊。苟非循而理之，檠而直之，莹而拭之，虽至美不适于用，乌可不学乎？”① 治学是君子之先务，学然后可以为人，学然后可以事人，学然后可以治人，读书治学对于推动人生成长具有极为重要的作用和意义。鉴于此，徐学周《檇李徐翼所公家训》训诫子孙勿断书香家脉，其曰：“人不读书，禽兽何异。读不识字，不读何异。鹿鸣琼林，象贤国器，一脉书香，慎勿使坠。”②

读书治学首先要立志，非志无以成学，只有立下坚定的志向，读书治学才有可能取得成效和成功，可以说立志是成才的根本，是治学的基础。姚舜牧《药言》曰：“凡人须先立志，志不先立，一生通是虚浮。如何可以任得事？老当益壮，贫且益坚，是立志之说也。”③ 没有志向，一生都是虚浮，浑浑噩噩，虚度光阴。王阳明《示弟立志说》亦曰：“夫学莫先于立志。志之不立，犹不种其根而

---

① 方孝孺著，徐光大校点：《逊志斋集》卷一，第 45 页。
② 《明董其昌行书徐公家训碑》，陕西人民出版社 2009 年版，第 37—39 页。
③ 《丛书集成初编》第 976 册，第 15 页。

徒事培拥灌溉，劳苦无成矣。世之所以因循苟且，随俗习非，而卒归于污下者，凡以志之弗立也。"① 志向就是治学之根，因循苟且者，随俗习非者，其原因就在于缺乏立志。因此王阳明反复申说如何立志，其曰：

> 夫志，气之帅也，人之命也，木之根也，水之源也。源不濬则流息，根不植则木枯，命不续则人死，志不立则气昏。是以君子之学，无时无处而不以立志为事。正目而视之，无他见也；倾耳而听之，无他闻也。如猫捕鼠，如鸡覆卵，精神心思凝聚融结，而不知有其他。然后此志常立，神气精明，义理昭著。一有私欲，即便知觉，自然容住不得矣。故凡一毫私欲之萌，只责此志不立，即私欲便退；听一毫客气之动，只责此志不立，即客气便消除。或怠心生，责此志，即不怠；忽心生，责此志，即不忽；燥心生，责此志，即不燥；妒心生，责此志，即不妒；忿心生，责此志，即不忿；贪心生，责此志，即不贪；傲心生，责此志，即不傲；吝心生，责此志，即不吝。盖无一息而非立志责志之时，无一事而非立志责志之地。故责志之功，其于去人欲，有如烈火之燎毛，太阳一出，而魍魉潜消也。②

王阳明认为立志要持之以恒，要心无旁骛，聚精会神，摈弃一切私心杂念，只有这样才能实现自己所立志向，使理想得以实现。

---

① 王守仁撰，吴光等编校：《王阳明全集》（第1册），上海古籍出版社2014年版，第289页。

② 同上书，第290页。

清人张习孔《家训》曰："贫莫贫于无才，贱莫贱于无志。"①立志对于读书治学具有重要意义，但志向有大有小。张履祥《初学备忘》曰："大凡为学，先须立志，志大而大，志小而小。有有志而不遂者矣，未有无志而有成者也。立志之道，先须辨别何者是上等人所为，何者是下等人所为，我所愿学者是何等样人，我所不屑为者是何等样人。"② 大者志在圣贤，小者则功名富贵。如王师晋《资敬堂家训》曰："读书一道，人人志在显扬，文字必须博大昌明、高华名贵，其功却自简练揣摩得来。然尤重者，须志在圣贤。暗室屋漏之中，有神明也。常存先圣先贤之志，诵读之下宜反诸身心。何者可以企及之，何者可以则效之。力量有余，留心经济之书。兵政、河渠、钱漕、法律皆宜详悉。为通儒之学，不可以文章、诗赋蔚然可观，遂侈然自足。"③

一般来说，家训教化者希望自己的家族子孙能够通过读书来获得功名富贵，但同时更注重以成圣成贤为目标，要求其子孙通过读书来修身养性，培养健康的人格特征和高尚的道德品质。如何伦《何氏家训》曰：

功名富贵固自读书中来，然必待天与之方可得，岂人力之所能为？苟人力可为，官将布满宇内矣。吾尝见人家子弟不读书则已，一读书就以富贵功名为急，百计营求，无所不至，求之愈急，其事愈坏。缘此而辱身破家者多矣。至于自己性分内

---

① 张潮辑：《檀几丛书》卷一八，《丛书集成续编》第60册，第595页。
② 张履祥著，陈祖武点校：《杨园先生全集》卷三七，第990页。
③ 《丙子丛编》，《丛书集成续编》（沪版）第78册，第584页。

有所当求者，反不能求，惜哉！吾人各要揣己力量，以安义命，不得越理妄求。今后可读书者，晓窗夜檠，优游涵养，以俟乎天，将功名富贵四字置诸度外，只将孝弟忠信四字时时存省。苟能表帅乡里，教道子侄，有礼有恩，上下和睦，使强者不得肆，弱者得以伸，只此就是治道，何必入仕然后谓之能行！不能读书者，安心生理，顾管家事，能帮给束修薪火之资，使读书者得以专心向学，倘或成就一个好人，不惟于合族有光，亦不负父母之心。只此就是孝义，何必读书然后谓之能知！①

何伦指出功名富贵自然是自读书中来，但读书不能光以功名富贵为急而百计营求，无所不至，读书真正目的在于修身养性，心存孝悌忠信，成就"一个好人！"

朱柏庐《劝言》亦曰："读书须先论其人，次论其法。所谓'法'者，不但记其章句，而当求其义理。所谓'人'者，不但中举人进士要读书，做好人尤要读书。中举人进士之读书，未尝不求义理，而其重，究竟只在章句。做好人之读书，未尝不解章句，而其重，究竟只在义理。先儒谓今人不会读书，如读《论语》，未读时，是此等人，读了后，只是此等人，便是不曾读。此教人读书识义理之道也。要知圣贤之书，不为后世中举人进士而设，是教千万世做好人乃至大圣大贤。所以读一句书，便要反之于身，我能如是否。做一件事，便要合之于书，古人是如何，此才是读书。若只浮

---

① 张文嘉辑：《重定齐家宝要》，《四库全书存目丛书·经部》第 115 册，第 666 页。

浮泛泛，胸中记得几句古书，出口说得几句雅话，未足为佳也。"①
朱柏庐认为中进士要读书，做好人也要读书，但读书主要是为了做
好人，因为圣贤之书不是为后世中举人进士而设，而是教千万世做
好人乃至大圣大贤。

　　至于所读之书，主要是经史书籍。如吴麟征《家诫要言》曰：
"士人贵经世，经史最宜熟，工夫逐段作去，庶几有成。"② 焦循
《里堂家训》则曰："经学如天阳道也，史学如地阴道也。终古此
《诗》《书》《易》《礼》《春秋》，而其义千变万化，阐之不尽，寻
之不竭。自两汉以来，二千余年说经之人千百家，或相师承，或相
驳难。各竭一人之精力，以为得定解矣。久之，又竭一人之精力，
而前之定解又复不定。寒往则暑来，日往则月来，循环无端，而神
妙不测。故学经者，博览众说而自得其性灵上也，执于一家而私之
以废百家，惟陈言之先入，而不能自出其性灵下也。史学惟求其事
之实，而不诬其书既定无复可移矣。"③ 经学如天阳道，史学如地阴
道，所以经史最宜熟。其中经学尤为家训教化者所重视。如朱柏庐
《劝言》："若能兼通《六经》及《性理》《纲目》《大学》《衍义》
诸书，固为上等学者。不然者，亦只是朴朴实实，将《孝经》《小
学》《四书》本注，置在案头，尝自读，教子弟读，即身体而力行
之。难道不成就好人，难道不称为自好之士？究竟实能读书，精通
义理，世间举人进士，舍此而谁？不在其身，必在其子孙。"④ 也有

────────────

① 陈宏谋辑：《五种遗规·训俗遗规》卷三，第259页。
② 《丛书集成新编》第33册，第187页。
③ 《丛书集成续编》（台版）第60册，第669—670页。
④ 陈宏谋辑：《五种遗规·训俗遗规》卷三，第260页。

倡导经史子集皆宜涉猎者。如郑板桥《潍县署中谕麟儿》曰："凡经史子集，皆宜涉猎，但须看全一种，再易他种，切不可东抓西拉，任意翻阅，徒耗光阴，毫无一得。"① 其他书籍则多被禁止，特别是小说戏剧等俗文学。如朱柏庐《劝言》曰："尝见人家几案间摆列小说杂剧，此最自误，并误子弟，亟宜焚弃。人家有此等书，便为不祥，即诗词歌赋，亦属缓事。"② 又如郑板桥《潍县署中谕麟儿》亦曰："惟无益之小说与弹词，不宜寓目，观之非徒无益，并有害处也。"③

对于读书方法，古代家训谈论得颇为详细，既有针对经史特定对象的读书法，也有一般性的读书原则。

经史读法如汪惟宪《寒灯絮语》所训，其曰："王淑士先生（志坚），昆山人，官湖广提学，其读书最有法。先经而后史，先史而后子集。其读经先笺疏而后辨论，读史先证据而后发明，读子则谓唐以后无子，当取说家之有神经史者以补子之不足，读集则定秦汉以后文为五编。尤用意于唐宋诸家碑志，援据史传，采摭小说，以参核其事之同异、文之纯驳。"④ 汪惟宪引昆山王志坚读书法，指出先经后史，先史后子集，而经史子集又各有不同的读法。

对于一般性的读书原则，古代家训涉及得较多，概而言之有六条。

---

① 李金旺主编：《郑板桥家书》，外文出版社 2013 年版，第 229 页。
② 陈宏谋辑：《五种遗规·训俗遗规》卷三，259 页。
③ 李金旺主编：《郑板桥家书》，第 243 页。
④ 汪惟宪：《积山先生遗集》卷十，《四库未收书辑刊》第 9 辑第 26 册，北京出版社 1997 年版，第 820 页。

一是循序渐进。如陆陇其《示三儿宸徵》曰："汝读书要用心，又不可性急。'熟读精思，循序渐进'，此八个字，朱子教人读书法也，当谨守之。"① 朱熹所论"循序渐进"法是："以二书言之，则通一书而后及一书。以一书言之，篇章字句，首尾次第，亦各有序而不可乱，量力所至而谨守之。字求其训，句索其旨，未得乎前，不敢求乎后。未通乎此，不敢志乎彼。如是则志定理明，而无疏易陵躐之患矣。若奔程趁限，一向趱着了，则看犹不看也。"② 所谓循序渐进法，是先通一书后及他书，一书当中，由字及句，再到篇章。

二是精专熟读。这又涉及两个方面，一方面是贵精不贵博，另一方面是贵熟不贵速。所谓贵精不贵博，是指读书要先求精而不是求博。如陈其德《垂训朴语》曰："学贵精不贵博，精则左宜右有，触处即得；若博而不精，譬如牙行百货俱积，终非已有耳。"③ 精乃自己所得，博则往往不精，终非自己所有。汪惟宪《寒灯絮语》曰："古人读书贵精不贵多，非不事多也。积少以至多，则虽多而不褛，可无遗忘之患。此其道如长日之加益而人颇不觉也，是故由少而多而精在其中矣。一言以蔽之曰：无间断，间断之害甚于不学。"④ 汪惟宪认为贵精不贵博，不是反对博取，而是要遵循积少成多的渐进原则，这样所学知识才能真正成为自己的东西。所谓贵熟不贵速，是指读书要求熟读而不是速读。如何伦《何氏家训》曰："读书以

① 陆陇其：《三鱼堂文集》卷六，《文渊阁四库全书》第1325册，第91页。
② 程端礼：《朱子读书法》，《五种遗规·养正遗规》卷下，《续修四库全书》第951册，第18页。
③ 《四库全书存目丛书·子部》第94册，第396页。
④ 汪惟宪：《积山先生遗集》卷十，《四库未收书辑刊》第9辑第26册，第800页。

百遍为度，务要反复熟嚼，方使味出。使其言皆若出于吾之口，使其意皆若出于吾之心，融会贯通，然后为得。如未精熟，再加百遍可也。仍要时时温习，若功夫未到，先自背诵，含糊强记，终是认字不真，见理不透，徒敝精神，无益学问。"① 熟读乃能精专和融会贯通。陆陇其《示大儿定征》亦曰："读书必以精熟为贵。我前见你读《诗经》《礼记》，皆不能成诵。圣贤经传与滥时文不同，岂可如此草草读过！此皆欲速而不精之故。欲速是读书第一大病，工夫只在绵密不间断，不在速也。能不间断，则一日所读虽不多，日积月累，自然充足。若刻刻欲速，则刻刻做潦草工夫，此终身不能成功之道也。"② 陆陇其同样倡导熟读，反对速读。冯班《家戒》也认为速读虽勤却劳而无益，其曰："开卷疾读，日得数十卷，至老死不懈，可曰勤矣，然而无益。此有说也：疾读、则思之不审；一读而止，则不能识忆其文，虽勤读书，如不读也。读书勿求多，岁月既积，卷帙自富。经史大书，只一遍读亦不尽。"③

三是持之以恒。如汪惟宪《寒灯絮语》曰："观大部书，须细心，须耐久。伊川先生每读史到一半，便卷卷思其成败，然后再看有不合处，又更思之。此耐久而细心也。司马温公自言：'吾为《资治通鉴》，人多欲求观读，未终一纸，已欠伸思睡，能阅终篇者，惟王胜之。'此大概不耐久，而其不肯细心尤可见也。"④ 所谓耐久，即是持之以恒，观大部书尤需如此。又如王师晋《资敬堂家训》曰：

---

① 张文嘉辑：《重定齐家宝要》，《四库全书存目丛书·经部》第 115 册，第 666 页。
② 陆陇其：《三鱼堂文集》卷六，《文渊阁四库全书》第 1325 册，第 84 页。
③ 冯班：《纯吟杂录》卷一，第 32 页。
④ 汪惟宪：《积山先生遗集》卷十，《四库未收书辑刊》第 9 辑第 26 册，第 801 页。

"为学之道，须要有专心，有恒心，有勇心，有纯一不已之心，方能成就一大器。何为专心？如读《论语》，细加融会，不知《论语》外又有书。读他经亦然，方能读一经得一经之益。何为恒心？为学之要如织机，然积缕成丝，积丝成寸，积寸成尺，积尺以成丈匹。此贤母训子之语，实千古为学之定则。若半途而废，如绢止半匹，不能成功。何为勇心？舜人也，我亦人也。古之人功德被天下，遗泽及后世，只此一点，自强不息之心，便做到圣贤地步。故为学须以古人为法则，所谓'学如不及，犹恐失之者也'。何为纯一不息之心？人之为学，须如川之流，不舍昼夜。如天之健，运行不息。如日月之代明，不分晦朔。人生自少壮以至于老，无一非学之境，无一非学之时。厄穷当学，显达当学。"① 持之以恒就是不能半途而废，要专心致志，要勇往直前，要不舍昼夜。

四是虚心涵泳。如张履祥《初学备忘》曰："学问之道，惟虚受最有益。譬之一器，虚则凡物皆能入之，若先置一物于中，更何物能入？《易·咸卦》之象曰：'山上有泽，咸，君子以虚受人。'山至高也，泽至卑也，以至高者乃处至卑之下，可谓虚矣，虚故能受也。（自注云：《易》象正解，是以虚而通）若山下有泽，则为损矣。舜，大圣人也，而曰：'舍己从人。'颜渊，大贤人也，而曰：'以能问于不能，以多问于寡，有若无，实若虚。'而况吾人本庸愚之流乎？然非诚有歉然不足之心，惟恐人之告之有所不尽，终亦不能相入。若有一毫自足自是之见存于胸中，则声音笑貌之际，已有

---

① 《丛书集成续编》（沪版）第78册，第584—585页。

形之而不能隐老矣。此亦孟子所谓'拒人于千里之外'者也，最是学者大患。《说命》曰'惟学逊志'，未有不逊于志，而能长益者也。医家亦以中满为难治之疾，盖膏粱药石俱不能进，则死亡无日矣。"① 虚心才能不断地学习新知识，否则就会骄傲自满。对于自满者，陈其德《垂训朴语》作了批评，其曰："古人十分读书，只完善得一身；今人未曾读得几分书，便觉意气扬扬。可鄙！可笑！"②

五是切己体察。如郑晓《训子语》曰："学非记诵云尔，当究事所以然，融于心目，如身亲履之。南阳一出即相，淮阴一出即将，果盖世雄才，皆是平时所学，志士读书当知此。不然，世之能读书能文章不善做官做人者最多也。"③ 读书绝不能只从纸面上读来，而应当把自己置身于其中，用心去体验和感悟，否则就是读死书。又如陆陇其《示三儿宸征》曰："古人教人读书，是欲其将圣贤言语身体力行，非欲其空读也。凡日间一言一动，须自省察，曰：'此合于圣贤之言乎？不合于圣贤之言乎？'苟有不合，须痛自改易。如此方是真读书人。至若《左传》一书，其中有好、不好两样人在内，读时须要分别。见一好人，须起爱慕的念，我必欲学他；见一不好的人，须起疾恶的念，我断不可学他。如此方是真读《左传》的人。这便是学圣贤工夫。汝能如此，吾心方喜欢。勉之，勉之。"④ 陆陇其也十分强调读书要切己体察，不断反省自己。

六是躬行践履。所谓躬行践履，是指读书要做到身体力行，知

---

① 张履祥著，陈祖武点校：《杨园先生全集》卷三七，第 999—1000 页。
② 《四库全书存目丛书·子部》第 94 册，第 396 页。
③ 李诩：《戒庵老人漫笔》卷八，中华书局 1982 年版，第 352 页。
④ 陆陇其：《三鱼堂文集》卷六，《文渊阁四库全书》第 1325 册，第 91 页。

行合一。如陈确《书示两儿》曰："读书不能身体力行，便是不曾读书。"① 又如金敞《家训纪要》曰："看圣贤书，不实求之于践履，则书终与我无与。故有读书到老，只是故吾者，殊可痛惜。吾今望汝读书之意，汝既知之，当思所以去汝故吾之法，即此便是孝也。"② 陆陇其《示大儿定徵》曰："读书做人，不是两件事。将所读之书，句句体贴到自己身上来，便是做人的法，如此，方叫得能读书人。若不将来身上理会，则读书自读书，做人自做人，只算做不曾读书的人。"③ 这些家训都强调读书要做到躬行践履。

古代家训虽然提出了很多种读书方法，但总体上不离朱熹关于读书法的论述。程端礼《朱子读书法》曾对朱熹的读书法进行了总结，并将其概括为六条，即循序渐进、熟读精思、虚心涵泳、切己体察、著紧用力和居敬持志。

此外，家训中关于治学的论述，还十分重视读书的经世致用性。如汪辉祖《双节堂庸训》提出"读书以有用为贵"，其曰："所贵于读书者，期应世经务也。有等嗜古之士，于世务一无分晓。高谈往古，务为淹雅。不但任之以事，一无所济；至父母号寒，妻子啼饥，亦不一顾。不知通人云者，以通解情理，可以引经制事。季康子问从政，子曰：'赐也达，于从政乎何有？'达即通之谓也。不则迂阔而无当于经济，诵《诗三百》虽多，亦奚以为？世何赖此两脚书橱耶！"④ 汪辉祖认为读书不能致用，虽多何益？陈其德在《垂训朴

---

① 陈确：《陈确集》卷一六，第384页。
② 张伯行辑：《课子随笔钞》卷三，《丛书集成续编》（台版）第61册，第56页。
③ 陆陇其：《三鱼堂文集》卷六，《文渊阁四库全书》第1325册，第84页。
④ 汪辉祖：《双节堂庸训》，第154页。

语》中提出了读书人在不同人生阶段有不同的经世要求。其曰："读书人未仕，当为名教攸关之人；既仕，当为君民倚赖之人；致仕，当为乡国推重之人。方不愧读书二字之意。若以为梯荣媒利之资，非其旨矣。"① 冯班《家戒》则对读书不能致用者进行了激烈的批评。其曰："诵农、黄之书，用以杀人，人知为庸医也；诵周孔之书，用以祸天下，而不以为庸儒，我不知何说也。庸儒者，非孔子之徒也，不惟一时祸天下，又使后世之人不信圣人之道。"②

　　总之，古代家训十分重视读书治学的训诫和教化，对于治学的基础、目的、内容和方法等方面都有所涉及，而尤对治学方法的教化最多。

第三节　多元共生的治生观念

　　人除了修身养性外，还得有基本生存能力，有了基本生存保障才能更好地进行修身养性。所谓"仓廪实而知礼节"，即是强调了生存对于修身的重要性。因此，江南家训的立人教化，除了修身和治学教育外，治生也是重要的教化内容。叶梦得《石林治生家训要略》曰："人之为人，生而已矣。人不治生，是苦其生也，是拂其生也，何以生为？自古圣贤，以禹治水，稷之播种，皋之明刑，无非以治民生也。民之生急欲治之，岂己之生而不欲治乎？若曰圣贤不治生，而惟以治民之生，是从井可以救人，而摩顶放踵，利天下亦为之矣，

---

①　《四库全书存目丛书·子部》第 94 册，第 397 页。
②　冯班：《钝吟杂录》卷一，第 5 页。

非圣贤之概也。"① 叶梦得认为治生是人之为人的基本生存条件，自古圣贤皆如此，若圣贤不治生，治民之生又从何谈起！治生不但是人的基本生存能力，而且为人的修身养性提供了必要的社会条件。焦循《里堂家训》曰："儒者以治生为要，一切不善，多由于贫。至于贫而能坚守不失，非有大学问不能，莫如未穷时先防其穷。……不甘其饿，则有不能自守者矣。故欲自守者，必先筹其不至于饿也。"② 焦循意识到贫穷往往难于坚持操守，因此儒者必须以治生为要，于未穷时先防其穷。所以，治生与读书、修身是统一的，而不是矛盾的。《节孝家训述》曰："介告母曰：'古人治生为急；一读书，生事毕矣。'母曰：'士农工商，各执一业，各人各治所生，读书便是生活。'"③ 读书便是生活，读书便是治生，两者合而为一，而不是对立的。陈确也指出："学问之道，无他奇异，有国者守其国，有家者守其家，士守其身，如是而已。所谓身，非一身也。凡父母兄弟妻子之身，仰事俯育，决不可责之他人，则勤俭治生洵是学人本事。""唯真志于学者，则必能读书，必能治生。天下岂有白丁圣贤、败子圣贤哉！岂有学为圣贤之人而父母妻子之弗能养，而待养于人者哉！"④ 陈确认为真正的志于学者，读书与治生是不相矛盾的，治生不仅是基本生存能力，而且有利于推动修身养性，更能坚持个人的品德和操守。所以《节孝家训述》强调"治生是要紧事"。⑤

---

① 《丛书集成续编》（台版）第 60 册，第 497 页。
② 同上书，第 659 页。
③ 温璜：《温宝忠先生遗稿》，《四库禁毁书丛刊·集部》第 83 册，第 452 页。
④ 陈确：《学者以治生为本论》，《陈确集》卷五，第 158、159 页。
⑤ 温璜：《温宝忠先生遗稿》，《四库禁毁书丛刊·集部》第 83 册，第 453 页。

　　江南家训的治生教化主要倡导多元共生的思想观念，认为士农工商各有生理，勤于持业均可治生，同时也列举了一些治生禁忌。

　　其一，各安生理。

　　古人治生通常是以士、农、工、商四种形式为主导，江南家训对于这四种治生形式都有程度不同的认可。如项乔《项氏家训》提出"各安生理"的训诫，其曰：

　　　　怎的是各安生理？生理便是活计，若读书举业，士之生理也；耕种田地，农之生理也；造作器用，工之生理也；出外经营、坐家买卖，商之生理也。若无资质、无产业、无本钱、不谙匠作，甚至与人佣工挑担，亦是生理。惟是懒惰飘荡、游手好闲、为僧为道、为流民光棍、身名无藉之徒，便是不安生理。不安生理而能偷生于天地间者，无此理也。果能各安生理，也不能陵夺、不相假借，人人自有生民之乐矣。圣祖教民以此者，欲使民志定而礼义行也。请我族众大家遵守。①

生理便是活计，不同社会身份的人们需要将其分内的活计做好，求得生存能力、生活物质和社会地位，此便是各安生理。相反，那些"懒惰飘荡、游手好闲、为僧为道、为流民光棍、身名无藉之徒，便是不安生理"者。又如焦循《里堂家训》曰："子弟必使之有业，士农工商四者皆可为。若不为此，则闲民矣。闲民而后无所入，无所入则饿，饿则无所不为。四民之中，执其一业，岁必有所入，有

――――――――――――

　　① 项乔撰，方长山、魏得良点校：《项乔集》，第515页。

所入而量以为出，可不饿矣。"① 焦循也认为士农工商四者皆可为，四者都能获得生存所需。

虽然四民各有生理，但四民以士为首，以耕读为上。如叶梦得《石林治生家训要略》曰："出作入息，农之治生也；居肆成事，工之治生也；贸迁有无，商之治生也；膏油继晷，士之治生也。然士为四民之首，尤当砥砺表率，效古人，体天地，育万物之志，今一生不能治，何云大丈夫哉！"② 叶梦得认为四民各有不同的治生形式，但"士为四民之首，尤当砥砺表率"。又如姚舜牧《药言》曰："人须各务一职业，第一品格是读书，第一本等是务农。外此为工为商，皆可以治生，可以定志，终身可免于祸患。惟游手放闲，便要走到非僻处所去，自罹于法网，大是可畏。劝我后人，毋为游手，毋交游手，毋收养游手之徒。"③ 姚舜牧认为人须各务一职业以求治生，但职业选择上当以读书为首，以务农为本。金敞《宗约》亦曰："凡人无一定之恒业，自必亲非类之朋，习为邪僻之事。故成家立训者，必以恒业为先务也。恒业，耕读为上，商贾次之，工技又次之。要得一业，足以治生，自守以终老，不作非分之想，为乡里善人足矣。"④ 金敞对治生之"恒业"以先后顺序排列，认为耕读为上，商贾次之，工技又次之。

由此可知，江南家训的治生观念具有丰富的多样性和高度的包容性。但也有个别家训的治生观念显得较为保守、固守职业的尊卑

---

① 《丛书集成续编》（台版）第60册，第659页。
② 同上书，第497页。
③ 《丛书集成初编》第976册，第5页。
④ 张伯行辑：《课子随笔钞》卷三，《丛书集成续编》（台版）第61册，第58页。

等级概念。如张履祥《训子语》曰："人须有恒业，无恒业之人，始于丧其本心，终至丧其身。然择术不可不慎，除耕读二事，无一可为者。商贾近利，易坏心术；工技役于人，近贱；医卜之类，又下工商一等；下此益贱，更无可言者矣。"① 张履祥认为除耕读外，其他治生方式无一可为，是较为极端的治生观念。

四民治生不仅仅是个人的生存问题，还牵涉一个人出处进退的社会问题。如何伦《何氏家规》曰：

> 人生天地间，智愚贤不肖，固有不齐，或出或处，或进或退，要当皆以古人为鉴，斯无咎矣。昔伊尹、傅说、吕望、孔明之处也，一耕于有莘之野，一佣于版筑之间，一垂钓渭滨，一高卧南阳。此四公者，不出则寥寥无闻，一出则立业建功，以安天下。向非天子梦卜求而用之，终于农工渔隐之流而已，何尝急急自出，抑何尝以农工渔隐之事为卑鄙而不为也？今人知出而不知处，知进而不知退。凡读书不遂，即鄙农工商贾之事，而不屑为，所以有济世之才，而无资生之策者，多矣。如张齐贤以布衣而条当世之务，艺祖留之以相太宗；范仲淹以秀才而怀天下之忧，君子称之为分内事。今初学之士，就欲妄事，希觊干求，岂二公之俦耶？又留侯、疏广，功成身退，知止知足，成万世之美名。今之既明且哲，以保其身者几人？吾人能知此四事，于所行所止之间，审己量时，见机而作，则庶乎免

---

① 张履祥著，陈祖武点校：《杨园先生全集》，第 1352 页。

夫失身之患。①

何伦认为士农工商既是人的治生方式，同时也是出处进退的不同社会追求，选择不同治生方式不仅是为了获取生存物质，同时也是为了寻找适合自己的社会身份。人要懂得在出处进退间作出不同选择，使自己的身份与社会地位相符合，以免遭"失身之患"，所以读书不遂就不应鄙视农工商贾之事，这样才能既有济世之才，又有资生之策。

业儒作为一种治生之术，尤为受到读书人的重视。如袁采《袁氏世范》曰："士大夫之子弟，苟无世禄可守，无常产可依，而欲为仰事俯育之资，莫如为儒。其才质之美，能习进士业者，上可以取科第致富贵，次可以开门教授，以受束修之奉。其不能习进士业者，上可以事笔札，代笺简之役，次可以习点读，为童蒙之师。"② 汪辉祖《双节堂庸训》亦曰："子弟非甚不才，不可不业儒。治儒业日讲古先道理，自能爱惜名义，不致流为败类。命运亨通，能由科第入仕固为美善；即命运否塞，藉翰墨糊口，其途尚广，其品尚重。故治儒业者，不特为从宦之阶，亦资治生之术。"③ 业儒既是一种治生之术，又可以取科第入仕，提升个人的社会地位，于个人而言，改变命运的机遇既多又广，有利于儒家圣贤理想的实现，因而尤为受到重视。

同样，张履祥只重视"耕读"而反对其他治生方式，也与他重

---

① 张文嘉辑：《重定齐家宝要》，《四库全书存目丛书·经部》第 115 册，第 666 页。
② 袁采：《袁氏世范》，第 105 页。
③ 汪辉祖：《双节堂庸训》，第 167 页。

视躬行践履的隐逸生活态度密切相关。《训子语》曰："耕与读又不可偏废，读而废耕，饥寒交至；耕而废读，礼义遂亡。又不可虚有其名而无其实，耕焉而田畴就芜，读焉而诗书义塞。故家子弟坐此通病，以至丧亡随之。古人耕必曰力耕，学必曰力学。天之生人，俱有心思智虑，俱有耳目手足，苟能尽力从事，何患恒心或失而世业弗永乎？"① "耕"可防饥寒，"读"可存礼义，"耕读"结合即能实现躬行践履的隐逸生活。

其二，持业要勤。

无论从事任何职业，都必须勤奋工作，才有可能获得生存所需的物质，家训中对于勤于职业多有教化。如叶梦得《石林治生家训要略》提出治生"要勤"，其曰："每日起早，凡生理所当为者，须及时为之，如机之发、鹰之波，顷刻不可迟也。若有因循，今日姑待明日，则费事损业，不觉不知，而家道日耗矣。且如芒种不种田，安能望有秋之多获？勤之不得不讲也。"② 叶梦得认为生理当及时为之，顷刻不可迟速，否则就会费事损业。又如张永明《家训》也认为天下之民应该力勤本业，其曰：

> 天下之民，各有本业。曰士，曰农，曰工，曰商。士勤于学业则可以取爵禄；农勤于田亩则可以聚稼穑；工勤于技巧则可以易衣食；商勤于贸易则可以积货财。此四者，皆人生之本业，苟能其一，则仰以事父母，俯以育妻子，而终身之事毕矣。

---

① 张履祥著，陈祖武点校：《杨园先生全集》，第1352页。
② 《丛书集成续编》（台版）第60册，第497页。

不能此四者，谓之浮浪游手之民，衣食之源无所从出，不为盗贼，必为流移。一旦陷于刑辟，小则鞭挞肌肤，大则编配绞斩，破荡家产，离弃骨肉。方此之时，欲为四民之业，何可得乎？[1]

张永明认为，士农工商，无论从事哪一行，都当勤奋对待，勤力必有收获，士可取爵禄，农可聚稼穑，工可易衣食，商可积货财。

所谓勤奋，除了要尽力外，还要尽道，即遵循相关的职业道德和社会规范。如何士晋《宗规》曰：

> 士农工商，所业虽不同，皆是本职。勤则职业修，惰则职业隳；修则父母妻子，仰事俯育有赖，隳则资身无策，不免讪笑于姻里。然所谓勤者，非徒尽力，实要尽道。如士者，则须先德行，次文艺，切毋因读书识字，舞弄文法，颠倒是非，造歌谣匿名帖。举监生员，不得出入公门，有玷行止，仕宦不得以贿败官，贻辱祖宗。农者，不得窃田木，纵牲畜作践，欺赖佃租。工者，不得作淫巧，售敝伪器什。商者，不得纨绔冶游，酒色浪费。[2]

何士晋认为治生者，不仅要尽力，还要尽道，为士者不得舞弄文墨，为农者不得窃取和作践田木，为工者"不得作淫巧"，为商者"不得纨绔冶游"。又如叶梦得《石林治生家训要略》曰："治生非必蝇营营逐逐，妄取于人之谓也。若利己妨人，非唯明有物议，幽有鬼

---

① 张永明：《张庄僖文集》卷五，《文渊阁四库全书》第 1277 册，第 383 页。
② 张文嘉辑：《重定齐家宝要》，《四库全书存目丛书·经部》第 115 册，第 670 页。

神，于心不安，况其祸有不可胜言者矣，此岂善治生欤？盖尝论古之人，诗书礼乐与凡义理养生之类，得以为圣为贤，实治生之最善者也。"① 叶梦得认为治生不应利己而妨人，而应义利兼顾。

与业勤密切相关的教化还有持久与专一。前者如叶梦得《石林治生家训要略》："昔东坡曰：'人能从容自守，十年之后，何事不成？'今后生汲于谋利者，方务于东，又驰于西。所为欲速则不达，见小利则大事不成。人之以此破家者多矣。故必先定吾规模，规模既定，由是朝夕念此，为此必欲得此，久之而势我集、利我归矣。故曰：'善始每难，善继有初，自宜有终。'"② 勤奋即持之以恒，而能够持之以恒在于不汲汲于谋利。后者如汪辉祖《双节堂庸训》提出"作事须专"，其曰："无论执何艺业，总要精力专注。盖专一有成，二三鲜效。凡事皆然。譬以千金资本专治一业，获息必夥。百分其本，以治百业，则不特无息，将并其本而失之。人之精力亦复犹是。"③ 勤奋也是对某种职业一种专注的表现。

其三，治生禁忌。

除了士农工商外，江南家训治生禁忌，明确规定不能从事某些行业。例如，姚舜牧《药言》曰："吾子孙但务耕读本业，切莫服役于衙门。但就实地生理，切莫奔利于江湖。衙门有刑法，江湖有风波，可畏哉。虽然，仕宦而舞文而行险，尤有甚于此者。"④ 张履

---

① 张文嘉辑：《重定齐家宝要》，《四库全书存目丛书·经部》第 115 册，第 497 页。
② 《丛书集成续编》（台版）第 60 册，第 498 页。
③ 汪辉祖：《双节堂庸训》，第 184—185 页。
④ 《丛书集成初编》第 976 册，第 6 页。

祥《训子语》曰："切不可流入倡优下贱，及市井罢棍、衙役里胥一路。"① 何士晋《宗规》曰："不得越四民之外，为僧道，为胥隶，为优戏，为椎屠宰。若赌博一事，近来相习成风，凡倾家荡产，招祸速寡，无不由此。犯者，宜会族众，送官惩治，不则罪坐房长。"② 这些家训对于衙役、胥隶、优戏、屠夫、僧道等职业都作了明确禁止，不允许其家族子孙从事这些职业。金敞《宗约》更是明令永禁者有五，其曰：

一、供役衙门，则丧心最易，造孽尤多，即或稍有名目，为一时权利所集，亦未有不旋被显祸，且贻后日子孙无穷之害者也。

二、投充营籍，气习渐染，自成凶类，长捐骨肉，委身锋镝，以刑戮为饭食，终俯仰之无赖，盖本亡命者之所为，而非良善所宜厕足之地也。

三、开场赌博，见人之财而思所以夺之，乃诱之使赌，此种心术已与劫夺等矣。又龥此荡败人之身家，戕贼人之子弟，祸根所结最深且远，故历来闻见，从未有以此而成家昌后者，讵可不急相痛戒哉。

四、屠宰物命，事极惨酷，报皆不爽，而所□甚钜。害不止于一身者，则尤莫如杀耕牛。盖牛之为功于人也甚大，人之杀其命以为利也亦甚微，而我之可以治生之途则又甚不一，何

① 张履祥著，陈祖武点校：《杨园先生全集》，第1351页。
② 张文嘉辑：《重定齐家宝要》，《四库全书存目丛书·经部》第115册，第670页。

苦偏杀其甚大之功之命，以博其甚微之利。且此亦每为官府所
禁犯之，则私固徒饱夫猾胥公，又无逃于刑宪，而地方自此又
每足以瀸致奸党，则贻患为尤不测。故业此者之果报，其惨毒
彰明多至不可胜纪念之，悚然所当世以为戒者也。

五、择术不正其大者，莫如刀笔，盖刀笔之杀人也，其伏
机最险，而流祸最烈，究其初，不过欲得一时之快意，或并以
此为得财之计耳，不知天之鉴视不爽，亦必以最险且烈者报之
于其身，以及其子孙，不可不畏也。其下者为拳棍习之，则多
陵侮人之心，又易与奸邪作缘。愚俗以为卫身，而不知其为杀
身之道也。

更下之为吹唱，妨正业而荡心志，故君子远之而勿听，况
又躬治之也。尽其精力，只足娱人，是优之渐也，有志者耻
之矣。

至于更有下流自甘者，若门皂等役若，倡优等行，鬻身而
为奴仆，若比匪而为窃盗，则永不许入祠与祭，终身不齿。而
倡与优，则谱削其名，余不削者，为欲存后人故也。①

金敞提出的治生禁忌有"供役衙门""投充营籍""开场赌博""屠
宰物命""择术不正其大者"；此外还有"门皂""倡优""奴仆"
"窃盗"，等等。这些都是治生者严禁所为的职业和行为，非恒业所
择者。

江南家训的治生教化，除了上述三点外，对于"四业"之外的

---

① 张伯行辑：《课子随笔钞》卷三，《丛书集成续编》（台版）第 61 册，第 58 页。

方技是否择习也有所训诫，有赞成者，也有反对者，其训诫的角度各有不同。赞成身怀薄技者，如冯班《将死之鸣》曰："余生于万历之季，当时士大夫子弟，举业之外，不得通一技，触事面墙，往往可笑。在今日岂得尔？语云：'家有千金，不如薄技在身。'一技足以养生也。但为之须恒，不恒则不成；学之须精，不精则无名。苟碌碌在千百人中，亦不可得食也。"① 冯班认为举业之外，当通一技，一技亦足以养生。又如姚舜牧《训后》曰："示子孙各守一艺，可以养家活口，足矣。"② 姚舜牧也是从治生角度赞成子孙各守一艺。也有反对者，如张履祥《训子语》曰："方技之中，惟医为不可少，要须平日择其术精而心良者，与之往还。若星命风水之徒，诞妄妖惑，空乱人意，甚者构成祸害，不可近也。子孙虽使饥寒，不可流为方技，败坏心术，卑贱人品。"③ 张履祥认为除医技外，其他方技均不可择，因为容易败坏心术，卑贱人品。汪辉祖《双节堂庸训》则认为习医也宜谨慎，其曰："医以活人为道，其功甚大。然天之寒燠异候；地之燥湿异宜；人之强弱异质。拘泥成方，杀人必多。非儒业精深，未易办此。以性命所寄，博衣食之资，何可不慎？"④ 汪辉祖认为习医关涉他人性命，不可不慎。大抵赞成者是出于治生的考虑，反对者则出于道德伦理或个体责任而言。

江南家训的治生观念具有较大的包容性和开放性，主要遵循了个体生存原则和儒家伦理原则，既能够满足个体生存的需要，又不

---

① 冯班：《钝吟杂录》卷十，第 135 页。
② 姚舜牧：《来恩堂草》卷一六，《四库禁毁书丛刊·集部》第 107 册，第 261 页。
③ 张履祥著，陈祖武点校：《杨园先生全集》，第 1074 页。
④ 汪辉祖：《双节堂庸训》，第 181 页。

违背儒家的义利思想。不过家训治生教化遵循的儒家义利思想相对于原初的儒家思想有所修正，原初儒家思想对于义利关系是完全对立的，如《论语·里仁》曰："君子喻于义，小人喻于利。"《汉书·董仲舒传》亦曰："正其谊不谋其利，明其道不计其功。"而江南家训的治生教化对于利益的追求是持肯定的态度，以满足个体和家庭成员的生存需要，同时也强调了"利"必须符合"义"的原则和要求，力求达到义利统一。

江南家训治生教化的文本内涵和文化特征的形成，有其特定的时空背景。从时间段来看，江南家训的奠基和繁荣是在宋代以后，其治生教化基本上都是宋代以后的治生观念，宋代以后的业儒者虽然可以通过科举考试进入统治阶层和精英文化圈当中，但他们主要是属于地方乡绅或平民阶层，与原初精英业儒者不同，他们尚不能完全以业儒为治生手段，特别是随着科举考试录取人数比例越来越低，他们需要更加多元化的治生手段才能维持生计，这必然走向多元共生的治生教化。从地域来看，自宋代以后，江南地区一直是全国的经济中心，物产丰厚，土地肥沃，工商经济发达，而人们的思想观念也相对活跃和开放，江南人士除了崇尚读书业儒外，对于农工商贾之业也更为包容和肯定，这也推动了江南家训重视多元共生的治生教化。

第四节　慎己睦人的处世观念

人是社会之人，而不是脱离社会的独处者，学会与社会各色人物交往，是作为个体"人"所必备的素质和要求。因此，处世教化也是江南家训中关于成人教育的重要内容。处世教育主要是从两个层面来展开的，一是自我层面，要求做到慎言、慎行和慎交；二是他者层面，要求做到宽厚待人，忠恕待人，真诚待人。

江南家训的处世教育非常注重从自我层面来教育子孙如何为人处世，这主要是从自我言行和交友等方面来教化。

一是慎言教化。例如，方孝孺《家人箴》即有"慎言"之教，其曰：

> 义所当出，默也为失。非所宜言，言也为愆。愆失奚自？不学所致。二者孰得？宁过于默。圣于乡党，言若不能。作法万年，世守为经。多言违道，适贻身害。不忍须臾，为祸为败。莫大之恶，一语可成。小愆不思，罪如丘陵。造怨兴戎，招尤速咎。孰为之端？鲜不自口。是以吉人，必寡其辞。捷给便佞，鄙夫之为。汝今欲言，先质乎理。于理或乖，慎弗启齿。当言则发，无纵诞诡。匪善曷陈？匪义曷谋？善言取辱，则非汝羞。①

方孝孺认为该说不说，是为失误，所说非宜，也是愆误，但两者相较，言愆甚于默语。所谓"多言违道，适贻身害""莫大之恶，一语可成"，都是强调多言的危害，"是以吉人，必寡其辞"，慎言是处世的重要方法之一。《庭帏杂录》亦曰："古人慎言，不但非礼勿言也。《中庸》所谓庸言，乃孝弟忠信之言，而亦谨之。是故万言万中，不如一默。"② 所谓沉默是金，即强调人要慎言。慎言的目的在

---

① 方孝孺著，徐光大校点：《逊志斋集》卷一，第32页。
② 《丛书集成初编》第975册，第14页。

于减少个人的麻烦和危害，如袁采《袁氏世范》："言语简寡，在我可以少悔，在人可以少怨。"①

如何做到慎言，家训也多有教化。例如，袁采《袁氏世范》曰：

> 亲戚故旧，人情厚密之时，不可尽以密私之事语之，恐一旦失欢，则前日所言，皆他人所凭以为争讼之资。至有失欢之时，不可尽以切实之语加之，恐忿气既平之后，或与之通好结亲，则前言可愧。大抵忿怒之际，最不可指其隐讳之事，而暴其父祖之恶。吾之一时怒气所激，必欲指其切实而言之，不知彼之怨恨深入骨髓。古人谓"伤人之言，深于矛戟"是也。俗亦谓"打人莫打膝，道人莫道实"。②

袁采认为人情厚密时不可尽私密语，失欢时不可尽切实语，忿怒时不可尽隐讳语，任何情形和场合下，说话都不能说实和说死，要留有余地。又如张永明《语录》曰："盛喜中勿许人物，虑勿践言；盛怒中勿答人简，惟恐迁怒。"③ 徐祯稷《余斋耻言》曰："士而多言，疾也；寡言，德也，尤慎四乘。夫乘怒而言，将无激；乘快而言，将无恣；乘醉而言，将无乱；乘密昵而言，将无尽。"④ 这些慎言教化都是针对不同自我情绪而言的，告诫人们情绪波动时，尤要重视慎言。《庭帏杂录》曰："凡言语、文字与夫作事、应酬，皆须有涵蓄，方有味。说话到五七分便止，留有余不尽之意令人默会。

---

① 袁采：《袁氏世范》，第 77 页。
② 同上书，第 84 页。
③ 张永明：《张庄僖文集》卷五，《文渊阁四库全书》第 1277 册，第 388 页。
④ 《四库未收书辑刊》第 6 辑第 12 册，第 747 页。

作事亦须得五七分势便止，若到十分，如张弓然，过满则折矣。"①
这是就话语的分寸而言，告诫人们说话要注重张弛和留有余地。

慎言不是不要说话，而是要注重说话的态度和方法。如袁采
《袁氏世范》要求有和颜悦色的说话态度，其曰：

> 亲戚故旧，因言语而失欢者，未必其言语之伤人，多是颜
> 色辞气暴厉，能激人之怒。且如谏人之短，语虽切直，而能温
> 颜下气，纵不见听，亦未必怒。若平常言语，无伤人处，而词
> 色俱厉，纵不见怒，亦须怀疑。古人谓"怒于室者色于市"，方
> 其有怒，与他人言，必不卑逊。他人不知所自，安得不怪！故
> 盛怒之际与人言语尤当自警。前辈有言："诫酒后语，忌食时
> 嗔，忍难耐事，顺自强人。"常能持此，最得便宜。②

袁采认为辞气暴戾易伤人，而温颜下气则不易失欢。又如汪辉祖
《双节堂庸训》曰："多言宜戒，即直言亦不可率发。惟善人能受尽
言，善人岂可多得哉！朋友之分，忠告善道。善道云者，委婉达意
与直言不同，尚须不可则止。余素戆直，往往言出而悔。深知直言
未易之故。"③ 汪辉祖认为建言要注重方式方法，指出直言不可率
发，而要多用婉言。此外，说话也有一些禁忌，不可轻易出言，如
徐祯稷《余斋耻言》曰："言之不祥者有五。扬人失者，鸱鸮之言
乎；构人衅者，风波之言乎；成人过者，毒鸩之言乎；证人隐者，

---

① 《丛书集成初编》第 975 册，第 2 页。
② 袁采：《袁氏世范》，第 85 页。
③ 汪辉祖：《双节堂庸训》，第 119 页。

鬼贼之言乎；伤人心者，兵刃之言乎。"①

　　二是慎行教化。慎行教化就是教人如何处事，主要告诫家族子孙处世要小心谨慎，要耐心忍让，要讲究策略。谨慎行事的教化，如张永明《语录》曰："作事切须谨慎仔细，最不可怠忽疏略。"又曰："凡成大事者，皆从战战兢兢小心中来。"② 又如汪辉祖《双节堂庸训》曰：

　　　　事无大小，粗疏必误。一事到手，总须慎始虑终，通筹全局，不致忤人累己，方可次第施行。诸葛武侯万古名臣，只在小心谨慎。吕新吾先生坤《吕语集粹》曰："待人三自反，处事两如何。"小心之说也。余尝书以自儆，觉数十年受益甚多。③

这些家训都告诫人们行事要小心谨慎，不可疏忽大意。与谨慎行事相反，则是任性行事，这是家训所反对的，如汪辉祖《双节堂庸训》曰："不如意事常八九。事之可以竞气者，多矣。原竞气之由，起于任性。性躁则气动，气动则忿生，忿生则念念皆偏。在朝，在野，无一而可。到气动时，再反身理会一番，曲意按捺，自认一句不是，人便气平；让人一句是，我愈得体。"④

　　忍让行事的教化，如袁采《袁氏世范》曰："人能忍事，易以习熟，终至于人以非理相加，不可忍者，亦处之如常。不能忍事，亦易以习熟，终至于睚眦之怨深，不足较者，亦至交詈争讼，期以

---

　　①　《四库未收书辑刊》第 6 辑第 12 册，第 747 页。
　　②　张永明：《张庄僖文集》卷五，《文渊阁四库全书》第 1277 册，第 386—387 页。
　　③　汪辉祖：《双节堂庸训》，第 112—113 页。
　　④　同上书，第 115 页。

取胜而后已，不知其所失甚多。人能有定见，不为客气所使，则身心岂不大安宁！"① 袁采认为人有忍让之心，与不可忍者相处，亦处之如常，不会产生交詈争讼之事。汪辉祖《双节堂庸训》也强调面对"横逆之徒"须忍耐行事，以免构成衅端。其曰："凶狠狂悖之徒，或事不干己无故侵陵，或受人唆使借端扰诈，孟子所谓'横逆'也。此等人廉耻不知，性命不惜，稍不耐性，构成衅端，同于金注，悔无及矣。须于最难忍处，勉强承受，则天下无不可处之境。曩馆长洲时，有丁氏无赖子，负吴氏钱，虑其索也，会妇病剧，负以图赖，吴氏子斥其无良，吴氏妇好语慰之，出私橐赠丁妇，丁妇属夫急归，遂卒于家。耐性若吴氏妇，其知道乎？"② 横逆之徒，廉耻不知，性命不惜，面对他们如果不忍耐行事，容易伤及自己。

处事还得运用睿智，讲究策略。如张永明《语录》曰："凡处天下事，识为先，断次之。"又曰："凡人所行有窒碍处，必思有以通之，则智益明而事不困。"③ 所谓先识后断，即处事要善于运用自己的聪明和智慧来做出决断。又如陆世仪《思辨录》曰：

> 凡处事，须视小如大，又须视大如小。视小如大，见小心；视大如小，见作用。昔人所谓胆欲大而心欲小也。④

所谓胆大心细就是一种处事的策略和方法。朱柏庐《治家格言》曰：

---

① 袁采：《袁氏世范》，第74页。
② 汪辉祖：《双节堂庸训》，第116页。
③ 张永明：《张庄僖文集》卷五，《文渊阁四库全书》第1277册，第386页。
④ 陈宏谋辑：《五种遗规·训俗遗规》卷二，第252页。

"凡事当留余地，得意不宜再往。"① 行事留有余地，也是一种处事策略。

此外，处事要做到慎行，还得不能过于计较个人名利。例如，徐祯稷《余斋耻言》曰："士有三不斗，毋与君子斗名，毋与小人斗利，毋与天地斗巧。"② 朱柏庐《治家格言》曰："勿贪意外之财，无饮醉人之酒。"③

三是慎交教化。所谓慎交，就是交友要慎重。如张习孔《家训》曰：

> 吾人防患，首在择交。所交非人，未有不为其所累者。小人之昵人，如脂饴；而小人之祸人，如毒药，一入喉吻，虽欲悔之而不能矣。然有不知其为小人，而误交者；有明知其为小人，因气味相合而乐交者。呜呼！明知而乐交，忘祖父之训，而甘为匪类，吾不享其祀矣。子孙苟有此者，吾尚望其幡然猛醒，速为改悔，则吾亦回笑于九原也。至于识见暗陋，无知人之明，惟有寡交谨守，庶无大误。孔子曰："以约失之者鲜矣。此万金良方也。"④

人之防患，首在择交，因为所交非人容易为其所累，所以要慎交。汪辉祖《双节堂庸训》则教化子孙交友时不能轻易换帖以称兄道弟，其曰："交满天下，知心实难。余生平识面颇多，从无凶隙之事。然

---

① 张伯行辑：《课子随笔钞》卷三，《丛书集成续编》（台版）第 61 册，第 64 页。
② 《四库未收书辑刊》第 6 辑第 12 册，第 745 页。
③ 张伯行辑：《课子随笔钞》卷三，《丛书集成续编》（台版）第 61 册，第 64 页。
④ 张潮辑：《檀几丛书》卷一八，《丛书集成续编》（台版）第 60 册，第 597 页。

以心相印者，寥寥可数。惟此数人，势隔形分，穷通一致。每见世俗结缔，动辄齿叙，同怀兄弟，莫之或先。有朝见而夕盟者；有甲款而乙附者。公宴之后，涂遇不相知名，大可笑也。既朋友，即系五伦之一，何必引为兄弟？如其无益，不如涂人。故功令换帖之禁，皆宜遵守，不必专在仕途也。"① 识面者颇多，而心心相印者少，因此不可轻易换帖道兄弟。交友要慎，也宜少，如陈继儒《安得长者言》曰："用人宜多，择友宜少。"②

交友有交友的原则，家训对此多有教化。如袁采《袁氏世范》认为交友当与智识相当者交，其曰：

> 人之智识固有高下，又有高下殊绝者。高之见下，如登高望远，无不尽见；下之视高，如在墙外欲窥墙里。若高下相去差近犹可与语；若相去远甚，不如勿告，徒费口颊舌尔。譬如弈棋，若高低止较三五着，尚可对弈，国手与未识筹局之人对弈，果如何哉？③

陈继儒《安得长者言》认为交友当以有趣味者交，其曰：

> 人之交友，不出"趣""味"两字。有以趣胜者，有以味胜者，有趣味俱乏者，有趣味俱全者。然宁饶于味，而无宁饶于趣。④

---

① 汪辉祖：《双节堂庸训》，第165页。
② 《丛书集成初编》第375册，第10页。
③ 袁采：《袁氏世范》，第58页。
④ 《丛书集成初编》第375册，第6页。

袁黄《训儿俗说》认为交友当以信义道德者交，其曰：

> 交友之道，以信为主，出言必吐肝胆，谋事必尽忠诚，宁
> 人负我，毋我负人。纵遇恶交相侮，亦当自反自责，勿向人轻
> 谈其短。

汪辉祖《双节堂庸训》亦曰："人不易知，知人亦复不易。居家能伦纪周笃，处世能财帛分明，其人必性情真挚，可以倚赖。若其人专图利便，不顾讥评，纵有才能，断不可信。轻与结纳，鲜不受累。"① 不同身份的人也有不同的交往法则。如陈其德《垂训朴语》曰："与富贵人交，宜还不宜绝，宜敬不宜亵；与贫贱人交，宜久不宜滥，宜真不宜泛。"② 此外，交友重在取长，勿计其短，如《节孝家训述》曰："汝与朋友相与，只取其长，勿计其短。如遇刚鲠人，须耐他戾气；遇骏逸人，须耐他罔气；遇朴厚人，须耐他滞气；遇佻达人，须耐他浮气。不徒取益无方，亦是全交之法。"③

处世教化除了从自我层面训诫外，还有他者层面的训诫，主要包括忠恕待人，宽厚待人和真诚待人。

其一，忠恕待人。所谓忠恕，就是将心比心，推己及人，即"己所不欲，勿施于人"。江南家训的处世教化非常重视忠恕待人的处世态度。如范纯仁《诫子弟言》曰：

> 人虽至愚，责人则明；虽有聪明，恕己则昏。尔但常以责

---

① 汪辉祖：《双节堂庸训》，第166页。
② 《四库全书存目丛书·子部》第94册，第398页。
③ 《丛书集成初编》第976册，第454页。

人之心责己，恕己之心恕人，不患不到圣贤地位也。①

张永明《语录》亦曰："今人责人则严，责己则恕。但当以责人之心责己，以恕己之心恕人，圣贤之学不过如此。"② 以责人之心责己，恕己之心恕人，此即忠恕待人的原则。

又如袁采《袁氏世范》曰：

> 忠信笃敬先存其在己者，然后望其在人。如在己者未尽，而以责人，人亦以此责我矣。今世之人能自省其忠、信、笃、敬者盖寡，能责人以忠、信、笃、敬者皆然也。虽然，在我者既尽，在人者也不必深责。今有人能尽其在我者固善矣，乃欲责人之似己，一或不满吾意，则疾之已甚，亦非有容德者，只益贻怨于人耳!③

在己者未尽，而以责人，人亦以此责我，此即违背了忠恕待人的原则，所以忠信笃敬先要严格要求自己，然后才可以有资格要求他人做到。

倡导忠恕待人的处世原则，是因为人无全德，亦无全才，人人皆有其长短，以忠恕之道待人则能念人之所长而谅人之所短。如袁采《袁氏世范》曰："人之性行，虽有所短，必有所长。与人交游，若常见其短而不见其长，则时日不可同处；若常念其长而不顾其短，

---

① 《戒子通录》卷六，《文渊阁四库全书》703 册，第 72 页。
② 张永明：《张庄僖文集》卷五，《文渊阁四库全书》第 1277 册，第 384 页。
③ 袁采：《袁氏世范》，第 69 页。

虽终身与之交游可也。"① 汪辉祖《双节堂庸训》亦曰："此即使人以器之道也。人无全德，亦无全才。鸡鸣狗盗之技，有时能济大事。但悉心自审，必有能，有不能，自不敢苛求于人。故与人相处，不当恃己之长，先宜谅人之短。"② 所以，人际交往要反对谈人之短而夸己之长。张永明《语录》曰："谈人之短而乃护己之短，夸己之长而乃忌人之长，皆曰存心不厚，识量不宏耳。"③

其二，宽厚待人。所谓宽厚待人，就是待人要宽容厚道，有包容之心。如许相卿《许云邨贻谋》曰："暴慢危亲，干谒辱身，夸己长可耻，幸人灾不仁。能忍事乃济，有容德乃大。古言：大丈夫当容人，毋为人所容。人有不及，可以情恕，非意相干，可以理遣，达识名言书绅顾误可也。"④ 许相卿认为有容德乃大，大丈夫当能容人，这是宽厚待人的原则。又如张永明《语录》曰："责己者，当于无过中求有过；责人者，当于有过中求无过。"⑤ 所谓"有过中求无过"，即是一种包容之心。

再如张习孔《家训》曰：

> 凡施德于人，不可责报。至于微小德惠，随即相忘，尤不必介意也。盖我所施者，初心原是一点不忍至诚，其意甚美。使受者为君子耶，自能知感。我既无居功市德之言，彼自有恩义难解之念，其报我也，永以为好矣。使受者非君子耶，我一

① 袁采：《袁氏世范》，第 66 页。
② 汪辉祖：《双节堂庸训》，第 122 页。
③ 张永明：《张庄僖文集》卷五，《文渊阁四库全书》第 1277 册，第 388 页。
④ 《丛书集成初编》第 975 册，第 10 页。
⑤ 张永明：《张庄僖文集》卷五，《文渊阁四库全书》第 1277 册，第 386 页。

责之，彼虽报而索然意尽矣。甚且或有骄謇之言，是因德而成怨矣。故不如不责报。其况味自咏，其滋益自弘。而天道人事，尤有必然之应也。①

施德于人而不求回报，这也是一种包容之心，因为一求回报即责接受者于非君子之境，虽报而索然意尽。

当然，提倡包容之心，并非是无原则的纵容。如袁采《袁氏世范》即提出"以直报怨"的待人原则，其曰：

圣人言"以直报怨"，最是中道，可以通行。大抵以怨报怨，固不足道，而士大夫欲邀长厚之名者，或因宿仇，纵奸邪而不治，皆矫饰不近人情。圣人之所谓直者，其人贤，不以仇而废之；其人不肖，不以仇而庇之。是非去取，各当其实。以此报怨，必不至递相酬复无已时也。②

袁采认为以怨报怨固不足道，纵奸邪而不究治也非正道，只有那些不因个人恩怨而对待他人者才是圣人所言"以直报怨"之道，这种待人之道，才能是非去取，各当其实。

宽厚待人还须去除自己的各种私心杂念。如袁采《袁氏世范》曰：

处己接物，而常怀慢心、伪心、妒心、疑心者，皆自取轻辱于人，盛德君子所不为也。慢心之人自不如人，而好轻薄人。

---

① 张潮辑：《檀几丛书》卷一八，《丛书集成续编》（台版）第60册，第597页。
② 袁采：《袁氏世范》，第110页。

见敌己以下之人，及有求于我者，面前既不加礼，背后又窃讥笑。若能回省其身，则愧汗浃背矣。伪心之人言语委曲，若甚相厚，而中心乃大不然。一时之间，人所信慕，用之再三则踪迹露见，为人所唾去矣。妒心之人常欲我之高出于人，故闻有称道人之美者，则忿然不平，以为不然；闻人有不如人者，则欣然笑快，此何加损于人，只厚怨耳。疑心之人，人之出言，未尝有心，而反复思绎曰："此讥我何事？此笑我何事？"则与人缔怨，常萌于此。贤者闻人讥笑，若不闻焉，此岂不省事！①

处己接物，如果常怀慢心、伪心、妒心、疑心，这不仅不是宽厚待人的原则，而且往往会自取其辱，易为他人耻笑。所以朱柏庐《治家格言》亦指出："人有喜庆，不可生嫉妒心；人有祸患，不可生喜庆心。"② 这也是宽厚待人的一种表现。

其三，真诚待人。所谓真诚待人，就是待人要有真心实意，不因对方社会身份不同而媚上骄下，形成高下等级的差异化。如袁采《袁氏世范》曰："世有无知之人，不能一概礼待乡曲，而因人之富贵贫贱设为高下等级。见有资财有官职者则礼恭而心敬，资财愈多，官职愈高，则恭敬又加焉。至视贫者、贱者，则礼傲而心慢，曾不少顾恤。殊不知彼之富贵，非吾之荣；彼之贫贱，非我之辱，何用高下分别如此！长厚有识君子必不然也。"③ 袁采认为无论对方富贵贫贱，都应以礼平等相待，只有那些无知之人，待人才会有高下等

---

① 袁采：《袁氏世范》，第 67 页。
② 张伯行辑：《课子随笔钞》卷三，《丛书集成续编》（台版）第 61 册，第 64 页。
③ 袁采：《袁氏世范》，第 59—60 页。

级的差异。又如汪辉祖《双节堂庸训》曰:"天下无肯受欺之人,亦无被欺而不知之人。智者,当境即知;愚者,事后亦知。知有迟早,而终无不知。既已知之,必不甘再受之。至于人皆不肯受其欺,而欺亦无所复用;无所复用,其欺则一步不可行矣。故应世之方,以勿欺为要,人能信我勿欺,庶几利有攸往。"① 汪辉祖认为待人不应有欺世之心,而应以信义真诚之心对待。

总之,江南家训的处世教化,是从自我和他者两个层面来教育。既重视自我的克己为礼和明哲保身,也重视整个社会的和谐性和稳定性,对于个体和社会发展都有重要作用。

第五节　忠贤清廉的为官观念

与修身、治学、治生和处世教化相比,江南家训对于出仕为官的教化文本相对较少,但内容依然很丰富。如徐三重《家则》曰:"子孙读书,倘幸出仕,当以国事为家事,民心为己心,不得但躐荣名,苟图身利。毋苛刻以博能声,毋卑屈以媚贵要,毋费民以奉所临,毋枉法以徇所畏。昭昭国典,奉以公平;暗暗下情,体以忠恕。更念国家给俸,本足资官,独以食费自浮,乃若不迨,于是乎苟且以充用,则不惟轻昧国恩,而生平名节扫地矣。当思此亦国计民脂,身口之外不得一毫浪费,则用度自余,自然不必分外。夫分外一毫,即贪也。贪之一字,古今大戒,不惟终身不齿,子孙亦且羞之,已

---

①　汪辉祖:《双节堂庸训》,第 112 页。

为士大夫，何可不严戒而痛绝也？子弟官卑俸薄，父兄主家当计所需资给，毋令空乏，以全其节，亦彼此相成之道，不得谓身已仕国，遂吝家物也。"① 徐三重教育家族子孙，倘能出仕为官，当以国事为家事，民心为己心，要做清廉勤政，如若官俸微薄难支，父兄主家需给予资给，以全为官子孙之名节。具体而言，出仕为官的家训教化主要教育子孙为官要做到守职、忠贤、清廉和爱民。

为官教化首先强调为官要尽职尽责，遵守职位本分。如范仲淹《告诸子及弟侄》曰："汝守官处小心不得欺事，与同官和睦多礼，有事只与同官议，莫与公人商量，莫纵乡亲来部下兴贩，自家且一向清心做官，莫营私利。"② 范仲淹告诫子侄为官不得欺事，和睦同僚，与同官议事，都是为官守职的教化。又如汪辉祖《双节堂庸训》曰："职无论大小，位无论崇卑，各有本分。当为之事，少不循分即干功令。凡用人、理财、事上、接下，时存敬畏之心，庶几身名并泰。"③ 汪辉祖告诫子孙官职各有本分，为官当循本分行事，不可越位干功令。

为官教化还十分强调为官要尽忠尽贤，忠君报国。如叶梦得《石林家训》曰：

> 天下尽忠，淳化行也；君子尽忠，则尽其心；小人尽忠，则尽其力。尽力者止其身，尽心者则洪于远。故明王之治也，务在任贤臣，尽忠则君德广矣。政教以之而美，刑罚以之而清，

---

① 徐三重：《明善全编》，《四库存目丛书·子部》第106册，第148页。
② 《戒子通录》卷六，《文渊阁四库全书》703册，第71页。
③ 汪辉祖：《双节堂庸训》，第46页。

仁惠以之而布，四海之内有太平之音。嘉祥既成，告于上下，是故播于雅诵，传于无穷。吾叨第进士，自卑职既能抗言直议，以励劲节屡历清要，而两入翰林。时注《忠经要义》一册，修纂《名贤宗德论》一册，修《陈匡君十要策》十道，纂《陈忠义录》十卷、《劝民务本论》二卷。转职户部专司国课，而天下无田不税，无农不耕，遂请削陈恕置营田，而贡敛有则，费出有经，上下宁有不足者乎？于是转职吏部专司铨选，或以言扬，或以事举，度德擢任，量才授职，进退人才合三科之法，守虞书之训，绝无散主不一，更革不常，沽名求进，报冤市恩者，而于是铨选之法定矣。法者一定而不可易者也，神而明之存乎其人焉耳。故又得加爵左丞，遂引例致仕。自初任速致仕，兢兢以尽忠自持。凡吾宗族昆弟子孙，穷经出仕者，当以尽忠报国，而冀名纪于史彰昭与无穷也。①

叶梦得以自己亲身经历告诫宗族昆弟子孙，倘若出仕为官，当以尽忠报国，既能使政教淳化，又能留名青史。又如王师晋《资敬堂家训》曰："思致君泽民为官之大节，人人知之，其如何致君，如何泽民，则无人理会之者。所谓致君必须如尧舜，为贤圣之君，方能尽其心，此以大臣之事君者言。若小臣亦有致君道理，策名入仕，己之身即为君之身，便当一心为国，不当有一毫私心，此便是小臣致君道理。"② 王师晋认为尽忠报国有大臣小臣之分，大臣尽忠是致君

---

① 《丛书集成续编》（台版）第60册，第489页。
② 《丛书集成续编》（沪版）第78册，第588页。

为贤圣之君，小臣尽忠当思一心为国，无丝毫之私心。

为官教化也非常注重为官清正廉洁的教育。这在吕祖谦《家范》中表现得尤为突出，吕祖谦《家范》第三部分是"官箴"，主要包括吕祖谦《官箴》及其伯祖吕本中《舍人官箴》等内容。官箴是古代从政之戒规，为官之箴言，吕本中与吕祖谦所撰"官箴"倡导廉政清明的为官之道，记录了整个家族对如何做一个好官的思考与总结。

吕本中《舍人官箴》主要从正面规定如何做一个好官，认为当官之法唯有"清""慎""勤"。其曰：

> 当官之法，唯有三事：曰清，曰慎，曰勤。知此三者，则知所以持身矣。然世之仕者，临财当事不能自克，常自以为不必败。持不必败之意，则无不为矣。然事常至于败，而不能自已。故设心处事，戒之在初，不可不察。借使役用权智，百端补治，幸而得免，所损已多，不若初不为之为愈也。司马子微《坐忘论》云："与其巧持于末，孰若拙戒于初。"此天下之要言，当官处事之大法。用力寡而见功多，无如此言者。人能思之，岂复有悔吝耶！①

吕本中认为为官者临财当事不能自克，常自以为不会败露，于是无所不为，等到最终败露之时，却不能自已，想役用权智来百端补治，则为时已晚，因此"与其巧持于末，熟若拙戒于初"，临财之初就持

---

① 黄灵庚、吴战垒主编：《吕祖谦全集》第1册，第368页。

有清廉为官之心，此为"当官处事之大法"。

吕祖谦《官箴》主要规范一些不被允许的事项，其核心在一个"廉"字。其曰：

> 觅举。求权要书保庇。投献上官文书。法外受俸。多量俸米。通家往还。置造什物。陪备雇人当直。容尼媪之类入家。非长官辄受状自断人。与监当巡检坐不依官序。不依实数请般家送还钱。非旬休赴妓乐酒会。托外邑官买物。刑责过数。以私事差人出界。不经由县道辄送人寄禁。接伎术人及荐导往他处。荐人于管下卖物（茶、墨、笔之类）。上司委追人断人及点检仓库，不先与长官商量。亲知雇船脚用官钱，或令吏人陪备（须令自出钱，但催促令速足矣）。遇事不可从，不当时明说，误人指拟，以致生怨。不尊县道（谓寻常丞、簿、尉视长官为等辈差定验之类，往往多玩习慢易。殊不知此事乃国事，非长官事）。买非日用物（日用谓逐日饮食及合用衣服。其他如出产收藏以待他日之用，及为相识置买之类，皆当深戒）。受所部送馈及赴会（谓部民或进纳人。如士大夫送馈果食之类，则受，仍当厅对众开合子，厅子置簿抄上，随即答之，余物不可受）。①

吕祖谦立下26条"禁令"，其中25条都是围绕"廉"来立论的，从钱粮俸禄，到日常生活物资，再到请送往来的赠送礼品，与清廉为官的大大小小各个方面都有所涉及，目的是倡导清明廉洁的廉政风气。

---

① 黄灵庚、吴战垒主编：《吕祖谦全集》第1册，第365—367页。

其他家训中也有清廉为官的教化，如《郑氏规范》曰："子孙出仕，有以赃墨闻者，生则于谱图上削去其名，死则不许入祠堂。"① 郑氏家族对贪赃枉法者有着严厉的惩罚，即生时削其谱名，死后不许入祠堂。

爱护百姓也是为官教化的重要内涵之一。如《郑氏规范》曰："子孙倘有出仕者，当夙夜切切，以报国为务。忨恤下民，实如慈母之保赤子；有申理者，哀矜恳恻，务得其情，毋行苛虐。又不可一毫妄取于民。"② 郑氏家族规定，倘有出仕为官者，应当抚恤下民，毋行苛虐，亦不可一毫妄取于民。袁采《袁氏世范》则批评那些害民的暴吏必遭天诛，其曰：

> 官有贪暴，吏有横刻。贤豪之人不忍乡曲众被其恶，故出力而讼之。然贪暴之官，必有所恃，或以其有亲党在要路，或以其为州郡所深喜，故常难动摇。横刻之吏，亦有所恃，或以其为见任官之所喜，或以其结州曹吏之有素，故常无忌惮。及至人户有所诉，则官求势要之书以请托，吏以官库之钱而行赂，毁去簿书，改易案牍，人户虽健讼，亦未便轻胜。兼论讼官吏之人又只欲劫持官府，使之独畏己，初无为众除害之心。常见论诉州县官吏之人，恃为官吏所畏，拖延税赋不纳。人户有折变，己独不受折变。人户有科敷，己独不伏科敷。睨立庭下，抗对长官；端坐司房，骂辱胥辈；冒占官产，不肯输租；欺凌

① 《丛书集成初编》第975册，第10页。
② 同上。

善弱，强欲断治；请托公事，必欲以曲为直。或与胥吏通同为

奸，把持官员，使之听其所为，以残害乡民。凡如此之官吏，

如此之奸民，假以岁月，纵免人祸，必自为天所诛也。①

袁采认为贪暴之官，横刻之吏，纵免人祸，必自为天所诛杀，告诫出仕为官的家族子孙要体恤百姓，爱护平民。

前引王师晋《资敬堂家训》除了教化子孙为官要尽忠致君外，还重视为官泽民的教化。其曰："至于下民困苦，如大旱年岁，田禾望泽甚殷，必须大雨时行，方足以救枯槁，此以荒乱之世之泽民者言。若太平丰乐之年，亦有泽民道理，民未知教善，以和风教以忠孝悌，轻徭赋以惠养之，此亦是泽民道理也。乃今为官者，则不然，视君为同人公共之君，我一人何能为力；视民如鱼肉，我衣之食之，传子孙之基业。得上官之欢心，悉在于此，其为国家之弊病，下民之脂膏，直为膜视。遇灾之年，皇上有振济，同官有损廉，邻省有协助，往往博其名，无其实。无怪乎，闾舍萧条，居民离散，半为沟中之人也。岂知贪官之财贿，置田宅生产，焜耀乡里，上天有眼，或为赃私发觉，或为盗贼劫掠，或为水火所烬，又有为不肖子孙，肆其挥霍，果报昭然，大可哀已。后之子孙，如有为外官者，谨视此篇。"② 王师晋认为荒乱之世与太平之年各有不同的泽民之措施，但今之为官者视民如鱼肉，膜视下民之脂膏，因此他告诫后世子孙，如有为官者，需谨记泽民之家训。

---

① 袁采：《袁氏世范》，第112页。
② 《丛书集成续编》（沪版）第78册，第588页。

　　总而言之，家族子孙能够出仕为官者虽为少数，但家训十分强调对子孙为官的种种训诫，因为这是古代儒家"修身、齐家、治国、平天下"的晋身理想，也是古代宗法社会"家国一体"的修身要求。袁采《袁氏世范》即提出居官居家本一理的观念，其曰："居官当如居家，必有顾藉；居家当如居官，必有纲纪。"① 吕本中《舍人官箴》亦曰："事君如事亲，事官长如事兄，与同僚如家人，待群吏如奴仆，爱百姓如妻子。处官事如家事，然后为能尽吾之心。如有毫末不至，皆吾心有所不尽也。故事亲孝，故忠可移于君；事兄弟，故顺可移于长；居家治，故事可移于官。岂有二理哉！"②

第六节　蒙训与儿童教育

　　蒙训有两层含义，一是指儿童教育，二是指专门为少儿教育而编写的启蒙读物，前者作动词解，后者作名词解。这里主要是专指少儿教育的启蒙读物。蒙训与家训既有联系又有区别。从联系上来看，两者都与儿童教育密切相关，但家训的教育对象除了儿童外，还包括成年人，并且家训往往是局限于家族之内，而蒙训则是超越家族的。

　　蒙训读物在宋代以前就出现过，但数量较少，且多为识字知识类，如《急救篇》《开蒙要训》《千字文》等为识字写字类，《蒙求》《兔园册》等为历史知识类。唐代以《太公家教》较为著名，涉及

---

① 袁采：《袁氏世范》，第 105 页。
② 黄灵庚、吴战垒主编：《吕祖谦全集》第 1 册，第 368 页。

道德伦理教育。自宋代起，蒙训读物开始大量出现，进入繁荣兴盛阶段。这些蒙训读物，除了读书识字外，更多的是有关人生与伦理的教化和训诫，强调儒家修身养性的教化。明代蒙训数量有所减少，并且教化内容也有所变化，在强调修身养性的内在道德教化时，更加凸显外在行为和仪态的教化。清代蒙训又重新走向勃兴，并且更加泛化，不仅蒙训数量多，而且蒙训文本内容越来越泛滥，不断重复此前的蒙训内容；不仅名士创作蒙训文本，而且普通文人也大量撰写蒙训文本。

就地域空间来看，江南地区始终对蒙训发展起着引领作用。宋代史浩《童丱须知》，朱熹《小学》《童蒙须知》（又称《训学斋规》）、《白鹿洞书院揭示》《训蒙绝句》，吕祖谦《少仪外传》，邵万州《孝弟蒙求》，王柏《伊洛经义》，汪洙《神童诗》，王应麟《小学绀珠》，程端礼《朱子读书法》《程氏家塾读书分年日程》；明代方孝孺《幼仪杂箴》，王守仁《训蒙教约》，贾亨《洞学十戒》，屠羲英《童子礼》，胡渊《蒙养诗教》；清代陆世仪《论小学》《论读书》，张履祥《学规》《初学备忘》，陆陇其《示子弟帖》，徐乾学《教习堂条约》，崔学古《幼训》《少学》，唐彪（翼修）《父师善诱法》，蒋元《人范》，陈芳生《训蒙条例》等，都是重要蒙训读物，在蒙训史上具有重要影响。

蒙训教化大致也是按照修齐治平序列来进行的，与家训的许多内容具有重叠性，但蒙训更加强调修身教化，主要包括内在道德、外在行为和读书作文等方面的教化。

蒙训首先重视内在的道德品质教化。如史浩《童丱须知》"父子篇"曰：

太易太空空，空中有太极。太极判二仪，万物斯生植。天地为父母，万物为子息。人居万物群，最曰具灵识。两家各生子，匪媒其可得？礼合成夫妻，相共孕英特。方当妊娠初，疾呕不纳食。妻既日呻吟，夫亦日忧恻。辛勤弥十月，存亡未可测。暨及震夙时，痛楚千万亿。稍或失调护，沦胥在顷刻。幸尔见婴儿，欢喜动颜色。乳哺更携持，几年先用力。母实钟爱怜，父亦思诲饬。资裹尚凡庸，视之如岐嶷。骄慢不率教，巧计为藏匿。一语或中理，夸扬其肯默。葆养觊成人，庶几供子职。提孩知爱亲，此情何可抑？冬温而夏清，未足酬其德；昏定而晨省，未足酬其德；三牲滋美味，未足酬其德；四序纫华衣，未足酬其德；竭身至老死，未足酬其德；碎身如糜粉，未足酬其德。男仕女有行，岂常在亲侧。悠然父母心，相望长相忆。问讯与馈遗，来往当如织。口体所供奉，无问一钱直。亲苟未沾尝，享之宁敢即。其有不安节，归省恨不亟。毋分嫡与继，存心何间忒？虽或不我爱，其敢忘翼翼？王祥跃冰鱼，薛包恋门阈。驭车骞忍寒，耕田舜引愿。于此坚至行，青史斯刊勒。切勿使偏亲，索处萱堂北。富贵未解忧，天伦乃物则。不应中道废，失性甘狂惑。呜呼霄壤间，孰有无亲国。女子远外家，间隙成荆棘。男子听妇言，偏爱滋货殖。礼容故背违，言辞苦凌逼。于义或参商，于物或吝啬。劬劳保抱恩，总不存恫愊。亲老力已衰，欲竟知何克？饮泣更包羞，烦冤满胸臆。父子情既离，万世恩之贼。上帝实监临，天祸阴诛殛。世事每好还，子孙必凶愎。嗟哉宇内人，身处礼义域。忍将君子行，轻以私意蚀。受报方知改，岵屺嗟空陟。生徒伍禽兽，死则堕鬼域。一念能回光，悖逆顿可熄。吾言虽鄙俚，万古为矜式。①

该蒙训先是述说父母生儿育女含辛茹苦，十分不容易，然后以虞舜、闵子骞、王祥、薛包等孝子的典故来教化人们要孝敬父母，否则会遭报应的，生为禽兽，死堕地狱。整条蒙训就是宣扬"孝"的道德品质。

又如朱熹《小学题辞》曰："元亨利贞，天道之常。仁义礼智，人性之纲。凡此厥初，无有不善。蔼然四端，随感而见。爱亲敬兄，忠君弟长。是曰秉彝，有顺无强。惟圣性者，浩浩其天。不加毫末，万善足焉。众人蚩蚩，物欲交蔽。乃颓其纲，安此暴弃。惟圣斯恻，建学立师。以培其根，以达其支。小学之方，洒扫应对。入孝出恭，动罔或悖。行有余力，诵诗读书。咏歌舞蹈，思罔或逾。穷理修身，斯学之大。明命赫然，罔有内外。德崇业广，乃复其初。昔非不足，今岂有余。世远人亡，经残教弛。蒙养弗端，长益浮靡。乡无善俗，世乏良材。利欲纷拏，异言喧豗。幸兹秉彝，极天罔坠。爰辑旧闻，庶觉来裔。嗟嗟小子，敬受此书。匪我言耄，惟圣之谟。"② 所谓仁义礼智、忠敬孝悌等都是儒家伦理道德，也是儿童教育的基本道德品质。

蒙训教化还十分重视儿童外在的行为规范教育。如朱熹《童蒙

---

① 史浩：《鄮峰真隐漫录》卷四九，《文渊阁四库全书》第1141册，第908页。
② 《朱子全书（修订本）》第13册，第394页。

须知》都是涉及儿童行为规范的教育。其序曰："夫童蒙之学，始于衣服冠履，次及言语步趋，次及洒扫涓洁，次及读书写文字，及有杂细事宜，皆所当知。今逐条列，名曰《童蒙须知》。"试看《细事宜第五》：

> 凡子弟，须要早起晏眠。
>
> 凡喧哄斗争之处不可近，无益之事不可为（谓如赌博、笼养、打毬、踢毬、放风禽等事）。
>
> 凡饮食，有则食之，无则不可思索，但粥饭充饥不可缺。
>
> 凡向火，勿迫近火旁，不惟举止不佳，且防焚爇衣服。
>
> 凡相揖，必折腰。
>
> 凡对父母长上朋友，必称名。
>
> 凡称呼长上，不可以字，必云某丈。如弟行者，则云某姓某丈（按《释名》，"弟"训"第"，谓相次第也。某丈者，如云张丈、李丈。某姓丈者，如云张三丈、李四丈。旧注云）。
>
> 大凡出外及归，必于长上前作揖，虽暂出亦然。
>
> 凡饮食于长上之前，必轻嚼缓咽，不可闻饮食之声。
>
> 凡饮食之物，勿争较多少美恶。
>
> 凡侍长者之侧，必正言拱手，有所问，则必诚实对，言不可妄。
>
> 凡开门揭帘，须徐徐轻手，不可令震惊声响。
>
> 凡众坐，必敛身，勿广占坐席。
>
> 凡侍长上出行，必居路之右，住必居左。
>
> 凡饮酒，不可令至醉。

　　凡如厕，必去上衣，下必浣手。

　　凡夜行，必以灯烛，无烛则止。

　　凡待婢仆，必端严，勿得与之嬉笑。执器皿必端严，唯恐有失。

　　凡危险，不可近。

　　凡道路遇长者，必正立拱手，疾趋而揖。

　　凡夜卧，必用枕，勿以寝衣覆首。

　　凡饮食，举匙必置箸，举箸必置匙。食已，则置箸于案。①

这些蒙训对童蒙的种种日常行为进行了规范和教化，从穿衣吃饭到住行坐卧，乃至如厕之类行为也有规范。

　　屠羲英《童子礼》也对童蒙各种行为进行了规范和教化。如"初检束身心之礼"：

　　凡立，须拱手正身，双足相并。必顺所立方位，不得歪斜。若身与墙壁相近，虽困倦，不得倚靠。

　　凡坐，须定身端坐，敛足拱手。不得偃仰倾斜，倚靠几席。如与人同坐，尤当敛身庄肃，毋得横臂，致有妨碍。

　　凡走，两手笼于袖内，缓步徐行。举足不可太阔，毋得左右摇摆，致动衣裙。目须常顾其足，恐有差误。登高必用双手提衣，以防倾跌。其掉臂跳足，最为轻浮，常宜收敛（寻常行走，以从容为贵，若见尊长，又必致敬急趋，不可太缓）。

---

① 《朱子全书》（修订本）第 13 册，第 374—376 页。

凡童子常当缄口静默,不得轻忽出言。或有所言,必须声气低平,不得喧聒。所言之事,须真实有据,不得虚诞。亦不得亢傲訾人,及轻议人物长短。如市井鄙俚,戏谑无益之谈,尤宜禁绝(言者,人所易放,苟有所畏惮收敛,则久久亦可简默,今之父母,见其子资性聪慧者,于学语之时,往往导其习为世俗轻便之谈,以相笑乐,此性一纵,必不可反,是教以不谨言也,切宜禁之)。

凡视听,须收敛精神,常使耳目专一。目看书,则一意在书,不可侧视他所。耳听父母训诫,与先生讲论,则一意承受,不可杂听他言。其非看书听讲时,亦当凝视收听,毋使此心外驰(童子聪明始开,发于耳目。耳目无所防禁,则聪明为外物所诱。而心不存矣。故养蒙者谨之)。①

蒙训对儿童的立、坐、走、默、听等各种行为都作了详细的规定,儿童必须按照这些要求来约束和训化自己,从而成长成人。

蒙训教化的另一个重要内容就是读书作文教育。这方面有许多专门的蒙训,如朱熹《白鹿洞书院揭示》,程端礼《朱子读书法》《程氏家塾读书分年日程》,张履祥《学规》《初学备忘》,徐乾学《教习堂条约》,崔学古《少学》,唐彪(翼修)《父师善诱法》。

童蒙读书之法,以程端礼《程氏家塾读书分年日程》最为典型。该《日程》规定了读书的年龄及其相关学习内容。其曰:"八岁未入学之前,读《性理》字训";"八岁入学之后,读小学书正文";

---

① 《五种遗规·养正遗规》卷上,《续修四库全书》第951册,第48页。

"自八岁，约用六七年之功，则十五岁前，小学书，《四书》，诸经正文，可以尽毕"；"自十五志学之年，即当尚志。为学以道为志，为人以圣为志。自此依朱子法读《四书》注。或十五岁前，用工失时失序者，止从此起，便读《大学章句》或问，仍兼补小学书。"又曰："约用三四年之功，昼夜专治。"此后读《通鉴》、韩愈文、《楚辞》，至二十岁或二十一二岁开始学作文。二三年之后，至二十二三岁或二十四五岁则可以应举。① 读书年龄分别以八岁、十五岁和二十岁为分界线，不同年龄段有不同的读书内容和读书要求，最终走向科举应试的道路。

该《日程》还规定了读书的具体顺序。其曰："小学书毕。次读《大学》经传正文。次读《论语》正文。次读《孟子》正文。次读《中庸》正文。次读《孝经》勘误。次读《易》正文。次读《书》正文。次读《诗》正文。次读《仪礼》，并《礼记》正文。次读《周礼》正文。次读《春秋》经，并《三传》正文。"② 此是按照小学、《四书》《孝经》《五经》的顺序来进行的。其中《六经》正文的研读顺序是："六经正文，依程子，朱子，胡氏，蔡氏，句读，参廖氏及古注，陆氏音义，贾氏音辨，牟氏音考。"③ 所谓《六经》实则是《五经》，从其正文研读的顺序可以看出，《日程》对程朱理学的重视。《四书》《五经》之后便是《通鉴》、韩愈文、《楚辞》等。

---

① 《五种遗规·养正遗规》补编，《续修四库全书》第 951 册，袁采《袁氏世范》，第 35—39 页。

② 同上书，第 37—38 页。

③ 同上书，第 38 页。

该《日程》还规定了读书的具体方法，如分单双日的读书法，单日重文本理解："字求其训，句求其义，章求其旨。每一节，十数次涵泳思索，以求其通。又须虚心以为之本。每正文一节，先考索章句明透，然后撮章句之旨。"双日重文本背诵："双日之夜倍（背）读。只一遍。倍（背）读一二卷，或三四卷，随力所至。记号起止，以待后夜续读。凡温书，必要倍（背）读。才放看读，永难再倍（背），前功废矣。"① 又如读经方法，其《读经日程》曰：

一、早令倍（背）读册首已读书，至昨日书，一遍太长，则分。起止

二、面试，倍（背）读昨日书。

三、面授本日书。计字数以约，大段面以大段分细段，令朱记段数，每细段面令读正过句读字音，面说正过文义。

四、令每细段先看读百遍，即又倍（背）读百遍，数足挑试倍（背）读倍（背）说，过而墨销朱记。后段如前段，足令通作大段倍（背）读试过。起止

五、挑试夜间已玩索书。起止

六、面授说已读书，就令反复说大义，面试过。起止

七、只日之夜玩索已读书。起止

又玩索性理书。起止

八、双日之夜以序倍（背）读，凡平日已读书，一遍。起止

①　《五种遗规·养正遗规》补编，《续修四库全书》第 951 册，袁采《袁氏世范》，第 36、37 页。

又倍（背）读性理书。起止

九、令暇日仿定本点句读，圈发字音。○凡书忘记处，朱记即补，熟墨销。①

这里讲授了一整套读经的程序和方法，最关键的是背诵，而要背诵则先须识字和理解，做到理解与背诵相结合，在理解中背诵，在背诵中强化理解。

作文教育以崔学古《少学》最为典型。崔学古《少学》专讲八股作文法，提出了"八法""五要""四十字诀"等要求。其中"八法"主要讲做八股文程式要点，包括"破承""起讲""入题""起股""虚股""中股""后股""束语结句"等，如"破承"曰："擒题主意处，破要稳，承要醒。逆破则顺承，顺破则逆承，正破则反承，反破则正承。"又如"后股"曰："是推廓余意处，要令发心思，另开生面。起股、虚股、中股、后股，每项二股，故云八股。前人定为八股者，言之不已而再言之，两两相比明必如是而后尽也。若合掌则四股足矣，何必八股哉？"②

"五要"是作文的总体原则和要求。其曰："第一要晓得宾主、虚实、正反、开合"；"第二要晓得脉理"；"第三要知道步骤"；"第四要晓得能转"；"第五要生造。"每个原则都有具体的阐释，如"第三要知道步骤"曰："文之有步骤，如人之有身。破承如眼目，起讲如首领，起股、虚股如胸臆，中股如腹，后股束语如四肢。前

---

① 《五种遗规·养正遗规》补编，《续修四库全书》第951册，袁采《袁氏世范》，第40页。

② 《檀几丛书》二集卷九，《丛书集成续编》（台版）第61册，第309—310页。

后有一定不可乱之法，一步步说来。大约前半要虚，后半要实；前半徐徐而来，后半沛乎有余。所谓前不突，后不竭也。若前后倒置，犹如人之一身，足反居上，头反居下，有是理乎？不特一篇，即每股中，亦各前后须按着步骤，渐次讲来，文方不乱。"① 把文之步骤喻为人之身体首尾。

"四十字诀"是作文的一些小窍门，诸如"扼项""提振""反正""宾主""开合""翻跌""挑代""转折""擒纵""起伏""照应""生发""顿宕""点缀""渡接""推掉""省补""拖缴""插带""锁结"等，如"宾主"曰："宾者，借宾形主，陪发正意。与反不同，反在题中，而宾在题外也。主者，题之正位，主重宾轻。"② 论述作文如何注意主次问题。

蒙训读书作文教化虽然与家训有相似之处，但蒙训对读书方法的教化更为系统和具体，并且主要是针对青少年来教化的。

蒙训文本内容虽然广涉内在道德、外在行为和读书作文等教化，但其核心导向是理学思想。内在道德教化固不必言，而外在行为规范教化也是以儒家伦理为导向。如方孝孺《幼仪杂箴》就认为"道"无所不在，外在的行为表现也应合乎"道"。其曰："道之于事，无乎不在。古之人自少至长，于其所在皆谨焉，而不敢忽。故行跪揖拜，饮食言动，有其则；喜怒好恶，忧乐取予，有其度……后世教无其法，学失其本。学者泪于名势之慕，利禄之诱，内无所

---

① 《檀几丛书》二集卷九，《丛书集成续编》（台版）第 61 册，第 310 页。
② 同上书，第 311 页。

养，外无所约，而人之成德者难矣。"① 方孝孺认为儿童的行为不受到约束和规范，其人就难以有成德者。读书作文的教育也是强调以程朱理学为指导思想，以朱熹《四书集注》为先，《五经》为后，而《五经》正文也是以程朱为先。朱熹规定的读书之法则被奉为圭臬，程端礼《朱子读书法》归纳为六条。蒙训重视以理学思想为核心导向，这是因为理学家普遍重视儿童教育，撰写了大量蒙训作品，从而推动了蒙训从宋代开始走向兴盛和繁荣。

蒙训对理学思想也具有重要的传播作用。一方面，蒙训对理学思想进行了通俗化宣讲，蒙训实为理学思想的通俗读物。朱熹《训蒙绝句》，王柏《伊洛经义》，陈淳《初学经训》，程端蒙《性理字训》和《毓蒙明训》，饶鲁《训蒙理诗》等即为此种方式。例如，朱熹《训蒙绝句》就是对理学思想进行通俗化宣讲。其《性》曰："谓之性者无他义，只是苍天命理名，论性固当唯论理，谈空求理又非直。"《道》曰："如何率性名为道，随事如由大路行。欲说道中条理具，又将理字别其名。"不少篇目直接采用了《四书》中词组或语句，如《就有道而正焉》《不改其乐》《乐亦在其中》《吾无隐乎尔》《十五志学》《四十五十无闻》等。试看《就有道而正焉》："差以毫厘大乱真，苟羞就正堕终身。不惟枉费穷年力，反作滔天祸世人。"另一方面，蒙训又对理学思想进行了世俗化改编，促进了儒家思想价值系统为普通百姓所广泛接受。例如，汪洙《神童诗》曰："少小须勤学，文章可立身。满朝朱紫贵，尽是读书人。"又曰：

---

① 方孝孺著，徐光大校点：《逊志斋集》卷一，第 1 页。

"朝为田舍郎，暮登天子堂。将相本无种，男儿当自强。"又曰："年少初登第，皇都得意回。禹门三汲浪，平地一生雷。"又曰："一举登科日，双亲未老时。锦衣归故里，端的是男儿。"儒家伦理世俗化虽然一定程度上偏离了精英儒学理论的本旨，但它为大众广泛接受，并且自觉地加以遵守，这就使得儒学理论价值系统更好地转化成为人们普遍接受的社会规范，具有重要的社会意义。①

　　总之，蒙训虽为儿童这个特定的年龄阶段的启蒙教育和读物，超越了家族的界限性，但蒙训涉及的思想道德、行为规范和读书作文等各方面的教育，也是家训的重要文本内涵，对于家族子孙教育也具有重要作用，深受家族教育者所重视。

---

　　① 参阅陈来《明清世俗儒家伦理研究——以蒙学为中心》，《中国近世思想史研究》，第 478—528 页。

第五章

江南望族家训的理家观念

　　家族教化虽以子孙为根本对象，但其终极目标在于兴家和传家。子孙兴旺发达，门第传承久远，是每一个宗法家族永恒的家族理想和追求。因此，江南望族家训教化除了子孙成人与成才教化外，还十分重视完整系统的理家治家观念教化。理家观念教化涉及纲常为本的家族伦理观、门当户对的家族婚姻观、量入为出的家族经济观、同宗互助的家族赈济观、门第传承的家族兴替观和睦邻敬官的家族社会观。

第一节　纲常为本的家族伦理观

　　古代家族是以血缘关系为纽带的宗法家族，纲常伦理是宗法家族生存发展的基本道德原则和根本规范内容。古代家训非常重视家族伦理观念的教化。如张履祥《训子语》曰："三纲五常，礼之大体，百世不能变易。古谓之道，后世谓之名教。命之自天，率之自性，人人具有，人人当为。全之则人，失之则入于异类。不可不敬求其义，不可不力行其事。""人之所以异于禽兽者，为其有纲常伦理也。若废纲常、败伦理，与禽兽无异，即使人不及诛，天必诛之。"张履祥认为三纲五常是礼之大体，百世不能变易，人之所以异于禽兽者，是因为人有纲常伦理。又曰："父子、兄弟、夫妇，人伦之大。一家之中，惟此三亲而已。""家之六顺：父慈、子孝、兄友、弟恭、夫倡、妇随，如是则父父子子、兄兄弟弟、夫夫妇妇，而家道正。反是为逆。顺则兴，逆则废，必然之理。人人言作家，而不知务此，惑甚矣"！[①]家族伦理的基本内涵是父子、兄弟和夫妇关系。伦理顺，则家道正，家族兴，反则家道逆，家族废。因此，家族伦理对于家族的生存发展具有至关重要的作用。

江南家训对于家族伦理的教化主要包含三方面内容：一是尊祖敬宗；二是纲常有序；三是礼仪规范。

尊祖敬宗是家族伦理教化的起点和根本。吕祖谦《家范》曰："亲亲故尊祖，尊祖故敬宗。此一篇之纲目。人爱其父母，则必推其生我父母者，祖也。又推而上之，求其生我祖者，则又曾祖也。尊其所自来，则敬宗。儒者之道，必始于亲。此非是人安排，盖天之生物，使之一本，天使之也。譬如木根，枝叶繁盛，而所本者只是一根。"[②]祖宗就像树根一样，子孙再兴盛，其所归者也"只是一根"，因此必须尊祖敬宗。王十朋《家政集》亦曰："《传》曰：'万物本乎天，人本乎祖。'祖者，人之本也。木无根则枝叶曷为而蕃？人无祖则子孙曷为而昌？君子其可不知报本返始之道与！《诗》歌生民，美其能尊祖也，《春秋》讥逆祀，罪其不上祖也。鹰祭鸟，獭祭鱼，豺祭兽，犹知有祖也，而况于人乎！吾侪负七尺之躯，九窍之

---

① 张履祥撰，陈祖武校点：《杨园全集》，第 1357、1363 页。
② 黄灵庚、吴战垒主编：《吕祖谦全集》第 1 册，第 284 页。

形，渴而知饮，饥而知食，寒而知衣，是身也，非从天降也，非从地出也，曷为而来哉！曷为而来哉！"① 王十朋亦以树根与枝叶来比喻祖宗与子孙的关系，认为无祖宗哪来的子孙，训诫子孙后代来尊祖敬宗。

如何做到尊祖敬宗？一般是立祠堂祀祖宗。家训对此多有教化，如方孝孺《宗仪》曰：

> 吾惧夫吾族之人，为瘘痹禽犊之归，而不自知也。为尊祖之法，曰："立祠祀始迁祖，月吉必谒拜，岁以立春祀，族人各以祖祔食，而各以物来祭，祭毕相率以齿，会拜而宴。"齿之最尊而有德者向南坐，而训族人。曰："凡为吾祖之孙者，敬父兄，慈子弟，和邻里，时祭祀，力树艺，无胥欺也，无胥讼也，无犯国法也，无虐细民也，无博弈也，无斗争也，无学歌舞以荡俗也，无相攘窃奸侵以贼身也，无鬻子也，无大故不黜妻也，勿为奴隶以辱先也。有一于此者，生不齿于族，死不入于祠。"皆应曰"诺。"然后族人之文者以谱至，登一岁之生卒，而书举族人之臧否。其有婚姻相赒，患难相恤，善则劝，恶则戒，临财能让，养亲事长能孝而悌，亲姻乡里能睦而顺，此其行之足书举书之。累有足书者，死则为之立传于谱。其有犯于前所训者亦书之，能改则削之，久而愈甚，则不削而书其名。族人见必揖，虽贵贱贫富不敌，皆以其属称。喜必庆，戚必吊，死以

---

① 王十朋：《王十朋全集》，第 1033 页。

其属服，无服者为之是日不肉，而群哭之，群祭之，群葬之。①

方孝孺认为尊祖之法是立祠堂祀始迁祖，月以吉日拜，岁以立春祀，族人同时奉新死木主与始迁祖木主同时祭祀；祭祀之后再登新生卒者于家谱之上，并书举族人之臧否，以劝善戒恶。

许相卿《许云邨贻谋》亦曰："大宗祠堂，子孙水木本源之地，谒必恭敬（朔望俗节，同门内外长幼），祭必诚敬（分至忌辰，合小宗亲未尽男子长幼），如或苟且怠玩，自非先人肖子。礼成，会馂（子孙过三十人小宗，各助一牲），敦亲睦，议赡恤，讲治生，程教子，劝善规过，绝毋齿及一切人过阴私。"② 许相卿也认为祠堂是子孙水木本源之地，尊祖敬宗必须祭拜祠堂，特别是大宗祠堂是所有族人的共同祖宗木主所在地，尤需祭拜。

家族伦理的基本内涵是父子、兄弟、夫妇三者的伦理关系，此外还有嫡庶、妯娌等伦理关系。家训对于这些家族伦理教化颇多，主要倡导纲常有序的伦理规范。

一是父子伦理的教化。父子是家族伦理最重要的一组关系，与君臣伦理具有同构作用。父子伦理既是具指父子之间的关系，也可泛指父母与儿女之间的关系。父子的伦理要求一般强调父慈子孝，既有对父辈的伦理要求，又有对子辈的伦理要求。

父慈教化，如袁采《袁氏世范》训诫为父母者不可曲爱，也不可妄憎。其曰：

---

① 方孝孺著，徐光大校点：《逊志斋集》卷一，第38页。
② 《丛书集成初编》第975册，第1页。

  人之有子，多于婴孺之时爱忘其丑。恣其所求，恣其所为，无故叫号，不知禁止，而以罪保母。陵轹同辈，不知戒约，而以咎他人。或言其不然，则曰小未可责。日渐月渍，养成其恶，此父母曲爱之过也。及其年齿渐长，爱心渐疏，微有疵失，遂成憎怒，抚其小疵以为大恶。如遇亲故，装饰巧辞，历历陈数，断然以大不孝之名加之。而其子实无他罪，此父母妄憎之过也。爱憎之私，多先于母氏，其父若不知此理，则徇其母氏之说，牢不可解。为父者须详察之。子幼必待以严，子壮无薄其爱。①

  袁采认为孩子幼小之时，父母容易溺爱，恣其所为，而不知戒约，日积月累就容易养成大恶；孩子长大之后，父母又容易妄憎，见小疵为大恶，甚至无罪而加之不孝。这两种待子态度都不正确，为父母者应该避免。做父亲的尤应详察，不要为做母亲的爱憎之私所干扰，因为这种爱憎之私多为母亲所先。这是就子女个体的不同成长阶段而言，对于众多子女来说，父母爱子应该均贵，而不应厚此薄彼。其曰：

  人之兄弟不和而至于破家者，或由于父母憎爱之偏，衣服饮食，言语动静，必厚于所爱而薄于所憎。见爱者意气日横，见憎者心不能平。积久之后，遂成深仇。所谓爱之，适所以害之也。苟父母均其所爱，兄弟自相和睦，可以两全，岂不甚善。②

---

① 袁采：《袁氏世范》，第12页。
② 同上书，第16页。

父母对于各个儿子爱憎不一，就易引兄弟不和，甚至反目成仇而破家。

袁采《袁氏世范》还告诫做长辈者要警惕两种"曲爱"现象。一种是父母多爱幼子："同母之子，而长者或为父母所憎，幼者或为父母所爱，此理殆不可晓。"另一种是祖父母多爱长孙："父母于长子多不之爱，而祖父母于长孙常极其爱。此理亦不可晓，岂亦由爱少子而迁及之耶？"① 袁采认为这种"曲爱"都是不可晓喻的，有悖于爱子均贵的原则。

子孝教化，如王十朋《家政集》引孟子之言，列举了五种不孝。其曰："为人子者，最不可为危险凶暴之事，以贻亲之忧。孟子言：'世俗所谓不孝者五：惰其四肢不顾父母之养，一不孝也；博弈好饮酒，不顾父母之养，二不孝也；好货财，私妻子，不顾父母之养，三不孝也；从耳目之欲，以为父母戮，四不孝也；好勇斗狠，以危父母者，五不孝也。'说者谓不孝之序，盖先轻而后重。是则所谓好勇斗狠，以危父母者，尤其所谓不孝也。"② 这五种不孝行为应该禁止。张永明《家训》列举了孝敬父母的一些具体行为。其曰："父母在堂，必昏定晨省，出告反面，服劳奉养，愉色婉容事必禀命，游必有方。此外凡可承颜顺志者，当无所不用其极。"又曰："父母未食，子不先尝；父母尚寒，子不独暖；父母有怒，怡颜开解。父母有命，竭力承奉，则尊者之心，自然快乐，寿算绵绵，皆孝感所

① 袁采：《袁氏世范》，第 19 页。
② 王十朋：《王十朋全集》，第 1060 页。

致也。"① 张习孔《家训》则认为孝有大小偏全。其曰："孝有大小，有偏全。扬名显亲，上也；克家干蛊，不堕先人之志，次也；服劳奉养，又其次也。此大小之分也。能全上三者，上也。否则视其所急，尽吾力之所至，而次第图之，此亦不失为孝子矣。此偏全之分也。"②

值得注意的是，父慈子孝本是对等关系，但家训多强调子孝而少说父慈，特别是明清家训非常强调儿子必须无条件孝敬父母，而不问父慈与否。如方孝孺《四箴·父子》曰："子孝宽父心，斯言诚为确。不患父不慈，子贤亲自乐。父母天地心，大小无厚薄。大舜日夔夔，瞽瞍亦允若。"③ 有的家训甚至强调孝以顺为先，认为凡事顺从父母才算是孝。如汪辉祖《双节堂庸训》："'顺亲'二字，见于《中庸》。谚云：'孝不如顺'。盖孝无形而顺有迹。顺之未能，孝于何有？如谓父母亦有万不当顺之故，则几谏一章自有可措手处。玩紫阳'愉色婉容'四字，何等委折？天下无不是之父母，必先引咎于己，方能归善于亲。一味戆直，激成父母于过，即所谓不顺也。若欲与父母平分曲直，以己之是，形亲之非，不孝由于不顺，罪莫大焉。"④ 所谓天下无不是的父母，只有不孝的儿子，父子对等的伦理关系已经完全被扭曲了。

二是兄弟伦理的教化。兄弟伦理关系一般倡导兄爱弟顺或兄友弟恭。如王十朋《家政集》曰：

---

① 张永明：《张庄僖文集》卷五，《文渊阁四库全书》第1277册，第379页。
② 张潮辑：《檀几丛书》卷一八，《丛书集成续编》（台版）第60册，第592页。
③ 方孝孺著，徐光大校点：《逊志斋集》卷一，第32页。
④ 汪辉祖：《双节堂庸训》，第51页。

兄弟者，天属之亲，同母父之气者也。为兄之道主乎爱，为弟之道主乎顺，兄爱弟顺，家道方和。兄弟不谐，人伦之丑，《棠棣》之诗曰："棠棣之华，萼不韡韡。凡今之人，莫如兄弟。"……生而无兄弟，古人以为忧；有兄弟而不肖，古人以为不幸；有兄弟而不能相容，古人以为耻。难兄难弟，天伦之美也，人道之幸也。①

兄爱弟顺，家道和睦，但是兄弟关系相对父子、夫妇关系更难处理，其原因除了前面所述的父母爱子不均外，更重要的原因是出于个人私利与妻室的挑唆。许多家训对此都加以训诫，如方孝孺《四箴·兄弟》曰："兄须爱其弟，弟必恭其兄。勿以纤毫利，伤此骨肉情。周公赋棠棣，田氏感紫荆。连枝复同气，妇言慎勿听。"② 金敞《宗约》亦曰："兄弟非他，即父母之遗体，与吾同气而生者也。人不忍忘父母，则见父母之手泽与父母平日亲厚之人，尚必为之恻然动念，不敢轻蔑遗弃，况父母之遗体耶？每见近俗婚娶之后，兄弟多致乖睽，甚至自相戕贼，恬不为怪。揆其所自，亦无他故，不过为妇人之所渐渍，宵小之所构斗，或财产之有不均，求望之有不遂耳。不知妇妾群小，本不识大义。财产身外之物，即有厚薄，亦仍是厚吾一本之骨肉，与吾身原无彼此之别，何可听信以疏间吾天性之亲。"③ 这些家训都认为要做到兄友弟恭，必须勿争私利，勿听妇言。

此外，兄弟不和者，也有出于嫉妒的原因。如陆世仪《思辨录》

① 王十朋：《王十朋全集》，第 1069 页。
② 方孝孺著，徐光大校点：《逊志斋集》卷一，第 33 页。
③ 张伯行辑：《课子随笔钞》卷三，《丛书集成续编》（台版）第 61 册，第 57 页。

曰："人所最不可解者，是兄弟嫉妒。彼秦越之人，漫不相关，尚或喜其富，慕其贵。惟兄弟之间，一富一贫，一贵一贱，则顿起嫉妒。彼其心，以为势相形，相轧耳。不知以阋墙御侮之诗观之，则贫贱之兄弟，尚于我有益，而况其为富贵者乎。若能以父母之心为心，则何富，何贵，何贫，何贱，总之同气连枝也。"①

　　如何做到兄爱弟顺或兄友弟恭？袁采《袁氏世范》认为兄弟当分家异居，其曰："兄弟义居，固世之美事。然其间有一人早亡，诸父与子侄其爱稍疏，其心未必均齐。为长而欺瞒其幼者有之，为幼而悖慢其长者有之。顾见义居而交争者，其相疾有甚于路人。前日之美事，乃甚不美矣。故兄弟当分，宜早有所定。兄弟相爱，虽异居异财，亦不害为孝义。一有交争，则孝义何在？"② 兄弟异居，财产分明，则不会引起纷争。周思兼《莱峰遗语》则从张载的理一分殊哲理上来探讨兄弟相处之道。其曰：

　　《西铭》明理一而分殊，处兄弟之道，须要晓得此理。兄弟本同一气，如左右手互相扶持，不独道理当如此，事体亦当如此。人家兄弟和睦，外人亦不敢轻侮。古人以箸为喻，一箸易折，二箸合并，急忙难折。凡官司户役之类，务要同心协办，庶可保全。譬诸垣墙，但倒一堵，余堵相随而仆。此理甚明，人弗察耳。此所谓理一也，又要晓得分殊。虽是兄弟，各有室家，岂得不私其财，彼心与我心不甚相远，务要各相体谅，财

---

①　陈宏谋辑：《五种遗规·训俗遗规》卷二，第253—254页。
②　袁采：《袁氏世范》，第26页。

上分明，不可一毫占便宜。不独道理当如此，事体亦当如此。譬如绫罗绢帛，必须经纬分明，乃成丈匹。愈精愈细，愈觉美好。略有稀密，便觉滥恶，所以凡事均平，自然和睦到底。官司户役之类，尤宜加意，一有欺心，争竞即起。古人谓得便宜处，失便宜，最可玩味。一家仁又要一家让，徒仁不能久也。识得此意，虽分财异产亦可，虽同居共爨亦可。①

周思兼认为兄弟本同一气，都是承传父母的血脉，此谓"理一"；但又各有室家，各有私财，此谓"分殊"。据于"理一"，兄弟要各相体谅；据于"分殊"，兄弟应财物分明，不可占一毫便宜。如果财物分明的话，无论分居还是共爨，都能兄友弟恭。虽然两篇家训在分居与否上存在不同训诫，但立论的基础都是建立在兄弟财物分明的原则上。俗语曰"亲兄弟，明算账"，概此之谓也。

三是夫妇伦理的教化。夫妇伦理关系倡导夫义妇顺，如方孝孺《四箴·夫妇》曰："夫以义为良，妇以顺为令。和乐祯祥来，乖戾灾祸应。举案必齐眉，如宾互相敬。牝鸡一晨鸣，三纲何由正。"②张永明《家训》亦曰："闺门之内，风化所关。夫义妇顺，各有其道。平居必敬爱如宾，恩义不使相掩。或宠妾弃妻，或贵而忘贱，或富而忘贫，此夫行之薄，贻讥士林，见憎戚里，夫纲失矣。或不孝公姑，或离间兄弟，或悍而凌夫，或妒而致夫无子，此妇行之恶义，所当绝黜之，宜矣。万世夫妇准绳，当以关雎为法。"③所谓夫

---

① 周思兼：《学遗纪言》附录，《四库存目丛书·子部》第85册，第469页。
② 方孝孺著，徐光大校点：《逊志斋集》卷一，第32页。
③ 张永明：《张庄僖文集》卷五，《文渊阁四库全书》第1277册，第380页。

义妇顺，是指夫对妇要恩义，妇对夫要顺从，夫妇之间要各有其道，敬爱如宾。

实际上，家训更强调妇顺而忽略夫义，对妇顺的规范更为严厉。如王十朋《家政集》曰："妇人之性，鲜有天姿孝敬，知奉舅姑者。其始归也，夫当朝夕教之，教之不从，然后怒之，怒之不畏，然后笞之，至于屡怒屡笞，而终不可教，不知畏，悖慢如旧而不改者，则当出之。唐季迥秀其母少贱，妻慢媵婢，母闻不乐，迥秀即出其妻。或问之，答曰：'娶妇要事姑，苟违颜色，何可留！'《礼记·内则》曰：'子宜甚其妻，父母不悦，出之；子不宜其妻，父母曰，是善事我，子行夫妇之礼焉，没身不衰。'大抵为人子者，其妻奉己不谨，犹可容之，奉舅姑不谨，决不可容也。出妻非美事也，人子之不得已也，家之不幸也。与其不孝不敬于父母，宁若处不得已不幸之事耶！妻有可出之道二：悖慢舅姑，不可不出；不修妇检，不可不出。犯此二者而出之，则乡党亲戚之间，亦不得而罪之也。或恶其丑而出之，或嫌其贫而出之，或色衰爱弛而出之，或用婢妾之谗而出之，此乃闾巷小人之所为，非士君子所当行也！"① 妇顺不仅表现在对夫的顺从，更表现为对姑舅的孝顺，如若为妇不孝，则可出之。

四是嫡庶的伦理关系。这方面的伦理关系主要是兄弟伦理的延伸，虽然家训对其训诫较少，但颇有实际意义。黄标《庭书频说》曰：

---

① 王十朋：《王十朋全集》，第 1068—1069 页。

齐家之道，自天子至于庶人，自古难之矣。然士庶之齐家
与帝王之齐家不同，帝王之家以嫡庶为尊卑，不得以兄弟为先
后。士庶之家，则以兄弟为先后，不得以嫡庶为尊卑。何则？
以嫡庶为尊卑者，所以定王侯之分，而归于一也。不归于一，
则易争，故嫡子虽弟，不可以后兄，庶子虽兄，不容以先弟。
以兄弟为先后者，所以叙天性之谊，而正其伦也。不正其伦，
则易乱。故弟虽嫡子，犹是弟也；兄虽庶子，犹是兄也。故曰：
"不同也。"若士庶之家，而亦拘拘于嫡庶之别，则手足之情不
洽。手足之情不洽，则妻妾之心必变，而骨肉乖离，不祥孰甚
焉。盖妻妾，大分也。分之所在，则嫡庶之辨。贵严兄弟，天
伦也。伦之所在，则嫡庶之说无庸，惟在各尽其道，故上下可
相安也。乃妻之悍妒者，妻暴虐其妾，则庶子虽孝，亦情理之
难忍。妾之娇宠者，妾凌侮其妻，则嫡子虽贤，亦名分之难甘。
由是各为其母，则兄弟仇雠，同室操戈者，势所必至也。不知
嫡母，母也，庶子之事嫡母，不可不孝。庶母，亦母也，嫡子
之待庶母不可不敬。嫡子固子也，庶母之待嫡子不可不厚。庶
子亦子也，嫡母之遇庶子不可不爱。兄嫡出而弟庶出，兄固不
可不友其弟；弟嫡出而兄庶出，弟又不可不恭其兄。如是兄弟
之伦既定，则上下之分亦定。嫡母穆曲以待下，庶母承顺以事
上，则嫡庶之祸可以永杜，所谓各尽其道者如此。①

黄标认为嫡庶伦理对于帝王之家与庶人之家各有不同，帝王之家为

---

① 张伯行辑：《课子随笔钞》卷三，《丛书集成续编》（台版）第 61 册，第 49 页。

尊卑，不为先后，以定王侯之分，强调天子独尊；而庶人之家为先后，不为尊卑，以叙天性之谊，强调兄弟手足之情。士庶之家，手足情洽，则家庭和睦，万事兴盛。

五是妯娌的伦理关系。这方面的伦理关系也是兄弟伦理的延伸教化，主要就兄弟之妇室而言。妯娌关系是较难处理的家族伦理关系，其原因也各异。如姚舜牧《药言》："妯娌间易生嫌隙，乃嫌隙之生，尝起于舅姑之偏私，成于女奴之馋构。家人之暌多坐此，是不可不深虑者。然大要在为丈夫者，见得财帛轻，恩义重，时以此开晓妇人，使不惑于私构而成隙，则家可常合而不暌矣。夫为妻纲一语极吃紧。"① 姚舜牧认为妯娌生嫌隙一是由于舅姑偏心，二是在于丈夫未及时开导。

黄标《庭书频说》则从妯娌自身来探寻妯娌失和的原因。其曰：

> 一家之中，往往兄弟失欢，手足乖离者，其造祸多由于妯娌之不睦。何言之？妯娌本非同姓，又非同气，以异姓之子，居一门之内，其能宜家儿明大义者，无论矣。而骄悍之妇，忌嫉易生，猜疑易起。或争室中之箕帚，而构成莫大之衅；或竞闺内之巾栉；而酿为难解之恨。甚至博殷勤于翁姑而扬己灭人，私爱憎于子女而此长彼短，兼之巧拙有相形之感，妍媸有并衡之嫌，贫富有较量之隙，积其怨于胸中，遂肆其言于枕畔矣。将天性之爱离于彼妇之口，一体之谊间于长舌之妇。

> 嗟呼！为妯娌者，不相敬相爱，同心家计，而乃此强彼傲，

---

① 《丛书集成初编》第976册，第2页。

搬弄是非，致令夫君郁郁不乐，父母终日不快，吾不知其妇道之谓何，而甘于搅乱家门如是耶？虽然，兄弟之不和，固由于妯娌，而妯娌之相和，还由于兄弟。物必先腐也，而后虫生之。人必先疑也，而后谗入之。兄弟果能敦同胞之义，念天伦之情，兄怜弟幼而能友能宽，弟思兄长而知恭知忍，如此协和，即有不良之妇，任其多方谗谮，虽言之谆谆，而听之藐藐，彼欲间我兄弟，亦乌从而间之哉。兄弟既不为其所间，彼自知其嫌隙无庸，则妯娌亦将各安于室，各宜其家，平心忍气而莫之相倾矣。故欲和妯娌者，仍先自和兄弟始。①

黄标认为妯娌不睦易造成兄弟失欢，手足乖离。妯娌不睦一方面在于她们非同姓，无天然的血缘关系；另一方面在于她们易生嫉妒之心，喜弄口舌之非。作为妯娌来说，她们应该改正性格缺陷，培养家族亲情，但更重要的是兄弟之间应该深明大义，任凭妯娌多方谗谮，而不为其所误导。所以欲和妯娌，先自和兄弟始。

上面对家训中关于父子、兄弟、夫妇、嫡庶、妯娌等家族纲常伦理的教化进行了一番梳理，其教化的根本目的在于维护有序的纲常伦理，以促进家族兴盛。

家族伦理教化还包括礼仪规范的教化，礼仪规范化有利于家族纲常维护。如方孝孺《杂诫》第十二章曰："国不患乎无积，而患无政。家不患乎不富，而患无礼。政以节民，民和则亲上，而国用

---

① 张伯行辑：《课子随笔钞》卷三，《丛书集成续编》（台版）第 61 册，第 50 页。

足矣。礼以正伦，伦序得则众志一。家合为一而不富者，未之有也。"① 方孝孺强调礼于治家的重要性。袁黄《训儿俗说》曰："齐家之道，非刑即礼。刑与礼，其功不同。用刑则积惨刻，用礼则积和厚，一也。刑惩于已然之后，礼禁于未然之先，二也。刑之所制者浅，礼之所服者深，三也。汝能动遵礼法，以身率物，斯为上策。不得已而用刑，亦须深存恻隐之心，明告其过，使之知改。切不可轻口骂詈，亦不可使气怒人。"② 礼重教化，刑重惩治，礼是治家的重要手段。礼仪规则一般遵循朱熹《家礼》。如姚舜牧《药言》曰："冠婚丧祭四事，《家礼》载之甚详。然大要在称家有无，中于礼而已。非其礼为之，则得罪于名教；不量力为之，则自破其家产。是不可不深念者。"③ 其中，祖宗祭祀是家礼的根本，体现了尊祖敬先的伦理观念。如陆世仪《思辨录》曰："教家之道，第一以敬祖宗为本。敬祖宗，在修祭法。祭法立，则家礼行。家礼行，则百事举矣。"④

　　总之，家族伦理教化主要包括尊祖敬先、纲常有序和礼仪规范等方面的教化，其目的在于使宗法家族运行既能遵循儒家伦理和纲常，又能走向繁荣兴盛。

---

① 方孝孺著，徐光大校点：《逊志斋集》卷一，第15页。
② 《北京图书馆古籍珍本丛刊》第80册，书目文献出版社1996年版。
③ 《丛书集成初编》第976册，第8页。
④ 陈宏谋辑：《五种遗规·训俗遗规》卷二，第254页。

第二节　门当户对的家族婚姻观

宗法社会中的婚姻不仅是个体的人生大事，更是繁衍子孙和继承宗祧的家族大事。《礼记·昏义》曰："昏礼者，将合二姓之好，上以事宗庙，而下以济后世也。故君子重之。"婚姻对于家族传承和发展具有重要作用和重大意义，所以江南家训非常重视婚姻观念的教化。家族婚姻观念的教化主要包括六个方面，即择门第，重家风，戒奢靡，循婚龄，慎再娶，谨媒妁。

一是择门第。婚姻是合二姓之好，因此婚配双方都非常注重对方门第的般配性。如钱惟演《谱例一十八条》："娶妇必须不若吾家者，不若吾家，则妇之事舅姑必执妇道。三日庙见拜谒，然后方许房族尽礼，以见尊祖敬宗之意。""嫁女必须胜吾家者，胜吾家，则女之事人必钦必敬。毋违夫子，而箕帚有托，蘋蘩有主，不负顾育而罹父母之忧矣。"① 嫁女胜吾家，娶妇不如吾家，这是古代婚嫁门第选择的一般原则。虽有门第高低取向，但并不是一味攀高枝，而是一种倡导女子遵守妇道的婚娶原则。

不少家训认为婚配门第的选择应当讲究人物门第相当。如袁采《袁氏世范》曰："男女议亲，不可贪其阀阅之高，资产之厚。苟人物不相当，则子女终身抱恨，况又不和而生他事者乎！"② 袁采认为

---

① 《苏州吴县湖头钱氏宗谱》卷首，光绪七年本，转引自费成康主编《中国的家法族规》附录，第253页。

② 袁采：《袁氏世范》，第48页。

议亲贵在人物相当。汪辉祖《双节堂庸训》也认为婚嫁攀高亲无益，其曰："嫁女胜吾家，娶妇不如吾家，则女子能执妇道。前贤虑事极周。世俗多援系之见，无论嫁娶，总惟胜己者是求。夫富与富接，贵与贵比，人情也。两家地位相当，自尔往来稠密。稍分高下，渐判亲疏，势实使然，贤者不免。故五伦之内，不辍姻亲，气谊浃洽，即为朋友。如不相孚，虽姻何益。"[①] 两家地位相当，往来才能稠密，否则易生疏远。姚舜牧《训后》亦曰："凡有婚娶，必择门当户对之家，访其父母之行止，及婿妇之性行，毋务扳高。"[②]

当然，对于士、农、工、商之外的那些微贱之人，家训也是明令禁止与其通婚。如项乔《项氏家训》曰："良贱为婚，律有明禁。古谓嫁女须胜吾家、娶妇须不若吾家者，盖指家资，不指门地。若无门地，岂有家法？况族人相见，不便称呼。除已前不论外，今后若与微贱人家结亲，即系微贱人家子弟，不许入祠陪祭，不许族人与其婚嫁酒席。"[③]

二是重家风。除了门第外，婚嫁者个人品性及其家风情况更受到婚配之家的关注。如叶梦得《石林治生家训要略》曰：

> 无家教之族，切不可与为婚姻。娶妇固不可，嫁女亦不可。此虽吾惩往失痛之言，然正理古今不异。《礼记》者云："为子孙娶妻嫁女，必择孝悌，世世有行仁义者。"如是则子孙慈孝，不敢淫暴。党无不善，三族辅之。故曰："凤凰生而有仁义之

① 汪辉祖：《双节堂庸训》，第86页。
② 姚舜牧：《来恩堂草》卷一六，《四库禁毁丛书辑刊》集部第107册，第261页。
③ 项乔撰，方长山、魏得良点校：《项乔集》，第518页。

意，狼虎生而有暴戾之心。"两者不等，各以其母。呜呼，慎
戒哉！①

叶梦得认为无家教之族，切不可与为婚姻，因为无家教者难以培养
出孝悌子孙。因此，良好的家风家教极为婚约之家所重视。又如姚
舜牧《药言》曰："凡议婚姻，当择其婿与妇之性行及家法何如，
不可徒慕一时之富贵。盖婿妇性行良善，后来自有无限好处。不然，
虽贵与富无益也。"② 姚舜牧认为婚娶当以婿与妇之品行及其家风为
主要选择标准，徒取贵与富无益。汪辉祖《双节堂庸训》亦曰：
"子孙繁昌，类皆先世积善所致。择婿聘妇，俱望其裕后兴宗。残刻
之家，富不可保，贵亦难恃。目前荣盛，转睫雕零。惟恭俭孝友，
家风醇谨者，其子女目濡耳染，无浇薄习气，可以为婿，可以为妇。
虽境地平常，余庆所钟，必有承其流泽者。"③ 汪辉祖认为缔结姻缘
宜取厚德之家。

有的家训还从儒素家风出发列举了婚娶择取的标准和禁令。如
徐三重《家则》曰：

　　婚娶必择旧门儒素，有礼义家法者，不得苟慕富贵。古有
五不娶，世多议其过，盖哲人慎微，正士谨节，毋缘一时圈幸
之心，遂违自古经常之训。五不娶，谓逆家子不娶，乱家子不
娶，世有刑人不娶，世有恶疾不娶，丧父长子不娶。长子，长

---

① 《丛书集成续编》（台版）第60册，第498页。
② 《丛书集成初编》第976册，第3页。
③ 汪辉祖：《双节堂庸训》，第87页。

女也，谓无父且无兄也。①

所谓"五不娶"，是由于此五种女子有悖于儒素家风，不符合礼义家法，不利于培养孝悌子弟。徐三重认为娶妇以择妇为主，妇人以清雅为贵，要知书达礼。其《家则》曰："娶妇以择妇为主，正不可苟，门户不在豪华，而贵清雅，其人读书、知礼、守儒。素若陋俗嗜利者，亦所不宜。其女子性行于此关一二，不可不谨。豪华之家，其女子必侈汰；不知礼之家，其女子必懻悍；陋俗之家，其女子多不识大体。虽其中不能无间出，要之慎始当如是。是非闻见所及，询访不可少也。"②

三是戒奢靡。江南家训提倡节俭嫁娶，反对奢靡浪费的婚礼。如徐三重《家则》曰："婚姻之礼，其仪式具在文公《家礼》。亲迎奠雁，俱不可废。一应俗节繁费，以古礼裁之，不享宾，不用乐。近世婚姻之费太广，因有力之家，穷极以为夸耀，当听彼富贵者自为之。君子自有圣贤典则可依，不必勉循时俗也。"③ 徐三重认为嫁娶礼仪当遵从朱熹《家礼》所规定，不可废弃，但不可奢靡浪费，以节俭为要。又如许汝霖《德星堂家订》曰：

> 伦莫重于婚姻，礼尤严于嫁娶。古人择配，惟人家声；今则不问门楣，尚求贵显。因之真假难究，亦且晤对不伦，妇或反唇，婿且抗色，嫌滋妯娌，衅启弟昆，种种不祥，莫可殚

---

① 徐三重：《明善全编》，《四库存目丛书·子部》第 106 册，第 146 页。
② 徐三重：《明善全编》，《四库存目丛书·子部》第 106 册，第 146 页。
③ 同上书，第 145 页。

述。若既门户相当，原欲情文式协，而女家未嫁之先，徒争贿币，男家既娶之后，又责妆奁，彼此相尤，真可浩叹！亦思古垂六礼，文公家训，合而为三，可知事贵适宜，何烦缛节？但求允问名，原无浮费，而请期纳聘，每有繁文。因与一二同志，再三酌定，如职居四民，产仅百亩，聘金不过十二，绸缎亦止数端，上之六十、八十，量增亦可，下则十金、八金，递减无妨。度力随分，彼此俱安。而亲迎之顷，舟车鼓乐，仪从执事，一切从简，总勿徇时。乃近来妇家，或于扶轮奠雁之外，纵仆拦门，拉婿拜轿，此破落户之陋规，亦乡小人之鄙习，可骇可嗤，亟宜痛戒。若夫女家嫁赠，贫富虽殊，而荆布可风，总宜俭约。纵有厚资，不妨助以田产，资以生息，使之为久远之谋。切勿多随臧获，厚饰金珠，徒炫耀于目前，致萧条于日后。至于宗亲世胄，丰俭自有尊裁，赠遗岂敢定限？但求有典有则，可法可传。则所裨于风俗固厚，所贻于儿女亦多矣。不揣葑菲，敢献刍荛。①

嫁娶不能不遵礼，但又不可奢靡夸耀，许汝霖《德星堂家订》不但对朱熹《家礼》嫁娶礼俗进行了简化，而且规定了各种礼数的费用上限，以求节俭之风。

江南家训反对奢靡婚姻还体现在对聘礼或奁赀的轻视。如姚舜牧《药言》曰："余嫁女不论聘礼，娶妇不论奁赀，令新兴抵舍，

---

① 《丛书集成初编》第977册，第2页。

房闼中不留一文。是儿曹所共知见者，后人当以为式。"① 姚舜牧要后人当他为榜样，嫁女不论聘礼，娶妇不论奁赏。徐三重《家则》亦曰："娶妇嫁女，只据吾力所及，不必因彼处贫富。夫娶妇不望其陪嫁，嫁女不利其聘财，则彼贫富，于吾何有？但以古礼时宜，酌为丰俭之中，断然行之。不以纷纷迁就，则自然情礼两尽，为可通行矣。"② 徐三重认为娶妇和嫁女只要量力而行即可，不必计较彼此贫富。再如汪辉祖《双节堂庸训》曰："嫁娶之事，动曰颜面攸关。千方百计，典借饰观。无本之流，涸可立待。成婚后，稍不周到，徒费口舌，有因而龃龉者。订姻之初，宜从朴实，勿以媒妁所诳，作重聘厚奁之想，庶无后悔。"③ 汪辉祖也认为婚嫁宜量力而行，不可被媒妁所诳，贪图重聘厚奁，否则后悔无穷。

四是循婚龄。古代婚俗有许多陋习，比如幼婚，即小孩尚未懂事就订下娃娃亲。对此，江南家训多批评和反对。如袁采《袁氏世范》认为男女不可幼议婚，其曰："人之男女，不可于幼小时便议婚姻。大抵女欲得托，男欲得偶，若论目前，悔必在后。盖富贵盛衰，更迭不常。男女之贤否，须年长乃可见。若早议婚姻，事无变易，固为甚善，或昔富而今贫，或昔贵而今贱，或所议之婿流荡不肖，或所议之女狠戾不检。从其前约则难保家，背其前约则为薄义，而争讼由之以兴，可不戒哉！"④ 袁氏认为订立幼婚容易引起争讼之事，因为幼婚订立时既不知今后双方家庭是否有变故，也不知婚约

---

① 《丛书集成初编》第 976 册，第 12 页。
② 徐三重：《明善全编》，《四库存目丛书·子部》第 106 册，第 146 页。
③ 汪辉祖：《双节堂庸训》，第 85 页。
④ 袁采：《袁氏世范》，第 48 页。

男女今后人品如何。徐三重《家则》亦有相似观点，其曰："生女许婚，宜待笄年，不得太早。世俗多有幼小受聘者，数岁之内，不惟男女变故难期，且家事亦有聚散。婿或孤贫无倚，妇家不免收赘。异族同处，内外当闲，此慎微别嫌第一事也。若年齿各长，此嫁彼娶，宁复虑此?"① 张履祥《训子语》则从妇之性行着眼点来批评幼婚习俗，其曰："古人有言：'妇者，家之所由废兴也。'今人订婚既早，妇之性行未可豫知。世教久衰，闺门气习复难深察。娶妇贤孝，固为幸事。若其失教，在为夫者，谆复教导之；为舅姑者，详言正色以训诫之；姒娣先至者，亦宜款曲开谕，使其知所趋向，久而服习，与之俱化矣。不可遽尔弃疾，坐成其失也。教妇初来，今日新妇，他日母姑，如何忽诸?"进而提出订婚最佳年龄段，其曰："古者男子三十而娶，女子二十而嫁，其婚姻之订，多在临时。近世嫁娶已早，不能不通变从时。男女订婚，大约十岁上下，便须留意，不得过迟，过迟则难选择。选择当始自旧亲，以及通家故旧，与里中名德古旧之门，切不可有所贪慕，攀附非偶。"②

五是慎再娶。三妻四妾是古人对男人婚娶数量之多的形容，但江南家训对于续娶与娶妾还是持谨慎态度。如叶梦得《石林治生家训要略》曰："妻亡续娶，及娶妾生子，俱不幸之事，鲜有不至乖离酿成家祸者，切宜慎之。"③ 叶梦得认为续娶与娶妾都容易酿成家祸，切宜谨慎对待。对于丧妻者续娶，家训倡导宜择贤妇。如袁采

① 徐三重：《明善全编》，《四库存目丛书·子部》第 106 册，第 144 页。
② 张履祥撰，陈祖武校点：《杨园全集》，第 1367 页。
③ 《丛书集成续编》第 60 册，第 498 页。

《袁氏世范》曰："中年以后丧妻，乃人之大不幸。幼子稚女无与之抚存，饮食衣服，凡闺门之事无与之料理，则难于不娶。娶在室之人，则少艾之心，非中年以后之人所能御。娶寡居之人。或是不能安其室者，亦不易制。兼有前夫之子，不能忘情，或有亲生之子，岂免二心！故中年再娶为尤难。然妇人贤淑自守，和睦如一者，不为无人，特难值耳。"① 中年丧妻宜娶贤妇，以抚育幼子稚女。

　　江南家训对于娶妾有较多训诫，一般是反对娶妾。如徐三重《家则》曰："古者无子置妾，定以年齿，盖甚不得已也。若孕育已繁，更营姝丽，此则明示淫汰已耳。夫妾婢既滥，子女杂出，各私其类，便生异同。若无礼义之维，难免乖离之衅，中人或衰孝敬，不肖者遂滋忿争，恐薄世浇俗，所必至也。此窃谓嫡室或鲜生育，乃缘继续大事，不得不有畜置。纵干年齿，不免通俗，亦须明正大体，务使相安，礼序乐和，以成家范。此在吾儒，以躬修古学裁之。然又当知有子而无妾，亦家门善事也。"② 汪辉祖《双节堂庸训》也指出有子勿轻置妾："美女入室，恶女之仇，自古为然。故素相爱敬之伉俪，因妾生嫌，渐致反目。妇已有子，自可毋庸置妾。先贫后富、先贱后贵者，尤所不宜。实于品行有关，不仅室家可虑。"③ 娶妾易引起妻妾生嫌而反目，特别是妻妾子女杂出，各私其类，容易破坏家庭和睦而导致纷争四起。张履祥《训子语》则认为妾出身微贱，缺乏教养，难以培养其子女。其曰："人无贵贱，各有贤

　　① 袁采：《袁氏世范》，第45—46页。
　　② 徐三重：《明善全编》，《四库存目丛书·子部》第106册，第146页。
　　③ 汪辉祖：《双节堂庸训》，第72页。

愚。妾媵之中，岂尽无良？但因出于微贱，即甘自菲薄；素无教训，即不识礼义。是以求其贤者，十恒不得一二也。母既如是，子女所生，气习便异。吾于亲党验之熟矣。此辈不畜为上，或无子及他不得已而畜之，要使难进易退，严之以礼，督之以勤，宁过毋不及。若委以事权，假以名分，鲜有不生祸败者。语云：'腐木不可以为柱，卑人不可以为主。'慎鉴哉！"①

只有那些无子者，方可娶妾。对此，家训也有严格的训诫，一般认为四十岁无子方许娶妾。如《郑氏规范》曰："子孙有妻子者，不得更置侧室，以乱上下之分，违者责之。若年四十无子者，许置一人，不得与公堂坐。"② 又如项乔《项氏家训》曰："子孙虽富，四十以上无子方许娶妾，违者斥为淫汉，不许入祠陪祭。虽贵而有子，亦不许娶妾。此不独使正妻免于争宠，诸子免相争财，且可专养精力以报朝廷。"③ 娶妾也应注重妾的性行品德。如陆树声《陆氏家训》曰："娶妾必择其父母良善朴实，女子性行端谨。其市井商贩、客土浮寄者，虽姿色绝伦细微难保。乃若娼优下贱之女，纵有色艺，在良人家不宜畜，不惟虑子息难处，尤恐玷污家门。"④ 反对以才色为标准来择妾。如汪辉祖《双节堂庸训》曰："为宗祧而置妾，非得已也。当择其厚重有福相者，毋以色选，即才艺亦非所尚。盖厚重之人，必能下其正室；有福相可因子贵。矜才者巧，恃色者佻，皆非载福之器，且断断难与正室相

---

① 张履祥撰，陈祖武校点：《杨园全集》，第1368—1369页。
② 《丛书集成初编》第975册，第10页。
③ 项乔撰，方长山、魏得良点校：《项乔集》，第518页。
④ 秦坊：《范家集略》卷二，《四库全书存目丛书·子部》第158册，第293页。

安，所系于家道甚钜。"① 当然，除了严格训诫男子娶妾外，对于那些不能生育的正室，也被要求包容丈夫置妾以承桃为重。汪辉祖《双节堂庸训》曰："娶妇著代承桃为重。既不宜，男礼宜置妾。贤明之妇，自知大义。不幸而妇性猜妒，亦当晓以无后之礼。偏于所爱，纵之使骄，曲徇悍妇之私，忍绝先人之祀，生无以对里党，死无以见祖宗，真不可为人，不可为子。"②

男子再娶是为了传宗接代，延续家族香火，但妇人再嫁则被认为有悖于守节之妇道，所以男子再娶也不提倡娶醮妇。如汪辉祖《双节堂庸训》曰："妇人义止从一，故能以夫为天。既已贰之，妇德乖矣，分不宜娶，不待智者而知也。然或家贫而不能备礼，或丧偶而已近衰年，非醮妇莫为之室者，欲延桃祀不得不权宜迁就，大非幸事。此与室女有间，尽可从容访问，以家贫性顺，无子女者为尚。不然，慎毋草草。至贪其膡资，尤为大谬。"③

六是谨媒妁。古代婚姻讲究"父母之命，媒妁之言"，家训对此亦有教化。如袁采《袁氏世范》认为男女嫁娶当父母择配偶，其曰："有男虽欲择妇，有女虽欲择婿，又须自量我家子女如何。如我子愚痴庸下，若娶美妇，岂特不和，或有他事；如我女丑拙狠妒，若嫁美婿，万一不和，卒为其弃出者有之。凡嫁娶因非偶而不和者，父母不审之罪也。"④ 父母是子女嫁娶的主要责任人，关系子女未来的命运和幸福，因此父母为子女择妇和择婿，不可不慎重。袁采《袁

① 汪辉祖：《双节堂庸训》，第 72 页。
② 汪辉祖：《双节堂庸训》，第 71 页。
③ 同上书，第 74 页。
④ 袁采：《袁氏世范》，第 49 页。

氏世范》还认为媒妁之言不可尽信，其曰："古人谓'周人恶媒'，以其言语反复。给女家则曰男富，给男家则曰女美，近世尤甚。给女家则曰：男家不求备礼，且助出嫁遣之资；给男家则厚许其所迁之赂，且虚指数目。若轻信其言而成婚，则责恨见欺，夫妻反目，至于仳离者有之。大抵嫁娶固不可无媒，而媒者之言不可尽信。如此，宜谨察于始。"① 媒妁虽是婚姻的桥梁，但其言语易于反复，可信度低，所以媒妁之言也不可尽信。

总之，宗法社会的家族婚姻是以繁衍子孙和继承宗祧为根本任务，家族婚姻观念的教化始终以家族传承为基本要求，而对于婚姻男女自身的主体性和幸福感则基本无涉。

第三节　量入为出的家族经济观

农耕社会的家族经济是以小农经济为主要形态，其主要特点是自给自足的自然经济。江南家训对于农耕家族经济观念的教化也体现了这种自给自足的经济特点，其主要观念是俭而不啬，量入为出，债不轻举，田产宜置。

其一，俭而不啬。

节俭既是一种美德，也是一种适应小农经济形态的家族经济观念，以维持农耕社会中家庭和家族的基本生存和传承发展。正因为节俭有利于家族生存和传承，因而被视为一种传统美德。叶梦得

---

① 袁采：《袁氏世范》，第49—50页。

《石林治生家训要略》曰："夫俭者，守家第一法也。故凡日用奉养，一以节省为本，不可过多。宁使家有盈余，毋使仓有告匮。且奢侈之人，神气必耗，欲念炽而意气自满，贫穷至而廉耻不顾。俭之不可忽也若是夫。"① 家有盈余，则易于生存；仓廪告匮，则难以维持生计，所以节俭乃守家第一法。又如张永明《家训》曰：

> 俭，德之共也，能崇尚俭约，深自樽节。省口腹之欲，抑耳目之好，不作无益以害有益，不务虚饰以损实费。食可饱而不必珍，衣可暖而不必华，居处可安而不必丽，吉凶宾客可修礼而不必侈。如此，则一身之求易供，而一岁之计可给。既免称贷举，息俯仰求人，又且省事寡过，安乐无忧。故富者能俭，则可以常保；贫者能俭，则可以无饥寒。岂不美哉？②

富者能俭，可以常保；贫者能俭，可以无饥寒。这正是农耕社会中家族生存的基本法则，因而节俭被视为一种美德。又如陈其德《垂训朴语》曰："家道寖昌如春树发花，初见蓓蕾，继以畅茂，一朝烂漫而凋谢随之，始于俭卒于奢，卒而零落不可继，自然之理也。家居百凡从俭饮食，尤不宜若流，亲朋宴洽不得逾六簋。古人真率会，谓有三养：清虚以养胃，节啬以养福，省费以养财。"③ 俭使家道寖昌，奢使家道凋零，所以节俭具有养福之功。

家居节俭以饮食和服饰为主要表现。家训对此多有教化，如徐

---

① 《丛书集成续编》（台版）第 60 册，第 497 页。
② 张永明：《张庄僖文集》卷五，《文渊阁四库全书》第 1277 册，第 383 页。
③ 张伯行辑：《课子随笔钞》卷三，《丛书集成续编》（台版）第 61 册，第 54 页。

三重《家则》曰："古者以膏粱为鄙，蔬茹为贤，肉食乃富贵之供，兼味岂家常之素？至于宰杀，尤属饕残。吾徒自顾功能，兼图作法，日用口腹，当有节度。至于相知偶，过随有而设，杂具园蔬，稍加于自养，不脱乎家风，事则美矣。若特东设客，酌于丰约，第取可常，于客不为凉，于我不为愧，礼至于情周，何辞见恕？脱有权豪之客，过责丰仪，彼或能尊俎风波，谨当以贫率辞谢。"[①] 这是饮食节俭的倡导和教化，认为饮食应以膏粱为鄙，蔬茹为贤。又曰："服饰一事，最关性行。改玉改行，不衷为灾。昔人以此卜祸福灾祥，正以身之所安，必其意念所托耳。士大夫朝有法服，固难溢度。若其私居行散，务在朴素典雅，不得夸奇务新，无益市怜，徒滋佻薄。至于良人妇女，礼衣私服，自以俭质为贤，雅洁为美。奢僭逾分，尤非家风，何况妖巧无度？如匪人所饰，尤而效之，不足窥其心之所存耶，此尤非贤明妇人，亦岂宜为士大夫妻也？"[②] 这是服饰节俭的倡导和教化，认为衣服须求朴素雅洁，而不应奢僭逾分，妖巧无度。

何士晋《宗规》则认为节俭不光是表现在平时日用起居上，一些重要吉凶礼节也应做到节俭。其曰：

> 老氏三宝，俭居一焉。人生福分，各有限制。若饮食衣服，日用起居，一一朴啬。留有余不尽之享，以还造化。优游天年，是可以养福。奢靡败度，俭约鲜过，不逊宁固，圣人有辨，是

---

①　徐三重：《明善全编》，《四库存目丛书·子部》第 106 册，第 151 页。
②　同上书，第 152 页。

可以养德。多费多取，至于多取，不免奴颜婢膝，委曲徇人，
自丧己志。费少取少，随分随足，浩然自得，是可以养气。且
以俭示后，子孙可法，有益于家。以俭率人，敝俗可挽，有益
于国。世顾莫之能行，何哉？其弊在于好门面一念始。如争于
好赢的门面，则鬻产借债，讨人情钻刺，不顾利害。吉凶礼节，
好富厚的门面，则卖田嫁女，厚贿聘媳。铺张发引，开厨设供。
倡优杂遝，击鲜散帛，乱用绫纱。又如招请贵宾，宴新婿，与
搬戏许愿，预修祈福，力实不支，设法应用，不知剜肉补疮，
所损日甚。此皆恶俗，可悯可悲！噫，士者，民之倡；贤智者，
庸众之倡。责有所属，吾日望之。①

何士晋认为节俭可以养气、养德和养家，而奢侈无度不仅会丧志失
德，还会败财破家，特别是婚丧嫁娶等一些重大礼节活动，如果为
了门面而不顾财力，往往容易使家财大丧元气。所以不仅日用起居
要节俭，吉凶礼节更要注重节俭，禁止铺张浪费的恶俗。

节俭必须持之以恒。如袁采《袁氏世范》曰："人有财物，虑
为人所窃，则必缄縢扃镝，封识之甚严。虑费用之无度而致耗散，
则必算计较量，支用之甚节。然有甚严而有失者，盖百日之严，无
一日之疏，则无失；百日严而一日不严，则一日之失与百日不严同
也。有甚节而终至于匮乏者，盖百事节而无一事之费，则不至于匮
乏，百事节而一事不节，则一事之费与百事不节同也。所谓百事者，
自饮食、衣服、屋宅、园馆、舆马、仆御、器用、玩好，盖非一端。

---

① 张文嘉辑：《重定齐家宝要》，《四库全书存目丛书·经部》第 115 册，第 670 页。

丰俭随其财力，则不谓之费。不量财力而为之，或虽财力可办，而过于侈靡，近于不急，皆妄费也。年少主家事者宜深知之。"① 袁采认为节俭应该持之以恒，一以贯之，如果一日不严，一事不节，那么一日之失与百日不严同，一事之费与百事不节同。

节俭还必须勤劳。如汪辉祖《双节堂庸训》曰："余言：'佐治、学治，皆以勤为本。'治家亦然。不惟贫者力食，非勤不可；即富者租息之增减，管钥之出纳，无一不须筹画。婢媪之功、僮奴之课，不历历钩稽，则怠者不做，劳者无劝，未有不相率而归于惰者。至宾祭酬酢，在在皆关心力。不则，濡迟误事，简略贻讥。胜我者以为慢，不知我者以为骄，慢与骄，咎所由起也。谚曰：'男也勤，女也勤，三餐茶饭不求人。女也懒，男也懒，千百万亩终讨饭。'盖谚也，而深于道矣。"② 俭是节流，勤是开源，只有节流须与开源相结合，家庭才能真正富裕，更利于家庭生存。

虽然节俭是要求生活俭省和节用，但节俭并不是吝啬，节俭也应符合礼仪道德。叶梦得《石林治生家训要略》曰：

> 自奉宜俭，至于往来相交，礼所当尽者，当即使尽之，可厚而不可薄。若太鄙吝废礼，何可以言人道乎？面又何以施颜面乎？然开源节流，不在悭琐为能。凡事贵乎适宜，以免物议也。③

① 袁采：《袁氏世范》，第 103 页。
② 汪辉祖：《双节堂庸训》，第 68 页。
③ 《丛书集成续编》（台版）第 60 册，第 498 页。

节俭也应贵乎适宜，而不应过于吝啬。汪辉祖《双节堂庸训》亦指出节俭与吝啬不同。其曰："俭，美德也。俗以吝啬当之，误矣。省所当省曰俭；不宜省而省，谓之吝啬。顾吝与啬又有辨，《道德经》：'治人事天莫如啬。'注云：'啬者，有余不尽用之意。吝，则鄙矣。'俭之为弊，虽或流于吝，然与其奢也，宁俭。治家者不可不知。"① 省所当省曰俭，不宜省而省谓吝啬，倡导俭而不倡吝啬，但与奢靡相比，宁吝而勿奢。

值得注意的是，俭虽是一种美德，但当俭逾越其度时，则成了"恶德"。倪思《经钮堂杂志》曰："俭而能施，仁也。俭而寡求，义也。俭以为家法，礼也。俭以训子孙，智也。俭而悭吝，不仁也。俭复贪求，不义也。俭于其亲，非礼也。俭其积遗子孙，不智也。"②

节俭成为农耕社会中家族经济的重要原则，其原因在于农耕生产对自然的依赖较强，而人力的能动性较弱，因此农耕生产所获得的生存物质较为缺少保障，必须通过节俭来增强其保障性。张永明《家训》曰："生物之丰败由天，用物之多少由人。不能节，则虽盈必竭；能节，则虽虚必盈。俭者，奢之药；奢者，俭之病。奢者，多忧；俭者，多福。能终其俭者，可以为天下牧。"③ 这正道出了俭能多福及其成为家族经济重要原则的原因。

其二，量入为出。

节俭是基于农耕社会中家庭和家族经济与财物收入而倡导的经

---

① 汪辉祖：《双节堂庸训》，第 65 页。
② 陈宏谋辑：《五种遗规·训俗遗规》，第 192 页。
③ 张永明：《张庄僖文集》卷五，《文渊阁四库全书》第 1277 册，第 383 页。

济原则，因此与此相关的另一种重要家族经济观念则是量入为出，根据家族的实际收入来安排和执行开支。倪思《经鉏堂杂志》曰："富家有富家计，贫家有贫家计。量入为出，则不至乏用矣。用常有余，则可以为意外横用之备矣。今以家之用，分而为二，令尔子弟分掌之。其日用收支为一，其岁计分支为一。日用以赁钱俸钱当之，每月终，白尊长。有余，则趱在后月。不足，则取岁计钱足之。岁计以家之薄产所入当之，岁终，以白尊长。有余，则来岁可以举事。不足，则无所兴举。可以展向后者，一切勿为，以待可为而为之。或有意外横用，亦告于尊长，随宜区处。"① 把家之用分为两部分，一部分为日用收支，一部分为岁计分支。日用收支每月一结算，有余则趱在后一个月当中，不足则从岁计中补足。每年岁末结算岁计，有余则可以计划来年所办之事，不足则停办相关之事。

　　量入为出的家族经济观念以江西金溪陆九渊之兄陆九韶的《居家正本制用篇》论述最为透彻，对后世影响深远。江南家训多在陆氏思想的基础上制定出"量入为出"相关执行办法。如浙江海宁许相卿《许云邨贻谋》曰：

　　　　梭山陆先生（陆九韶）曰："古制国用期九年，余三年之食。"今家计亦当量入为出，然后用度有准，丰俭得中，怨仇不生，子孙可守。每岁约计耕桑艺畜佃租所入，除粮差种器酒醋油酱外，所有若干，以十分均之，留三分为水旱不虞（专存米谷，逐年增仓），七分均十二月，有闰加一，取一月约三十分，

---

① 陈宏谋辑：《五种遗规·训俗遗规》，第190页。

日用其一（亲宾饮馔，子弟纸笔，先生束脩，干事奴仆衣费，皆取诸其中）。可余不可尽，用七为中，五欠为啬。计余置，藉以供衰葛，修墙屋，备医药，充庆吊、时节馈遗。又余，周族邻，赈贫贤，恤狐嫠，给佃人，修桥梁诸义事。（余多恐渐富入侈，陷于罪过矣）若产少用广，但当一味节啬，不可侵用次日之物，多难补，渐至困急，诸如前所云，一切不讲，免致于求亲旧，以增过失责望，故素以生怨尤，负讳通借，以招耻辱。所谓存十之三分者，不能，则存二分，不能，则存一分，又不能，则苦身节用，稍存赢余，然后家可长久。不然，一旦不虞，必遂破家矣。所谓一切不讲者，非绝其事，但不能以财为礼耳。如吊丧，则先往后罢，为助宾客，则煮茗清淡而已。奉亲最重也，啜菽饮水，尽其欢。送终最大也，敛手足形还葬悬棺而封。祭祀最严也，蔬食菜羹致其敬。凡事皆然，则理何歉，我何愧？而家可永保矣夫。①

许相卿认为每年的家族收入应分为十份，三份以备水旱不虞等非常时期之用，七份为日常生活之用。其中七份又均分到十二个月当中，有闰月则加一个月为十三个月。每月又分为三十份，每日用其一，即三百六十分之七或三百九十分之七。每天的开支要做到有余而不可用完，以使用七分为适中，用五分则显得吝啬。一年下来，如有节余，则用于改善穿衣、住宿等提高生活质量上；如再有节余，则用于周赈邻居、贫困者及其他善事。遇到产少用广，即入不敷出之

---

① 《丛书集成初编》第 975 册，第 15—17 页。

时，唯一的办法就是尽量节啬，不可侵用次日之物。储备之物以十分之三为基本标准，如不能达到，也要做到十分之二，还不能达到，则要做到十分之一。如果实在不行，也要苦身节用，稍存赢余，以备不虞之需。显然，这是农耕社会典型的家族经济支出观念，对于家族的基本生存具有重要作用。

其三，债不轻举。

基于家族收入而倡导和教化的另一种重要经济观念则是债不可轻举，因为举债容易超支，超出家族收入所能承受的范围。如袁采《袁氏世范》曰："凡人之敢于举债者，必谓他日之宽余可以偿也。不知今日之无宽余，他日何为而有宽余？譬如百里之路，分为两日行，则两日可办；若欲以今日之路使明日并行，虽劳苦而不可至。凡无远识之人，求目前宽余而那积在后者，无不破家也。切宜鉴此！"[1] 举债是预先支出，把明天的收入提前到今天来使用，增加了支出的困难，因此债不可轻举。汪辉祖《双节堂庸训》也认为不可轻举债，其曰："缓急相通，举债亦不能免。要必不得已，而后为之。须先权应借之故，得已即已。或因借主息轻，以为不妨多借，不知多借则多用，已为失算。若出轻息以博重息，从而牟利，则人负我，而我不能负人，尤速贫之道也。"[2] 汪辉祖认为举债不可避免，但应权衡应借之故，切不可因借款利息低而多借多用，否则容易被他人所利用。汪辉祖《双节堂庸训》还认为借债宜速偿还，其曰："假债济急，即当先筹偿之之术。与人期约，不可失信。谚云

---

① 袁采：《袁氏世范》，第 166 页。
② 汪辉祖：《双节堂庸训》，第 100 页。

'有借有还，再借不难'，真格言也。因循不果，至子大于母，则偿之愈难，索之愈急。不惟交谊终亏，势且负累日重。"① 借债速还，一是因为不及时还债易于失信；二是因为当利息多于本金时，偿还就越来越难。

除了不可轻易向他人借债外，也不可轻易贷债给他人。如袁采《袁氏世范》曰："有轻于举债者，不可借与，必是无籍之人，已怀负赖之意。凡借人钱谷，少则易偿，多则易负。故借谷至百石，借钱至百贯，虽力可还，亦不肯还，宁以所还之资为争讼之费者，多矣。"② 贷债给他人，容易引起借贷纠纷，所以袁采认为贷债给他人亦不可轻举。又如姚舜牧《药言》曰："无端不可轻行借贷，借债要还的，一毫赖不得。若家或颇过得，人有急来贷，宁稍借之，切不可轻贷，后来反伤亲情也。若作保作中，即关己行，尤切记不可。"③ 贷债容易，索债难，最终反伤亲情和自己的品行。

借贷之间的利息本是商业社会重要的正常生财手段，但农耕社会却视这种利息为洪水猛兽。如汪辉祖《双节堂庸训》曰："以本生息，治家者不能不为。然借户奸良不一，最须审察。经纪诚实之人掂斤簸两，子母相权，必不肯借重息作本。其不较息钱，急于告贷者，原无必偿之志。谚所云'口渴吃咸菜卤也'，利上加利，亦所不较。而终归于一无所偿。故甘出重息之户，不宜出贷。"④ 借款者出重息借贷被视为一种不诚实的借贷行为，因为出贷者担心借款者

---

① 汪辉祖：《双节堂庸训》，第 101 页。
② 袁采：《袁氏世范》，第 165 页。
③ 《丛书集成初编》第 976 册，第 7 页。
④ 汪辉祖：《双节堂庸训》，第 100 页。

欺诈而不还款，这其实也是一种基于量入为出的农耕经济思维而形成的畸形观念。

其四，田产宜置。

农耕社会中田产是家族经济来源的主要支撑者，有了田产则意味着家族经济有了稳定的来源，而江南又田产丰饶、土地肥沃，所以江南家训对于家族经济观念的教化十分注重田产的置办。如叶梦得《石林治生家训要略》曰："有便好田产可买，则买之，勿计厚值。譬如积蓄，一般无劳经营而有自然之利，其利虽微而长久。人家未有无田而可致富者也。昔范文正公三买田地，至今脍炙人口。今人虽不能效法古人，亦当仰企为是。"① 所谓无劳经营而有自然之利，即指出农耕社会中田产的独特特点，对于支撑农耕家族经济具有重要作用。又如倪思《经钼堂杂志》曰：

> 士大夫家子弟，若无家业。经营衣食，不过三端。上焉者，仕而仰禄。中焉者，就馆聚徒。下焉者，干求假贷。今员多阙少，待次之日常多。官小俸薄，既难赡给。远宦有往来道途之费，纵余无几。意外有丁忧论罢之虞，不可不备。又还家无以为策，则居官凡事掣肘。若有退步，进退在我，易以行志矣。就馆聚徒，所得不过数十。有一书馆，争者甚众。未娶，就馆犹可。既娶之后，难远离家。在己为羁旅，在家则百事不可照嘱。或自有子，欲教不可。若稍有家业，则可免此患。纵不免就馆聚徒，亦不至若不可一日无馆者之

① 《丛书集成续编》（台版）第60册，第498页。

窘也。至于干谒假贷，滋味尤恶。不惟趑趄嗫嚅，此状可恶。奔走于道途，见拒于阍人，情况之恶，抑又可知。纵有所得无几，久而化为唇吻。洁特之士，化为无廉耻可厌之人。若乃假贷亲故，至一至再，亦难言矣。谚曰：做个求人而不成。此言有理。若自有薄产，无此恶况矣。吾家业虽不多，若自知节省，且为二十年计，可以使尔辈待阙，不至狼狈。既免聚徒就馆，又免干求假贷。谚曰：求人不如求己。此之谓也。①

倪思认为士大夫家子弟的谋生方式主要有三种，即仕禄、就馆和干谒，但仕宦员多阙少，且官小俸薄；就馆聚徒则羁旅难为顾家；干谒假贷又仰人鼻息，滋味尤恶，三者都是有求于他人的谋生方式。倘若置有田产数亩，则有稳定的经济来源，既免去了羁旅奔走之劳苦，又免去了仰人鼻息之痛苦。所谓求人不如求己，就是广置田产，自己丰衣足食。

当然，购置田产也需注意田产的正当来历。如袁采《袁氏世范》就认为违法田不可购置，其曰："凡田产有交关违条者，虽其价廉，不可与之交易，他时事发到官，则所费或十倍。然富人多要买此产，自谓将来拚钱与人打官司。此其癖不可救。然自遗患与患及子孙者，甚多。"② 购买违法田产容易引来后患，增子孙麻烦。又如姚舜牧《药言》曰："凡置田地房屋，先须查访来历明白，正契成交，价用

① 陈宏谋辑：《五种遗规·训俗遗规》，第191—192页。
② 袁采：《袁氏世范》，第161页。

足色足数，不可短少分毫，稍讨分毫便宜，后便有不胜之悔矣。贵买田地，积与子孙。古人之言，不我欺也。若贪图方圆一节，所损阴德不小，尤宜深戒。"① 购买田产，既不能上当受骗，也不能贪图便宜，应该讲究公正合理。

总之，江南家训的家族经济观念教化与自给自足的农耕经济形态是相适应的，其主要特点是以家族现有经济收入为立足点来进行开支和消费，试图保证家族开支限于家族收入的可控范围，进而保证家族财政永远有存量。

第四节　同宗互助的家族赈济观

同宗互助的家族赈济观念是尊祖敬宗家族伦理在家族赈济行为上的延伸和拓展，家族子孙个体虽亲疏有别，但就祖宗来源而言，则为同祖同宗，因此尊祖敬宗就必须赈济收族。如范仲淹《告诸子及弟侄》曰："吴中宗族甚众，与吾固有亲疏，然吾祖宗视之，则均是子孙，固无亲疏也。苟祖宗之意无亲疏，则饥寒者吾安得不恤也。自祖宗来积德百余年，而始发于吾，得至大官，若享富贵而不恤宗族，异日何以见祖宗于地下，今何颜以入家庙乎？"② 范仲淹认为宗族子孙虽众，但自祖宗视之，则无亲疏，自己因祖宗积德而至大官，享富贵须恤宗族，否则无颜于地下见祖宗。姚舜牧《药言》亦曰："通族之人，皆祖宗之子孙也。一有贵且贤者出，祖宗有知，必以通

---

① 《丛书集成初编》第976册，第12页。
② 《戒子通录》卷六，《文渊阁四库全书》703册，第71页。

族之人付托之矣。间有不能养，不能教，不能婚嫁，不能殓葬，及
它有患难，莫可控诉者，即当尽心力以周全之。此为人子孙承祖宗
付托分内事，切不可视为泛常推诿。"① 姚舜牧也认为通族之人皆为
祖宗之子孙，富贵贤能者必须承担祖宗托付而赈济同宗族人。吕祖
谦《家范》则认为敬宗则必收族，其曰："敬宗，故收族。收族，
如穷困者，收而养之；不知学者，收而教之。收族，故宗庙严。宗
族既合，自然繁盛，族大则庙尊。如宗族离散，无人收管，则宗庙
安得严耶？"②

　　家族赈济有两种方式，一种是通族力量，一种是个体力量。前
者是集整个家族或宗族力量来赈济贫弱者，后者是以个人或单个家
庭的力量来周济和帮助贫弱者。

　　通族力量主要表现在义庄的设立，以范仲淹为创始者。皇祐二
年（1050），身为资政殿学士、尚书、礼部侍郎、知杭州事的范仲
淹，以官俸所得，在苏州长洲、吴县买良田十多顷，将每年所得租
米赡养宗族，置屋以收贮和发放租米，号称义庄。范仲淹还制定了
《义庄规矩》十三条，其内容主要包括三个方面：一是规定了义米、
冬衣赈济的范围、数额和方法。此为前七条：

　　　　一、逐房计口给米，每口一升，并支白米。如支糙米，即
　　临时加折（支糙米每斗折白八升，逐月实支，每口白米三斗）。
　　　　二、男女五岁以上入数。

---

① 《丛书集成初编》第976册，第3页。
② 《吕祖谦全集》第1册，第284页。

三、女使有儿女在家及十五年，年五十岁以上，听给米。

四、冬衣每口一匹，十岁以下、五岁以上各半匹。

五、每房许给奴婢米一口，即不支衣。

六、有吉凶增减口数，画时上簿。

七、逐房各置请米历子一道，每月末于掌管人处批请，不得预先隔跨月分支请。掌管人亦置簿拘辖，簿头录诸房口数为额。掌管人自行破用或探支与人，许诸房觉察勒赔填。①

各房五岁以上男女，计口每天给米一升；冬衣每口一匹，五岁至十岁给半匹；奴婢给米，不支衣。义米发放时间为每月月末，由掌管人登记发放。

二是规定了嫁娶丧葬的数额。此为中间四条：

八、嫁女支钱三十贯（七十七陌，下并准此），再嫁二十贯。

九、娶妇支钱二十贯，再娶不支。

十、子弟出官人每还家待阙、守选、丁忧，或任川、广、福建官留家乡里者，并依诸房例给米、绢并吉凶钱数。虽近官，实有故留家者，亦依此例支给。

十一、逐房丧葬：尊长有丧，先支一十贯，至葬事又支一十五贯。次长五贯，葬事支十贯。卑幼十九岁以下丧葬通支七贯，十五岁以下支三贯，十岁以下支二贯，七岁以下及婢仆皆不支。②

---

① 范仲淹：《范文正公集》附录《建立义庄规矩》（万有文库本），540 页。
② 同上。

嫁女三十贯，再嫁和娶妇皆为二十贯；尊长丧葬可得钱十五贯至二十五贯，十岁以上至十九岁卑幼丧葬可得钱三贯至七贯。此外，丁忧或远宦者亦可得吉凶钱。

三是规定了赈济的范围及次序。此为最后两条：

十二、乡旦、外姻、亲戚，如贫窘中非次急难，或遇年饥不能度日，诸房同共相度谂实，即于义田米内量行济助。

十三、所管逐年米斛，自皇祐二年十月支给逐月粮粮并冬衣绢。约自皇祐三年以后，每一年丰熟，椿留二年之粮。若遇凶荒，除给粮粮外，一切不支。或二年粮外有余，却先支丧葬，次及嫁娶。如更有余，方支冬衣。或所余不多，即凶吉等事众议分敷均匀支给。或又不给，即先凶后吉；或凶事同时，即先尊口后卑口；如尊卑又同，即以所亡所葬先后支给。如支上件粮粮吉凶事外，更有余羡数目，不得粜货，椿充三年以上粮储。或虑陈损，即至秋成日方得粜货，回换新米椿管。①

除了宗族之外，乡旦、外姻、亲戚之类也可以量力赈济；赈济顺序以凶荒为优先，先凶后吉，先尊后卑。

此后，范仲淹二子范纯仁、三子纯礼、四子纯粹，从宋神宗熙宁六年到宋徽宗政和七年间又撰有《续定规矩》，对义庄的经营管理，以及财产保护等内容进行了规定和限制。南宋宁宗嘉定六年（1213），范仲淹六世孙范良又制定《续定规矩》，重申和完善范仲

---

① 范仲淹：《范文正公集》附录《建立义庄规矩》，第540—541页。

淹所定的《规矩》及保护族产。范仲淹所创设的义庄及其《规矩》具有重要的示范作用，江苏、浙江、安徽等江南地区的许多家族或宗族都设有义庄作为赈济家族或宗族成员。

除了专门的《义庄规矩》对家族赈济进行训诫外，一些普通家训也有相应的训诫。如方孝孺《宗仪》曰："故为睦族之法，祠祭之余复置田。多者数百亩，寡者百余亩，储其入，俾族之长与族之廉者掌之。岁量视族人所乏，而补助之。其赢则以为棺椁衣衾，以济不能葬者。产子者、婚嫁者、丧者、疾病者，皆以私财相赠遗。立典礼一人，以有文者为之，俾相族人吉凶之礼。立典事一人，以敦睦而才者为之，以相族人之凡役。世择子姓一人为医，以治举族之疾。其药物于补助之赢取之，有余财者时增益之。族之富而贤，立学以为教，其师取其行而文，其教以孝弟忠信敦睦为要。自族长以下，主财而私，典事而惰，相礼而野，不能睦族，没则告于祖，而贬其主，不祠。富而不以教者，不祠。师之有道别祠之，不能师者则否。"① 方孝孺提出置义田而赈济宗族成员的训诫。又如支大纶《议赈族》则明确了赈济对象，其曰："贫不能上养父祖、下养妻子者，量给之。""贫不能备衣衾棺椁送死者，量给之。""寡妇孤子上下无赖者，量给之。""贫不能娶不能嫁者，量给之。""贫不能葬祭者，量给之。""贫病不能延医养子而欲弃者，量给之。""子弟有美质而无力从师者，量给之。"② 这些救助对象主要包括贫、病、幼、

---

① 方孝孺著，徐光大校点：《逊志斋集》卷一，第41页。
② 支大纶：《支华平先生集》卷三六，《四库全书存目丛书·集部》第162册，第418—419页。

弱者为主体。

个体力量的赈济在家训中也有不少教化，主要倡导量力而行的赈济观。如姚舜牧《药言》曰："家稍充裕，宜由亲及疏，量力以济其贫乏，此是莫大阴骘事。不然，徒积而取怨，祸且不小矣。语云：'久聚不散，必遭水火盗贼。'此言大可自警。"① 汪辉祖《双节堂庸训》也训诫要量力赡族。其曰："同一祖系，一支富贵，必有数支贫贱，非祖荫有厚薄也。气之所行，盈虚相间，有损始有益，此盛则彼衰，理固然耳。我幸富贵，如之何不念贫贱者？顾富贵无止境，亦无定象。衣食有羡，即为丰饶；俸禄有余，即为充裕。宜俭约自持，节损所赢，以广祖宗之庇。有服之亲无子者，或立后，或祔食，使鬼不忧馁。极贫者，或给资，或分产，使人无失所。高曾以上，则置义田以恤之。昔宋范文正赡族义田，至今弗替。其规模宏远，虽万难几及，然自就己力，量赢筹办，为平地一篑之基，何患无继起以成其美者？必待甚有余而后为之，则终无为之之日矣。吾祖无百亩之户，公事动多掣肘，仁术一无可行。余夙锲于中，而佐幕食贫，窃禄未久有志焉，无能为也。后有贤达者，尚其念旃。"② 这些家训都认为，如果家有余力，可以依亲疏关系而救助家族贫弱者。

同宗互助的家族赈济有助于通族成员更好地生存和发展，更有利于贫弱者渡过难关，特别对天灾人祸的应对。因此，江南家训十分重视家族赈济观念的教化。

---

① 《丛书集成初编》第976册，第7页。
② 汪辉祖：《双节堂庸训》，第106页。

第五节　门第传承的家族兴替观

家族教化的根本对象是家族子孙，而子孙教化的根本目的是为了推动家族传承和发展，使门第传承得到延续。家族的兴盛发达和传承发展，离不开家治有序、家人和睦、家风向善和家业有承。

第一，家治有序。

江南家训对于家族治理有许多教化，主要涉及治事和治人两方面。

从治事方面来看，主要训诫家事的日常管理和家族安全的保护措施。袁采《袁氏世范》在这方面有诸多的教化。如其曰："人之治家，须令垣墙高厚，藩篱周密，窗壁门关坚牢，随损随修，如有水窦之类，亦须常设格子，务令新固，不可轻忽。虽窃盗之巧者，穴墙剪篱，穿壁决关，俄顷可辨。比之颓墙败篱、腐壁敞门以启盗者有间矣。且免奴仆奔窜及不肖子弟夜出之患。如外有窃盗，内有奔窜及子弟生事，纵官司为之受理，岂不重费财力。"①袁采认为，宅舍关防贵周密，如此才能保证家庭和家人的安全。又如其防盗教化："凡夜犬吠，盗未必至，亦是盗来探试，不可以为他而不警。夜间遇物有声，亦不可以为鼠而不警。"又曰："屋之周围须令有路，可以往来，夜间遣人十数遍巡之。善虑事者，居于城郭，无甚隙地，亦为夹墙，使逻者往来其间。若屋之内，则子弟及奴婢更迭巡

---

① 袁采：《袁氏世范》，第118页。

警。"① 又如其防火教化："火之所起，多从厨灶。盖厨屋多时不扫，则埃墨易得引火，或灶中有留火，而灶前有积薪接连，亦引火之端也。夜间最当巡视。"又曰："烘焙物色过夜，多致遗火。人家房户，多有覆盖宿火而以衣笼罩其上，皆能致火，须常戒约。"② 朱柏庐《治家格言》也有治家教化，其曰："黎明即起，洒扫庭除，要内外整洁；既昏便息，关锁门户，必亲自检点。"③

从治人方面来看，主要教化如何管理婢仆等家族服侍人员。如袁采《袁氏世范》有不少这方面的教化，如其认为仆厮当取勤朴者："人家有仆，当取其朴直谨愿，勤于任事，不必责其应对进退之快人意。人之子弟不知温饱所自来者，不求自己德业之出众，而独欲仆者俏黠之出众，费财以养无用之人，固来甚害，生事为非，皆此辈导之也。"④ 又认为奴仆不可委以深任："人之居家，凡有作为，及安顿什物以至田园、仓库、厨厕等事，皆自为之区处，然后三令五申以责付奴仆，犹惧其遗忘，不如吾志。今有人一切不为之区处，凡事无大小听奴仆自为谋，不合己意，则怒骂鞭挞继之。彼愚人止能出力以奉吾令而已，岂能善谋，一一暗合吾意？若不知此，自见多事。且如工匠执役，必使一不执役者为之区处，谓之都料匠。盖人凡有执为，则不暇他见，须令一不执为者旁观而为之区处，则不烦扰而功增倍矣。"⑤ 汪辉祖《双节堂庸训》受袁采《袁氏世范》影

---

① 袁采：《袁氏世范》，第119、120页。
② 同上书，第125页。
③ 张伯行辑：《课子随笔钞》卷三，《丛书集成续编》（台版）第61册，第64页。
④ 袁采：《袁氏世范》，第134页。
⑤ 同上书，第137页。

响,对于婢仆也多有教化。其曰:"幸有奴婢,足供使令,逸矣。然凡为奴婢,知识多愚,筋骨多懈,非主人董率,鲜能尽分,随才器使。因时督约,须处处精神周到,方可收指臂之助,其劳有过于无奴婢者。若稍耽安逸,听奴婢之自为,弊将错出矣。"① 汪辉祖也认为奴婢宜督约,否则其弊错出不堪。此外,严禁家族成员交往三姑六婆。如许相卿《许云邨贻谋》曰:"尼媪牙媒婆唱词妇,秽行邻妇,勿容入室。"② 黄标《庭书频说》亦禁六婆往来,其曰:"礼别嫌疑,莫重闺闼,而或者能禁男子之往来,不能禁妇人之出入。不知妇人中有所谓六婆者,其人虽微,其害甚大,所当严为拒绝者也。夫六婆,大抵皆无依之妇,或为饥寒所苦,不得已各执其业以为生者。妇人至此,廉耻已尽绝矣。"③

第二,家人和睦。

家和万事兴,家人的和睦对于一个家族的传承和发展具有重要作用。袁采《袁氏世范》曰:"兴盛之家,长幼多和谐,盖所求皆遂,无所争也。破荡之家,妻孥未尝有过,而家长每多责骂者,衣食不给,触事不谐,积忿无所发,惟可施于妻孥之前而已。妻孥能知此,则尤当奉承。"④ 袁采认为兴盛之家,长幼多和谐,因此家之妻孥当奉承家长。张履祥《训子语》曰:"家之兴替,只宗族辑睦。尊长成其尊长,能教率卑幼,卑幼安其卑幼,能听顺尊长,虽目前衰落,已有勃兴之势。若其反此。目前虽隆,替可待也。然欲使卑

---

① 汪辉祖:《双节堂庸训》,第87页。
② 《丛书集成初编》第975册,第7页。
③ 张伯行辑:《课子随笔钞》卷三,《丛书集成续编》(台版)第61册,第53页。
④ 袁采:《袁氏世范》,第8页。

幼听从，先须尊长正身以率其下。宽以教之，严以督之，一以祖宗爱子孙之心为心，而毫无偏私。虽幼辈无知，鲜有顽不率从者矣。"① 张履祥也认为宗族辑睦关系家族兴替，因此卑幼应顺尊长，尊长应率教卑幼，形成辑睦氛围。

家人和睦以兄弟辑睦最是门户长久之道。叶梦得《石林家训》曰："兄弟辑睦最是门户久长之道，然必须自少积累，使友爱出于至诚，不敢纤毫疑问，乃能愈久愈笃。若有一毫异心萌于胸中，则必有因而乘之者。初不自觉，忽然至于成隙，则难欲救不可及也。吾观近世兄弟间失和，事难不一，然其大端有二，溺妻子之私以口语相谍，较货财之入以争夺相倾。此不可不预知而早戒也。"② 兄弟失和致使门户不能长久，而兄弟失和的原因主要是妇人之言与货财之争，特别是妇人之言，尤易引起家人不和。如袁采《袁氏世范》曰：

　　人家不和，多因妇女以言激怒其夫及同辈。盖妇女所见，不广不远，不公不平。又其所谓舅姑、伯父、妯娌皆假合，强为之称呼，非自然天属。故轻于割恩，易于修怨。非丈夫有远识，则为其役而不自觉，一家之中乖变生矣。于是有亲兄弟子侄隔屋连墙，至死不相往来者；有无子而不肯以犹子为后，有多子而不以与其兄弟者；有不恤兄弟之贫，养亲必欲如一，宁弃亲而不顾者；有不恤兄弟之贫，葬亲必欲均费，宁留丧而不葬者。其事多端，不可概述。亦尝见有远识之人，知妇女之不

---

① 张履祥撰，陈祖武校点：《杨园全集》，第1370页。
② 《丛书集成续编》（台版）第60册，第490页。

可谏诲，而外与兄弟相爱常不失欢，私救其所急，私周其所乏，不使妇女知之。彼兄弟之贫者，虽深怨其妇女，而重爱其兄弟。至于当分析之际，不敢以贫故而贫爱其兄弟之财者，盖由见识高远之人不听妇女之言，而先施之厚，因以得兄弟之心也。①

妇人易造成家人不和，一是由于妇人无远识，见识不广；二是妇人与舅姑、伯父、妯娌之间无血缘关系，轻于割恩，易于修怨，所以见识高远者不听妇人之言，以维护家人和睦。张习孔《家训》亦教化曰："人家不和，每由妇女。吾子孙于新娶时，即喻其妻以礼义。苟非善言，即引家训以教之，务使和顺以安家，克己以睦族。然总以丈夫刚明，能制其妻为主。如有贤妇，族众宜常褒赞之，使其乐于从善，亦使不贤者闻而知愧。"②

　　家族和睦还牵涉一个重要问题，就是子嗣的继承问题。袁采《袁氏世范》认为异姓子和过继子都易引起家族不和睦。其曰："养异姓之子，非惟祖先神灵不歆其祀，数世之后，必与同姓通婚姻者，律禁甚严。人多冒之，至启争端。"③ 又曰："同姓之子，昭穆不顺，亦不可以为后。鸿雁微物，犹不乱行，人乃不然，至于叔拜侄，于理安乎？况启争端。设不得已，养弟养侄孙以奉祭祀，惟当抚之如子，以其财产与之。受所养者，奉所养如父。如古人为嫂制服，如今人为祖承重之意，而昭穆不乱亦无害也。"④ 异姓子后代易于与原

①　袁采：《袁氏世范》，第 31 页。
②　张潮辑：《檀几丛书》卷一八，《丛书集成续编》（台版）第 60 册，第 593 页。
③　袁采：《袁氏世范》，第 40 页。
④　同上书，第 41 页。

姓子孙通婚，从而触犯同姓通婚的律令，而过继子易使昭穆不顺，所以两种子嗣都容易引起家族纷争，要特别注意。实际上，在强调血缘关系的宗法社会中，当家族子嗣承传缺失血缘纽带联系之后，这就意味着该家族或家族的支脉已经走向了灭亡，特别是以异姓子为子嗣更是如此。所以汪辉祖《双节堂庸训》告诫后人勿以异姓乱宗："立继须择同宗之人，一脉感通方能格享。同姓不宗，已难续祀，何况异性？"①

第三，家风向善。

《周易》曰："积善之家，必有余庆；积不善之家，必有余殃。"修德积善也是家族传承和门户长久的重要途径。如方孝孺《宗仪》曰：

> 能为众人所不能行之事者，其子孙必享众人所不能致之福。人之为善，非为子孙计也，然天道之于善人，以及其身为未足，常推余泽以福其后人，则亦曷尝不为子孙计哉！第众人之计，速而易致，而君子之泽远而难仇。故趋乎善者常少，溺乎利者常多。……今之人莫不欲子孙之蕃，贤才之夥，传绪久而不衰。而莫能为善，此犹不艺而欲获也，不猎而欲衣狐貉也。孰从而致乎？故富贵而不修德，是以爵禄货财祸其身也。富贵其子孙，而不力为善，是置子孙于贱辱之阱，争夺之区，而不顾也。使贵而可传，则古之显人与齐魏秦楚之君，至今不失祀矣。使富而可传，则赵孟三桓之裔有余积而无忧矣。然而皆莫之存，何哉？德泽既竭，

---

① 汪辉祖：《双节堂庸训》，第76页。

— 304 —

而后人莫能继也。先人有千乘之势，万室之邑，不足恃也，金帛菽粟，盈溢廪庾，不足恃也，惟有余德焉为可恃。而恃之者身必危，可恃以存者，其惟德修于身，而不懈者乎！①

方孝孺认为修德可以福泽子孙，如欲使子孙之蕃，贤才之夥，家传久远，则必须修德为善，所以富贵而不修德，是以爵禄货财祸其身，富贵其子孙，而不力修德，是置子孙于贱辱之阱中。又如张永明《家训》亦提倡积阴德，其曰："《易》曰：'积善之家，必有余庆。积不善之家，必有余殃。'《易》六十四卦，凡事不言，必独于积善积不善以必字断之，以其感之必应也。夫有阴德者，必有阳报；有隐行者，必有昭名。此诚天地不易之理。盖人有一二善，未必便有善报；人有一二恶，未必便有恶报。然今日作一善，明日作一善，积之不已，人钦神佑，福庆必来。今日作一不善，明日作一不善，积之不已，人怨神怒，祸殃必至。故圣人系易又申之曰：'善不积，不足以成名；恶不积，不足以灭身。'成名即庆也，灭身即殃也。岂惟身名已哉，《易》之所谓余者，言其殃庆尚及子孙也，可不畏哉？"② 张永明认为积德与不积德，不仅会显现自身，还会殃及子孙，因此欲家族传之久远，须大力积阴德。姚舜牧《药言》亦曰："创业之人，皆期子孙之繁盛，然其本要在于一仁字。桃梅杏果之实皆曰仁。仁，生生之意也。虫蚀其内，风透其外，能生乎哉？人心内生淫欲，外肆奸邪，即虫之蚀，风之透也，甚戒兹，为生子生孙

---

① 方孝孺著，徐光大校点：《逊志斋集》卷一，第48—49页。
② 张永明：《张庄僖文集》卷五，《文渊阁四库全书》第1277册，第384页。

之大计。"又曰:"凡人为子孙计,皆思创立基业,然不有至大至久者在乎? 舍心地而田地,舍德产而房产,已失其本矣。况惟利是图,是损阴骘,欲令子孙永享,其可得乎?"① 这些家训都是宣扬积善向德来推动家族传承久远。

以善恶报应来宣扬家族传承,必然会出现证伪的现实事例。对此,家训也有解说。如袁采《袁氏世范》曰:"人有所为不善,身遭刑戮,而其子孙昌盛者,人多怪之,以为天理不误。殊不知此人之家,其积善多,积恶少,少不胜多,故其为恶之人身受其报,不妨福祚延及后人。若作恶多而享寿富安乐,必其前人之遗泽将竭,天不爱惜,恣其恶深,使之大坏也。"② 家训借用佛教"三报论"观念来阐释身遭刑戮而子孙昌盛及作恶多而享寿富安乐者,前者是家中积善多于积恶;后者是前人遗泽将竭,子孙即将遭殃。

积善向德不仅关乎个人的修身问题,而且关系到家族长久传承的命运问题。

第四,家业有承。

家族传承是否久远也体现在家业是否有承续,家训常训诫子孙后代要思先人创业之艰难,进而坚守祖业和祖产。如陆树声《陆氏家训》曰:"子弟承藉祖父,享盈成之业者,不思祖父起家辛勤,开创艰难,徒见夫宦达丰隆,用度优裕,视为故常。至其当身无所凭藉,而习于骄溢奢靡侈汰,不务节抑,致衰门祚。如使为子弟者,当盈成而常怀开创之艰,处丰余而无忘寒俭之素,则先业不坠而家

---

① 《丛书集成初编》第976册,第10页。
② 袁采:《袁氏世范》,第73页。

可常保矣。故曰：善保家者，有余时常作不足想；善养身者，无病时常作有病想。"① 盈成之时常怀开创之艰辛，如此则能家业有承，否则门祚衰亡。又如《节孝家训述》曰："人虽穷饿，切不可轻弃祖基。祖基一失，便是落叶不得归根之苦。吾宁日日减餐一顿，以守尺寸之土也。"②

第六节　睦邻敬官的家族社会观

家族（家庭）是古代宗法社会的基本细胞，家族（家庭）的发展和传承不仅关涉家族内部问题，也牵涉家族与家族以及家族与官府之间的关系问题，由此形成以家族为中心的社会观念。对此，江南家训教化主要倡导睦邻敬官的家族社会观念。

俗语曰："远亲不如近邻。"邻里关系对于一个家族（家庭）发展来说，也具有重要作用和意义。如袁采《袁氏世范》曰："居宅不可无邻家，虑有火烛，无人救应。宅之四围，如无溪流，当为池井，虑有火烛，无水救应。又须平时抚恤邻里有恩义，有士大夫平时多以官势残虐邻里，一日为仇人刃其家，火其屋宅。邻里更相戒曰：'若救火，火熄之后，非惟无功，彼更讼我，以为盗取他家财物，则狱讼未知了期。若不救火，不过杖一百而已。'邻居甘受杖而坐视其大厦为灰烬，生生之具无遗。此其平时暴虐之效也。"③ 袁采

---

① 秦坊：《范家集略》卷二，《四库全书存目丛书·子部》第 158 册，第 292 页。
② 温璜：《温宝忠先生遗稿》，《四库禁毁书丛刊·集部》第 83 册，第 455 页。
③ 袁采：《袁氏世范》，第 124 页。

以火灾为例训诫子孙需施恩睦邻，以备不虞之需。又如姚舜牧《药言》也指出邻里相处需睦邻，其曰："睦族之次，即在睦邻，邻与我相比日久，最宜亲好。假令以意气相凌压，彼即一时隐忍，能无忿怒之心乎？而久之缓急无望其相助，且更有仇结而不可解者。"①

如何睦邻？家训主要教化一种宽人严己的处世思想。如袁采《袁氏世范》曰："人有小儿，须常戒约，莫令与邻里损折果木之属。人养牛羊，须常看守，莫令与邻里踏践山地六种之属。人养鸡鸭，须常照管，莫令与邻里损啄菜茹六种之属。有产业之家，又须各自勤谨。坟茔山林，欲聚丛长茂荫映，须高其墙围，令人不得逾越。园圃种植菜茹六种及有时果去处，严其篱围，不通人往来，则亦不至临时责怪他人也。"② 对自家的人和动物严加看管，不能损害邻里东西，这是严己的教化。又如姚舜牧《药言》曰："吾祖居田畔，邻人有占过多尺者，初不与较而自止。若与较鸣官，人必谓我使势矣。今旁近去处或有来售，应买者宁略多价与之，使渠可无后言。其或不然，即切近处视之，若官地军地，自可息欲火矣。天下大一统，尚东有倭，北有卤，不曾方圆得。况百姓家，何必求方圆？费心思，而掇其扰害哉。"③ 以宽宏之心待邻里，此是宽人的教化。

王时敏《奉常家训》则从严己与宽人两方面来训诫子孙如何睦邻。其曰：

　　　　吾家素守先世家法，严戢僮奴，凡家人与外人争殴者，但有

---

① 《丛书集成初编》第 976 册，第 6 页。
② 袁采：《袁氏世范》，第 154 页。
③ 《丛书集成初编》第 976 册，第 6 页。

只字相闻，不问曲直，立行笞责。故人知戒惧，生事者少，颇亦省唇舌之烦。此行之数十年如一日，里中所共悉也。今子孙一时幸叨甲第，较前似处盈满方切兢惕，恐蠢奴愚昧，妄谓可以恢张，遂复弛放。特行严饬，务比旧加倍敛戢，遇人倍加恭敬。倘有人以非礼相加者，吞声忍受，唾面自干，不得辄有回答致生事端。总之吃亏一分，讨一分便宜，浑厚一分，养一分元气，与已有益无损也。我常怪世人体面崖岸之说，最为害事。家人惹事，直者置之，曲者治之而已，乃争体面，立崖岸，曲护其短，强文其直，究或诎于公论，损望招尤，则是自伤体面，自坏崖岸也，果何益哉？我所以反覆叮咛训戒者，实为保泰持盈之计，兼为阖家造福，大小家人须深体我意，痛除夙习，其兢凛奉行者，必有厚赏，顽玩故违者，必行痛惩，祸福悬殊，慎勿贻悔。①

严于律己，则生事者少；宽以待人，虽然吃亏在眼前，但终究与己有益无损，不影响家族的宁静与平安。汪辉祖《双节堂庸训》亦指出："辑睦之道：富，则用财稍宽；贵，则行己尽礼；平等，则宁吃亏，毋便宜。忍耐谦恭，自于物无忤。虽强暴者，皆久而自格。"②这些睦邻之道有利于农耕社会中家族与家族的和睦相处，但对于自身来说过于委曲求全，本质上是一种息事宁人的做法。

　　与邻里关系密切者，还有诉讼问题。家训一般力戒诉讼，因为诉讼既有伤邻里关系，又容易为官所累，且有破家之患。如袁采

---

①　王时敏：《王烟客先生集》，《清代诗文集汇编》第7册，第617页。
②　汪辉祖：《双节堂庸训》，第133页。

《袁氏世范》曰："居乡不得已而后与人争，又不得已而后与人讼，彼稍服其不然则已之，不必费用财物，交结胥吏，求以快意，穷治其仇。至于争讼财产，本无理而强求得理，官吏贪谬，或可如志，宁不有愧于神明！仇者不伏，更相诉讼，所费财物，十数倍于其所直，况遇贤明有司，安得以无理为有理耶？大抵人之所讼互有短长，各言其长而掩其短，有司不明，则牵连不决。或决而不尽其情，胥吏得以受赇而弄法，蔽者之所以破家也。"① 袁采认为，居乡不得已与人诉讼，当尽快结束争讼，不必行贿破家。陆游《放翁家训》亦曰："诉讼一事，最当谨始，使官司公明可恃，尚不当为，况官司关节，更取货贿，或官司虽无心，而其人天资暗弱，为吏所使，亦何所不至？有是而后悔之，固无及矣。况邻里间所讼，不过侵占地界，逋欠钱物，及凶悖陵犯耳，姑徐徐谕之，勿遽兴讼也，若能置而不较，尤善。李参政汉老作其叔父成季墓志云'居乡则以困畏不若人为哲'，真达识也。"② 陆游也认为邻里之事，勿遽然兴讼，否则易生后悔之结果。

金敞《宗约》认为诉讼有四害，其曰：

> 讼之为害有四。物力之来甚难，积累辛勤无限，讼则耗费百出不能自主，一也。治生者一日有一日之事，讼则废事妨业，生计必误，俯仰奚恃，二也。吃得一分亏，落得睡眠稳，此昔贤语也，讼而负则不甘在我，讼而胜则不甘在人，仇怨相寻贻，

---

① 袁采：《袁氏世范》，第111页。
② 《丛书集成新编》第33册，第142页。

　　　　殃匪细，三也。恒近正人则多福，恒近不正人则生祸，人未有

　　　　不畏祸而愿福者也，讼则倾险之徒，势必与之相接，一与相接，

　　　　则自此之后，或远之，或近之，皆足以为患，四也。故保家者，

　　　　必学忍非忍人也，忍己而已矣。①

一是耗费钱财；二是妨碍生计；三是易生仇恨；四是易坏家风，此即诉讼之四害。所以金敞认为保家者，必学忍非忍人，不可轻兴诉讼。徐三重《家则》则以用兵作喻力戒诉讼，其曰："词讼一事，最不可轻举。人非大凶恶，未有不可以理屈，但患不平心处之，彼此互执，讼端启矣。此事正如用兵，侵人者败，恃己者败，负曲者败，图幸者败。且先发首难，事更不祥，不有人祸，必有天责。况吾徒读书明道，当思以理义化强悍，若平心之外，更持一忍，安得有此。"② 诉讼如用兵，双方皆无益，侵人者和恃己者败，负曲者和图幸者亦败，且先发难者易遭人祸天责。

　　敬官是农耕社会当中另一种家族社会观念。如汪辉祖《双节堂庸训》曰："朝廷设官以治尊卑相统。不特富户、平人当守部民之分，即曾居显宦，总在地方官管内，礼宜谦恭致敬。俗所谓'宰相归来拜县门'也。若身在仕途，亦宜约敕子弟、家人，谨遵法度。投鼠忌器之故，不可不知。万不可被里人怂恿，把持抗阻，为官长之所憎嫉。"③ 敬官是因为朝廷设官以治尊卑相统，因此无论居官与否，作为家族个体都应有敬官的态度，不要与官府有过多的牵连。

---

① 张伯行辑：《课子随笔钞》卷三，《丛书集成续编》（台版）第 61 册，第 58 页。
② 徐三重：《明善全编》，《四库存目丛书·子部》第 106 册，第 153 页。
③ 汪辉祖：《双节堂庸训》，第 131 页。

对于家族发展而言，其关涉官府的地方主要是赋税完成问题。赋税是农耕家族必不可少的义责，必须按时完成。家训多倡导早纳赋税，以免官追急迫，既不敬官，又致使家族破败。如袁采《袁氏世范》曰："凡有家产，必有税赋，须是先截留输纳之资，临时为官中所迫，则举债认息，或托揽户兑纳而高价算还，是皆可以耗家。大抵曰贫曰俭自是贤德，又是美称，切不可以此为愧。若能知此，则无破家之患矣。"① 袁采认为税赋宜早预办，以免破家之患。又如徐三重《家则》曰："每岁秋收，不论田租多寡，当先以官税为急。预除此项，以待征纳，然后计人口食用，交际礼文。业少则谨节以省之，不足则勤苦以佐之。非养既不当得，本分者又复不节，以致亏损国课，渐积日久，负累日深，不惟法罔所征，恐一旦力不能支，大为掣肘。善为身家之计者，宜深慎此，毋见他人便宜，私笑此言过计也。"② 徐三重也认为当先以官税为急，如果亏损国课太多，不但枉法，且于家无益。王时敏《奉常家训》也提倡早完国课，其曰：

> 方今田赋，功令最急，苟有逋悬，祸亦最重。此天下皆然，而江南为甚。吾家清白之遗，家无长物，各房析箸时，惟分田授亩，贻之以累。当此春月开征，先期赔垫，鬻田路绝，典贷无门，且头绪多端，以赤手四应，剜肉医疮，良为剧苦。然既有田在籍，虽骨枯髓竭，催科自难宽免。输将岂容暂缓？宜主人与管数家人时刻提心。在殚思虑以筹画，焦唇舌以督催，捃

---

① 袁采：《袁氏世范》，第 166 页。
② 徐三重：《明善全编》，《四库存目丛书·子部》第 106 册，第 151 页。

拾经营，陆续投纳，完过随索印票，总册总数填明。庶可杜移易飞洒之弊，乃家人辈往往吝惜小费，图逸目前，事急则张皇失措，稍缓便不复惊心。惟以遮掩欠数，那延时日为能事，主人亦以窘困莫支，暂图休息，姑且听之。不知钱粮究不可迟，积累愈增繁重，譬如养痈，终必溃败。所谓漏脯救饥，鸩酒止渴，谋身适以自戕，即至愚所不为也。惟是新旧相仍，追比迫无虚日，无可搜索支吾。田租虽征，犹必少藉牵补，决宜于秋成之后，计取所入，铢积寸累，尽以输官。而家中日用，人事应酬，凡百务从节啬，切勿轻以租入用散，虽箪食瓢饮衣穿履决。而身心轻快，魂梦俱安，较之日夕惊忧者，所得孰多？使不然，而秋冬所入随手用尽，一入新年枵然赤立数月，间征比追呼为期甚速，粉骨难支，必至败坏，不可收拾矣。可不为虑乎？且有田供赋，固臣民通义，毋容逋缓。况吾家新登甲第，列在缙绅，而下同顽户，观听亦甚不便。眉公先生曰："士大夫居乡，以早完国课为第一义。"诚为至言。所当时刻书绅，虽力有不及，而心切自勉者也。①

王时敏认为，田赋为功令最急者，拖欠致祸也最重，且赋税终究不可迟，积累越增越繁重，因此须早完国课，而居乡士大夫尤宜以早完国课为第一义。

家训中的家族社会观念虽然涉及的是家族与社会的关系，但立足点也是着眼于家族自身的传承和发展，重视保家和传家的教化效果。

---

① 王时敏：《王烟客先生集》，《清代诗文集汇编》第 7 册，第 618 页。

第六章

江南望族家训的女性观念

    家族女性教育与家训和女训都有密切关联。女训是指专门针对女子进行训诫的教育文本，教育女子如何为人和做事。最早的女训作品是东汉班昭《女诫》和蔡邕《女训》，此后唐代有郑氏《女孝经》、宋若莘《女论语》等。明代以后，程朱理学成为官方意识形态，女子教育进一步强化，特别是明仁孝文皇后撰写《内训》更是起了示范效应，所以明代的女训作品开始多起来了，如吕得胜《女小儿语》，吕坤《闺范》和《闺戒》，王孟箕《御下篇》等。进入清代，女训作品更是走向泛化，出现各类女训文献。江南女训作品出现较晚，明代尚缺少独立的女训作品，只是家训中出现过一些针对女子教化的文本内容。到了清代，江南女训作品才大量产生，主要有王刘氏《女范捷录》、陆圻《新妇谱》、陈确《新妇谱补》、查琪《新妇谱补》、王晫《课婢约》、徐士俊《妇德四箴》、史搢臣《愿体集》、唐彪（唐翼修）《人生必读书》、秦云爽《秦氏闺训新编》、任启运《女教经传通纂》等。其中，王刘氏《女范捷录》与东汉班昭《女诫》、唐代宋若莘《女论语》、明仁孝文皇后《内训》四部女训被称为"女四书"，影响深远。女训如同蒙训一样，也是超越家族的，不针对特定的家族女性教育，但往往是家族女性教育的重要文本，与家训中的女性教化文本一起，对家族女性教育起着重要作用。这种家族女性教育主要涉及四个方面，即女性角色观、女性德行观、女性贞节观和女性知识观。

第一节　女性角色观

在男尊女卑的宗法社会里，女性角色有着特定的家庭分工和社会定位，即男外女内以及女性对男权的高度依附。

男女阴阳对应决定了男女内外有别，进而决定了男主外女主内的家庭分工和社会地位。明代王刘氏《女范捷录》曰："乾象乎阳，坤象乎阴，日月普两仪之照。男正乎外，女正乎内，夫妇造万化之端。五常之德著而大本以敦，三纲之义明而人伦以正。故修身者，齐家之要也，而立教者，明伦之本也。正家之道，礼谨于男女，养蒙之节，教始于饮食，幼而不教，长而失礼。在男犹可以尊师取友，以成其德。在女又何从择善诚身，而格其非耶？是以教女之道，犹甚于男，而正内之仪，宜先乎外也。以铜为鉴，可正衣冠；以古为师，可端模范；能师古人，又何患德之不修，而家之不正哉？"[①] 男外女内是家庭中男女分工的基本定位。由此决定，古代女性是不能参与外事决策的。如徐三重《家则》曰：

> 妇人之职，惟女工中馈。其有才能者，只宜克相夫子，佐理内事，安得交往亲识，兼攻杂艺？《诗》云："无非无仪。"

---

① 张福清编著：《女诫——妇女的规范》，第36页。

得无因仪而非耶？夫淫冶之习，古今大戒。其所由然，皆以防范素疏。性情无制，彼习观漫衍之俗，而不复知有身名之大闲耳。昔人谓妇女水德，纵即泛滥，稍示堤坊，安得不日就准绳耶？凡妇女在内，但守家常，不得出游庄舍，不得辄置酒席，不得赴远亲燕会，不得督闻外杂事，不得效匪人衣节，不得通交易妇女，不得多饮酒，不得习技艺。①

徐三重认为妇人只能佐理内事，不得参与一切阃外事务。而女人主内的主要职责是负责全家的膳食、纺织之类。如许相卿《许云邨贻谋》曰："主妇职在中馈，烹饪必亲，米盐必课，勿离灶前。女妇日守闺阃，躬习纺织，至老勿逾内门。下及侍女亦同约束。如有恣性越礼，游山上冢，赛神烧香，炫露体面，殊非士族家法。子孙必泣谏之，父兄丈夫必痛遏之。"② 项乔《项氏家训》亦曰："妇人职分在精五饭，幕酒浆，养舅姑，缝衣裳而已。若凡事出头揽权，自话自是，便是雌鸣夜啼，不是人家好兆。"③

此外，妇人还得学会款待宾客等家务活。如陆圻《新妇谱》曰："凡亲友一到，即起身亲理茶盏，拭碗拭盘，撮茶叶，点茶果，俱宜轻快，勿使外闻，并不可一委之群婢。盖新妇之职，原须必躬必亲，不宜叉手高坐，且恐群婢不称姑意。姑或懊恼，而见卑幼不起代劳，是一娶一阿婆也。记之。"又曰："凡阿翁及丈夫，要留客酒饭，或丰或俭，即须请命于姑。用菜几器、酒果小碟多少，一一亲自动手，至精

---

① 徐三重：《明善全编》，《四库存目丛书·子部》第 106 册，第 142—143 页。
② 《丛书集成初编》第 975 册，第 6—7 页。
③ 项乔撰，方长山、魏得良点校：《项乔集》，第 524 页。

洁敏妙,则须自心里做出。不洁,则客疑主人不能烹。不速,即客馁而主人有愧色,大不可也。又须再嘱奴仆等,于座后用心看视,若有续到宾客,再添杯箸。若菜垂尽,须早增益,俱不必待外厢催讨。"①陆圻《新妇谱》对于新妇如何款待宾客进行详细的训诫和教化。

妇人除了不能预外事之外,也不得参与家政决策。如支大伦《酌家训》曰:"妇人不得预家政,并一切出纳财币。与男子接语,不特内外窥窬,易生淫僻。而牝鸡司晨,多至败亡。妯娌异姓,相聚一门,计短较长,量财评势,益以长舌,婢妇交斗,其间最多嫌怨。丈夫入其浸润,久而不察,骨肉为仇,盖妇人奸佞善谗,往往借公义以行私忿,乘小隙以构深祸,恃枕席以肆甘词,虽智者亦难猝悟。郑义门家法,每至夜分,令老仆于各巷大呼云:丈夫勿听妇人言,妇人不许说家事。五更复如之,此可为训。"② 妇人不得预家政,也不得出纳财币,因为易计较短长,量财评势,由此引起家人的嫌怨。

妇人不得预外事,不得预家政,也与女性的个人能力有关。如袁采《袁氏世范》曰:

> 妇人不预外事者,盖谓夫与子既贤,外事自不必预。若夫与子不肖,掩蔽妇人之耳目,何所不至? 今人多有游荡赌博至于鬻田园,甚至于鬻其所居,妻犹不觉。然则夫之不贤而欲求

---

① 虫天子:《香艳全书》三集卷三,董乃斌等校点,《中国香艳全书》第1册,团结出版社2005年版,第291页。

② 支大纶:《支华平先生集》卷三六,《四库全书存目丛书·集部》第162册,第420页。

预外事何益也？子之鬻产，必同其母而伪书契字者有之。重息以假贷而兼并之人，不惮于论讼，贷茶盐以转货，而官司责其必偿，为母者终不能制。然则子之不贤而欲求预外事何益也？此乃妇人之不幸，为之奈何？苟为夫能念其妻之可怜，为子能念其母之可怜，顿然悔悟，岂不甚善？①

袁采认为妇人不必预外事，丈夫与儿子贤达，外事自然不必参与，如果丈夫与儿子不肖，妇人或为所欺，或不能制，对于外事也无能力决策和决定。

除了男外女内的角色分工外，古代女性角色观的另一重要内涵就是对男权的依附，即所谓"三从"之义。《礼记·郊特牲》曰："男帅女，女从男，夫妇之义由此始也。"《礼记·丧服》曰："妇人有三从之义，无专用之道，故未嫁从父，既嫁从夫，夫死从子。"家训和女训对此种"三从"之义，特别是"从夫"之义多有宣教，明确了女性对男权的角色依附。如项乔《项氏家训》曰："夫者，妇之天也，天可不顺乎？故夫家若贫，便当与他守贫守分，不相吵闹；夫家若富，便当劝他干好事，做好人，勿磋过好时光。虽贫富有不同，都要随分孝顺其舅姑，和睦其伯叔，伯叔姆，待男子辈要严谨有别，待丫头辈要宽恕有恩，不要忤逆，不要妒忌，不要懒慢，不要挟父母家气势陵傲夫家。古有三从之训，有七去之戒。"② 这里明确宣称妇人须顺夫、顺姑舅。又如陆圻《新

---

① 袁采：《袁氏世范》，第46页。
② 项乔撰，方长山、魏得良点校：《项乔集》，第524页。

妇谱》有敬夫之教，其曰：

> 夫者天也。一生须守一敬字。新毕姻时，一见丈夫，远远
> 便须立起，若晏然坐大，此骄倨无礼之妇也。稍缓，通语言后，
> 则须尊称之，如"相公""官人"之类，不可云"尔汝"也。
> 如尔汝忘形，则夫妇之伦狎矣。凡授食奉茗，必双手恭擎，有
> 举案齐眉之风。未寒，进衣。未饥，进食。有书藏室中者，必
> 时检视，勿为尘封。亲友书札，必谨识而进阅之。每晨必相礼，
> 夫自远出归，繇隔宿以上，皆双礼，皆妇先之。①

夫是天，妇人一生须定一敬字。《新妇谱》从动作、语言、形态等各
个方面训教新妇如何敬顺丈夫。即便是丈夫的训诫，为妻者也应虚
心受教，不可强肆折辩和高声争斗。《新妇谱》曰："丈夫有说妻不
是处，毕竟读书人明理，毕竟是夫之爱妻，难得难得。凡为妇人，
岂可不虚心受教耶？须婉言谢之，速即改之。以后见丈夫辄云'我
有失否，千万教我'。彼自然尽言，德必日进。若强肆折辩，及高声
争斗，则恶名归于妇人矣，于丈夫何损？"②

综上所述，家训中的女性角色观主要涉及男外女内和女从男的
文化内涵，这是基于男尊女卑的文化观念而进行的社会定位和家庭
角色分工，体现了古代宗法社会女性地位低下和生命卑微的社会
现实。

---

① 虫天子：《香艳全书》三集卷三，董乃斌等校点，《中国香艳全书》第1册，第
297页。
② 同上。

第二节　女性德行观

　　传统社会不仅规定了女性的社会角色定位，而且规定了女性的德行内涵。大致而言，传统女性德行观主要是以"四德"为主，即妇德、妇言、妇容、妇功。《周礼·天官冢宰》曰："（九嫔）掌妇学之法以教九御妇德、妇言、妇容、妇功，各帅共属以时御叙于王所。"《礼记·昏礼》亦曰："古者妇人先嫁三月，祖庙未毁，教于公宫，祖庙既毁，教于宗室，教以妇德、妇言、妇容、妇功。教成，祭之，牲用鱼，笔之蘋藻，所以成妇顺也。""四德"属于上层妇女应该具备的德行品质。此后，最早的女训作品东汉班昭《女诫》对"四德"进行了具体的阐释。其曰："女有四行，一曰妇德，二曰妇言，三曰妇容，四曰妇功。夫云妇德，不必才明绝异也；妇言，不必辩口利辞也；妇容，不必颜色美丽也；妇功，不必工巧过人也。清闲贞静，守节整齐，行己有耻，动静有法，是谓妇德。择辞而说，不道恶语，时然后言，不厌于人，是谓妇言。盥浣尘秽，服饰鲜洁，沐浴以时，身不垢辱，是谓妇容。专心纺绩，不好戏笑，洁齐酒食，以奉宾客，是谓妇功。此四者，女人之大德，而不可乏之者也。"①从此，"四德"为女人之大德而被历代统治者和家教者所肯定和宣教。

　　江南家训对于女性德行要求也是以"四德"为标准。如徐学周

---

① 　张福清编：《女诫——妇女的规范》，第3页。

《檇李徐翼所公家训》曰："女德匪才，静贞澹顺；女言匪辨，安详信慎；女容匪冶，盥浣洁润；女功匪巧，纺织饔飧。"① 张永明《家训》亦曰："妇有四德：一曰妇德，二曰妇容，三曰妇言，四曰妇功。妇德不必才名绝世也，其在清贞廉节，柔顺温恭，是为妇德。妇容不必颜色美丽也，其在浣涤修洁，行止端庄，是为妇容。妇言不必辩口利词也，其在缄默自持，有问斯答，是为妇言。妇功不必伎巧过人也，其在勤攻纺绩，善主中馈，是为妇功。此四德者，妇道缺一不可，凡女子居家未嫁时，父母当以此训导之。"② 明末清初浙江仁和人徐士俊还专门撰有《妇德四箴》，分别对"四德"进行解说。《德》曰："为妇之道，在女己见。幽闲贞静，古人所羡。柔顺温恭，周旋室中。能和能肃，齐家睦族。二南风始，礼法备矣。"《言》曰："男唯女俞，礼分内外。长舌阶厉，雅诗深戒。林下风清，厥惟应对。不逾阃阈，专警士昧。"《容》曰："闺房之秀，实惟容仪。非尚妍华，无俾俗嗤。凝妆俨然，可对明镜。周身雅度，必中以正。岂无膏沐，勿过修饰。岂无衣裳，勿伤轻逸。所贵人重，无取人怜。以此为容，宜家罔愆。"《功》曰："春蚕秋绩，纤手勿惜。缝裳缀绽，兼议酒食。锦绣纂组，害于女红。勤则生善，俭则至丰。用儆四德，以勉三从。"③ 这些家训和女训所宣扬的"四德"基本上都是遵循班昭《女诫》关于"四德"的教化。大致而言，妇德宣扬的不是才德，而是节孝柔顺等品德和性格；妇言宣扬的不是

---

① 《明董其昌行书徐公家训碑》，陕西人民出版社 2009 年版。
② 张永明：《张庄僖文集》卷五，《文渊阁四库全书》第 1277 册，第 378 页。
③ 虫天子：《香艳全书》一二集卷四，董乃斌等校点《中国香艳全书》第 3 册，第 1490—1491 页。

口利，而是慎言守礼；妇容宣扬的不是美貌和容颜，而是服饰整洁和行止端庄；妇功宣扬的不是过人伎巧，而是勤于家务。"它要求妇女服从男权，谨守品德、辞令、仪态和家政，服务于他人。"①

"四德"教化涉及妇人生活的方方面面，概而言之，最为重要的两点是妇道和母仪。妇道以孝顺翁姑和敬夫立家为主要内涵，母仪以抚育子孙后代为主要内涵。

妇道教化非常重视孝道的教育。如王刘氏《女范捷录》曰："男女虽异，劬劳则均。子媳虽殊，孝敬则一。夫孝者，百行之源，而犹为女德之首也。是故杨香搤虎，知有父而不知有身。缇萦赎亲，则生男而不如生女。张妇蒙冤，三年不雨。姜妻至孝，双鲤涌泉。唐氏乳姑，而毓山南之贵胤。庐世冒刃，而全垂白之孺慈。刘氏啮姑之蛆，刺臂斩指，和血以丸药。闻氏舐姑之目，断发矢志，负土以成坟。陈氏方于归，而夫卒于戍，力养其姑五十年。张氏当雷击，而恐惊其姑，更延厥寿三十载。赵氏手戮仇于都亭以报父，娟女躬操于晋水以活亲。曹娥抱父尸于肝江，木兰代父征于绝塞。张女割肝，以苏祖母之命。陈氏断首，两全夫父之生。是皆感天地，动神明，着孝烈于一时，播芳名于千载者也，可不勉欤！"② 孝为百行之源，而犹为女德之首，无论为女、为媳，都必须孝敬长辈。《女范捷录》列举了一系列孝女典型来宣扬女孝观念。

由于翁姑与媳妇之间没有血缘关系，他们之间的情感维系主要靠道义来勾连，因此孝敬翁姑就成为妇道教化的重要内容。如陆圻

---

① 李卓：《中日家族制度比较研究》，人民出版社2004年版，第407—408页。
② 张福清编：《女诫——妇女的规范》，第37页。

《新妇谱》反复宣扬孝翁和孝姑。其孝翁教化曰："新妇于翁，殊难为孝。盖中人之产，既有仆婢，则新妇谒见有时，无须执役。但当体翁之心，不须以向前亲密为孝也。何谓体心，如翁好客，则治酒茗必虔。翁望子成名，则劝勉丈夫成学为急。如此之类，体而行之，自可视无形而听无声也。至为翁洗濯器皿，及守药炉酒铛，可躬执其任，勿使婢操作，亦见服勤之义。或体小不安，不妨数对姑定省之。一日十数问候，不多也。极贫家，躬亲服事，不在此例。"① 陆圻认为孝翁主要体现在妇人要有体翁之心和侍翁之躬。其孝姑教化曰："视姑当如视母，则孝心油然而生，方从性命中流出，不是体面好看。但事姑事母，作用处微有不同。母可径情，姑须曲体。凡事姑，须在姑未言处，体贴奉行。若姑一出口，为妇者便有三分不是，盖姑不得已而发于言。原欲媳之默喻，此姑之慈也，与母之开口便说，正自迥异。"② 视姑当如视母，母可径情，姑须曲体。由此可知，孝姑与孝母既有同处，又有异处。孝姑须事事体贴和顺从。《新妇谱》曰："新妇事姑，不可时刻离左右。姑未冷，先进衣。未饥，先进食。姑愠亦愠，姑喜亦喜。姑有怒，妇宽之。如大怒，则妇亦怒。姑有忧，妇解之。如大忧，则妇亦忧矣。至姑责备新妇处，只认自不是，不必多辩。骂也上前，打也上前，陪奉笑颜。把搔背痒，无非要得其欢心。彼事君者，尚曰'媚于一人'，况妇事姑乎？非是

---

① 虫天子：《香艳全书》三集卷三，董乃斌等校点，《中国香艳全书》第 1 册，第 294 页。

② 同上书，第 295 页。

诣曲，道当然也。"①

孝敬翁姑不仅要当面体贴顺从他们，背后更要孝顺之心。陆圻《新妇谱》曰："新妇当面孝顺易，背后孝顺难。背后孝顺，全在语言中检点，起念处真实。如在母家，必思姑家某事未完，恐其劳苦。或今日天寒，不知姑添衣否，念兹在兹，所谓起念处真实，不是当面好看也。人如在母家亲戚、夫家亲戚之前，及在自己房中，凡有言语，必称公姑丈夫之德，云'待我好，只是我不会孝顺'，展转相闻，不欺背面，不愧暗室，岂非真孝顺乎？若略有一言怨望，内戚传闻，公姑丈夫不喜，连当面好处落空矣。此所谓语言中检点也。然起念果真，而语言自检点矣。语言之不检，由起念之不真也。"②当面孝顺易，背后孝顺难，因此背后更要有孝顺之心。

孝敬翁姑本质上也是孝敬父母的体现。陆圻《新妇谱》曰："有等新妇，不能孝姑而偏欲孝母，此正是不能孝母也。事姑未孝，必贻所生以恶名，可谓孝母乎？盖女子在家，以母为重，出嫁以姑为重也。譬如读书出仕，劳于王事，不遑将母。死于王事，不遑奉母。盖忠孝难两全，全忠不能尽孝，犹事姑不能事母也。今若新妇必欲尽孝于父母，亦有方略。先须从孝公姑、敬丈夫做起。公姑既喜孝妇，必归功于妇之父母，必致喜于妇之父母。丈夫既喜贤妻，必云'彼敬吾父母，吾安得不敬彼父母？'于是曲尽子婿之情，欢然

---

① 虫天子：《香艳全书》三集卷三，董乃斌等校点，《中国香艳全书》第1册，第295页。
② 同上书，第296页。

有恩以相接。举家大小，敢不敬爱？而新妇之父母，于是乎荣矣。"① 妇媳孝敬翁姑当归功于父母教化，所以孝敬翁姑本质上也是对父母的一种孝敬。

妇道另一种重要内涵就是敬夫立家。敬夫在女性角色观中已有讨论，此处讨论一下立家。妇人立家主要是宣扬妇人要勤俭持家。如汪辉祖《双节堂庸训》曰："勤，固男子之职，而妇人尤甚。米薪琐屑、日用百须，男子止能总计大纲；一切筹量赢绌，随时督察，惟妇人是倚。妇人不知操持，必多无益之费。谚有云：'盐瓶跌倒醋瓶翻。'一无收束，安能不至千创百孔，甚至贷假、典质，以饰男子观听。往往饶富之户，室已屡空，而主人尚不自知。极于无可补苴，男子亦难自主。故治家之道，先须教妇人以勤。"② 男子是总大纲，而妇人则操持家务琐事，尤须勤劳持家，否则必多无益之费，而有损家。陈确《新妇谱补》亦曰："勤俭乃治家之本，为读书人妇，尤要讲究。……语云：'家贫思贤妻。'此至言也。内外之事，并须细心综理，宽而不弛，方合中道。虽新妇无预外事，而今日房中之人即他日受代当家之人，故须预习勤俭。为新妇贪懒好闲，多费妄用，养成习气，异日一时难变矣。戒之戒之！凡家里要做事务，并须及早赶完，盖先时则暇豫，后时则忙促。忙促则难为力，暇豫则易为功。先之劳之，为国之经，亦治家之经也。无事切勿妄用一文。凡物须留赢余以待不时之需。随手用尽，俗语所谓'眼前花'，此大

---

① 虫天子：《香艳全书》三集卷三，董乃斌等校点，《中国香艳全书》第1册，第300页。
② 汪辉祖：《双节堂庸训》，第69页。

病也。家虽富厚，常要守分。甘淡泊，喜布素，见世间珍宝锦缯，及一切新奇美好之物，若不干我事，方是有识见妇人。"①

妇道是古代女性的重要德行，对农耕社会的家庭发展具有重要作用。因此妇道教化是古代女性成长不可或缺的教育，常常要求少女成长时就要接受此种教育。如黄标《庭书频说》曰：

> 为妇之道，皆本于为女之时。是以古人养女，当未赋于归，必设姆师训教，令其习闻持身，敬夫立家之训，讲求孝公姑、和妯娌、待仆从之理，则女教实皆妇教也。今之世，姆教既废，闺训不闻。为母者，娶人之女，以为己之媳，则荼毒之，挫辱之，是以人之女至我家而即贱也。嫁己之女，以为人之媳，则溺爱之教唆之，是己之女至他家而即贵也。为女者，见母之爱我也如此，由是任性多娇娇者必悍。女教不豫，又安望其为妇，而能宜家也。及至夫家，上逆公婆，下傲妯娌，丈夫嘱责辄相反目，甚而稍不如意，即归告父母，造言流涕。母踵夫婿之门，驾言投水，女借母家之势，故作悬梁。致使为夫者惧祸忍辱，不能自主，渐而妇得自便。睡早起晚，蓬头垢面，不修侍御之容，耗谷伤财，尽弃织纺之工。嗟乎，妇道亦何至此哉？余劝为妇者痛改积习，守妇本分，惟求无怼于井臼，不致夫叹；其饔飧专内助，勿问阃外；率质朴，勿矜才能；则夫之心安，而妇之道尽矣。语云："惟酒食是议。"此操井臼亲饔飧之说也。

① 虫天子：《香艳全书》三集卷三，董乃斌等校点，《中国香艳全书》第 1 册，第 303 页。

又云："牝鸡司晨，惟家之索。"此专内助勿问阃外之说也。又云："哲夫成城，哲妇倾城。"此率质朴勿矜才能之说也。若夫四德三从之训载在女经，余不必再为之赘。①

妇道教育当在少女时就应该进行，教其敬夫立家之训，教其孝公姑、和妯娌、待仆从之理，这样妇道才能形成。而妇道的教育又离不开母教，母教不正，妇道自然不成，由此形成恶性循环。汪辉祖《双节堂庸训》亦曰："妇姓不驯，皆由为女子时失教。夫今日之女，他日之人妇也。以其为女而骄纵之，一旦受姑嫜督约，苦不可耐。贤者尚能自勉，不才者必上下交鷔矣。语云：'百了女做不得——了妇。'可不豫乎！"②

母仪也是古代女性的重要德行内涵，主要强调母亲的示范意义和家教作用。王刘氏《女范捷录》曰："父天母地，天施地生。骨气像父，性气像母。上古贤明之女有娠，胎教之方必慎。故母仪先于父训，慈教严于义方。是以孟母买肉以明信，陶母封鲊以教廉。和熊知苦，柳氏以兴。画荻为书，欧阳以显。子发为将，自奉厚而卸下薄，母拒户而责其无恩。王孙从君，主失亡而已独归，母倚间而言其不义。不疑尹京，宽刑活众，贤哉慈母之仁。田稷为相，反金待罪，卓矣孺亲之训。景让失士心，母挞之而部下安。延年多杀戮，母恶之而终不免。柴继母舍己子而代前儿，程禄妻甘己罪而免孤女。程母之教，恕于仆妾，而严于诸子。尹母之训，乐于菽水，而忘于禄养。是皆秉坤仪之淑训者，母德之徽音者也。"③ 母仪先于

---

① 张伯行辑：《课子随笔钞》卷三，《丛书集成续编》（台版）第61册，第49页。
② 汪辉祖：《双节堂庸训》，第60页。
③ 张福清编：《女诫——妇女的规范》，第37页。

父训，慈教严于义方，母仪和慈教对于家族发展具有重要作用。《女范捷录》列举了一系列典型事例来解说母仪和慈教的重要性。汪辉祖《双节堂庸训》也指出母仪的重要性，其曰："妇人贤明，子女自然端淑。今虽胎教不讲，然子禀母气，一定之理。其母既无不孝不悌之念，又无非道非义之心，子女禀受端正，必无戾气。稍有知识，不导以诳语、引以詈人，后来蒙养较易。妇人不贤，子则无以裕其后，女则或以误其夫。故妇人关系最重。"① 汪辉祖认为子禀母气，贤母对于子女成长至关重要。

母亲对于子孙成长作用主要表现在两个方面：一是日常抚育。如许相卿《许云邨贻谋》曰：

> 古者教道贵豫，今来教子宜自胎教始。妇妊子者，戒过饱，戒多睡，戒暴怒，戒房欲，戒跛倚，戒食辛热及野味。宜听古诗，宜闻鼓琴，宜道嘉言善行，宜阅贤孝节义图画，一宜劳逸以节，动止以礼，则生子形容端雅，气质中和。及婴孩怀抱，毋太饱暖，宁稍饥寒，则肋骨坚凝，气岸精爽。毋饰金银珠玉绮绣，以导炫侈，以召戕贼。及能言能行能食，时良知端倪发见，便防放逸。故孔子曰："蒙以养正，圣功也。"言，常教毋诳；行，常教后长；食，常教让美取恶；衣，常教习安布素，禁羡华丽。及就傅时，知慧日长，须防诱溺，慎择严正童子师，检约以洒扫应对，进退仪节，勿应虚文故事。一皆身教，躬习

---

① 汪辉祖：《双节堂庸训》，第61页。

倡之，俾自有乐然趋命，跃然代劳意。①

从胎教到婴孩怀抱，再到言行衣食，以及出外就傅，慎择童师，子女少年成长时刻都涉及母亲抚育的重要性。

二是思想教育。如唐彪《人生必读书》曰："子弟幼时，当教之以礼。礼不在精微，止在粗浅。如见尊长，必作揖；长者经过，坐必起立；长者呼召，即急趋之。门内门外，长者问何人，对必以名，不可曰'我'曰'吾'。长者之前，不可喧嚷致争；厅堂之中，不可放肆偃卧。凡事非僮仆所能为者，必须为父母代劳，不可推诿。略举大端，不能遍指，宜触类推广。"② 孩童的思想和礼仪教育也离不开母亲的教化。

对于母亲教育孩童方法，家训也有训诫。如汪辉祖《双节堂庸训》曰："家有严君，父母之谓也。自母主于慈，而严归于父矣。其实，子与母最近，子之所为，母无不知，遇事训诲，母教尤易。若母为护短，父安能尽知？至少成习惯，父始惩之于后，其势常有所不及。慈母多格，男有所恃也。故教子之法，父严不如母严。"③ 汪辉祖提出父严不如母严的教子方法，与常言慈母相左。又如《节孝家训述》曰："儿子是天生的，不是打成的。古云：棒头出肖子。不知是铜打就铜器，是铁打就铁器，若把驴头打作马面，有是理否？"④ 温璜母亲反对棍棒教育，也与通常教子方法相左。这些家教

---

① 《丛书集成初编》第975册，第2—3页。
② 《五种遗规·教女遗规》卷下，《续修四库全书》第951册，第107页。
③ 汪辉祖：《双节堂庸训》，第151页。
④ 温璜：《温宝忠先生遗稿》，《四库禁毁书丛刊·集部》第83册，第451页。

方法都有家族特性，体现了家教者独特的教育思想和理念。

　　总之，传统女性德行观的主要内涵是"四德"，即妇德、妇言、妇容、妇功，而聚焦于妇道和母仪两方面。这种德行观念也是建立在男尊女卑的思想基础之上，依据男外女内的社会分工而倡导的文化观念，强调女性对男权的依附以及妇人持家和育儿所应承担的家族责任和义务。

第三节　女性贞节观

　　贞节观从文化本质上来说属于古代女性德行观中的"妇德"，以宋代程朱理学兴起为标志，人们对于妇女贞节观念有着重大转变，由此前的宽容转为严厉，妇女改适由此被视为有违礼教而受到指责或禁止，因此家训对于女性贞节观的教化也更为重视和严格。古代女性贞节观主要涉及两方面内涵，即防闲内外和从一而终。

　　一是防闲内外。

　　防闲内外是基于古代妇女的角色定位而规定的活动空间和行动范围。《易经·家人卦》曰："家人，女正位乎内，男正位乎外；男女正，天地之大义也。"古代女性除了不能主外事和决策家政外，其活动范围也有内外之限，女人只能以家庭为活动中心。如徐三重《家则》曰："男女之辨，正在内外，则妇人不当出外，明甚。予尝至宜兴，旅寓民舍，罕见妇女形迹，亦绝无往来道路，此土俗之最美者。良家子女固不宜轻出行游，及抵亲识，至于探望姻党，辄遣妇女，飘扬衢路，肩摩稠人，大非雅观。必不得已，第可命老幼童竖，相致问信。若远亲之家，吉凶礼节已有男子在外交际，恶用复需妇人哉?"① 徐三重认为良家女子不可轻易出游，即便是吉凶礼节，若有男子在外交际，妇人便不需外出现身。就是亲戚之间的走动也有严格的规定。徐三重《家则》曰："凡诸妇于本家，父母在，则归宁；没，则否。兄弟有庆吊大事，则暂往不得过宿，远则不往。本家人来，惟父母与同生兄弟、至亲甥侄则相见，余并否。相见时，必子弟引入，遇夜则不入。其亲族有为僧道者，虽至亲，不得往来。女子年十岁以外，不得从母至外家；余虽至亲家，亦不得往。若男子往外家、内家及姊妹之家，必先令人通命，然后萧入；叙坐之后，言语须极敬慎，语毕而退，不得左右忤视，盖以礼自处，以礼处人，非二事也。"② 这里严格规定了妇人和女子外出走戚的要求以及外家来人相见的规定，凸显男女有别的礼仪规范。

　　女人不但不能走出家庭，即便是家庭内部也严格的空间限制，一般以中门为界，男处外庭，女处内阃。如徐三重《家则》曰：

　　　　闺门之体，最宜谨严，况吾松厮养太众，岂得无别？且亲戚之家，多有交往，初稍滥觞，末当浸漫，因俗制节正家者，何可不谨持之也？凡家室之制，须有中门，以老成端厚者一人守之，早启暮闭，妇女无故不得出。女奴年十二不得擅出，男仆年十五不得擅入，违者责之。亲姻问遗，守者传递出入。其在外一应非类，如所谓三姑六婆者，并不许入。妇女在内，夜行以烛，无烛则止。叔嫂不通言，男女不同室；居处相隔，行

---

① 徐三重：《明善全编》，《四库存目丛书·子部》第106册，第143页。
② 同上书，第142页。

止相避；不共相圂清，不共湢浴；不亲相授受，不同席饮食。所以谨嫌厚别也。①

男性不得随意进入中门之内，女性则不得随意走出中门之外，叔嫂不通言，男女不同室，家训严格规定了女性在家庭中的活动空间和范围。这是古代女性角色和地位在家庭空间中的文化折射。

极大地限制女人的活动空间和行动范围，是为了防闲内外，避免男女授受而致使女人丧失理智，失去贞节，污染妇德。如史搢臣《愿体集》曰："男女不杂坐，不同椸枷，不同巾栉。不亲授。内外不共井。不共湢浴，不通寝席，不通衣裳。诸母不漱裳。女子嫁而反，兄弟弗与同席而坐，弗与同器而食。男子入内，不啸不指。夜行以烛，无烛则止。女子无故不许出中门。出中门，必拥蔽其面。夜行以烛，无烛则止。出入于道路，男子由右，女子由左，此曲礼别男女之大节，所以严内外，而防渎乱也。有家者不可不知。"② 所谓"防渎乱"，即是防止女性因男女关系而失去节操，因而严格要求遵循男女有别的礼仪和规则。

又如黄标《庭书频说》曰：

《内则》曰："礼始于谨夫妇辨内外，男不言内，女不言外，非丧非祭不相授器，盖所以正妇德，肃闺范也。"余尝读之，而知先王之教人防闲者，未尝不严矣。而人往往防闲之多疏，亦独何哉？夫天下中人居多，如节操凛若冰霜，孤贞坚如

---

① 徐三重：《明善全编》，《四库存目丛书·子部》第 106 册，第 142 页。
② 《五种遗规·教女遗规》卷下，《续修四库全书》第 951 册，第 103 页。

金石，不以存亡易心，不以盛衰改节者，此能以礼自防，而不待人之防闲者也。三代而下，宁几见乎？下此则不为之防闲，不可也。盖男女之情，人皆有之。间有矢志洁清，而犹或失身匪类者。况秉性艳冶者，而可保其无他乎？每见疏于防闲者，内外不严，出入无禁，自谓家门清静矣，不知主人聋瞆则闺内多隙。万一中嬸失节，声传邻里，虽祖功宗德，不足盖一时之丑。即孝子慈孙，亦且蒙百世之辱。至此，悔恨亦何及哉？然与其悔之于后，莫若防之于先。勿因报赛而登山入庙，勿信邪说而往来六婆，勿畜俊仆而纵其出入，勿藏淫书而诱其情欲，勿令认瓜葛之亲而轻为燕会，勿令攀邻人之壁而无故接谈。如是而防闲之道明，则终日闺门之内，目不见非僻之人耳。不闻非僻之言，贤者固可以矢志洁清，即不贤者亦无不兢兢自好焉。然则养人之廉耻而消邪心者，诚莫如防闲之礼矣。齐家君子，胡弗闻焉。①

黄标认为男女之情，人皆有之，既有矢志洁清，而犹或失身匪类者，又有秉性艳冶者，因此防闲内外，预先阻断男女情欲是必要的。否则万一中菁失节，声传邻里，虽祖功宗德，亦不足以掩盖一时之丑；即使是孝子慈孙，亦且蒙受百世之辱。

二是从一而终。

女性贞节观的重要内涵就是强调妇女从一而终的节烈思想。节

---

① 张伯行辑：《课子随笔钞》卷三，《丛书集成续编》（台版）第 61 册，第 49—50 页。

烈思想的强化与程朱理学的宣扬密不可分。朱熹《近思录》大力宣扬"饿死事极小，失节事极大"，认为孤孀贫穷无托者若无再嫁，虽会饿死，但远不如再嫁而失节之事大。国家旌表节烈妇女虽始于汉代，但直到元代才有旌表节烈女子的政策，明清时期旌表节烈女子达到高潮。因此，明清家训也非常重视从一而终的节烈观念教化。如王刘氏《女范捷录》曰：

> 忠臣不事两国，烈女不更二夫。故一与之醮，终身不移。男可重婚，女无再适。是故艰难苦节谓之贞，慷慨捐生谓之烈。令女截耳劓鼻以持身，凝妻牵臂劈掌以明志。共姜髧髦之诗，之死靡他。史氏刺面之文，中心不改。皇甫夫人，直斥逆臣，膏斧钺不绝口。窦家二女，不从乱贼，投危崖而奋不顾身。董氏封发以待夫归，二十年不沐。妙慧题诗以明己节，三千里复见生逢。桓夫人义不同庖，而吟匪石之诗。平夫兵闾巷，而却阃闱之犯。夫之不幸，妾之不幸，宋女以言哀。使君有妇，罗敷有夫，赵王之章止。梁节妇之却魏王，断鼻存孤。余郑氏之责唐帅，严词保节。代夫人深怨其弟，千秋表磨笄之山。杞良妻远访其夫，万里哭筑城之骨。唐贵梅自缢于树以全贞，不彰其姑之恶。潘妙圆从夫于火以殉节，而活其舅之生。谭贞妇庙中流血，雨渍犹存。王烈女崖上题诗，石刊尚在。崔氏甘乱箭以全节，刘氏代鼎烹而活夫。是皆贞心贯乎日月，烈志塞乎两仪，正气凛于丈夫，节操播乎青史者也，可不勉欤！①

---

① 张福清编注：《女诫——妇女的规范》，第37—38页。

"忠臣不事二国，烈女不更二夫"，虽然男子可以重婚，但女子无二适之理，此即是家训所倡导的节烈观念。《女范捷录》列举了自古及今众多的节烈女子典型，来彰扬节烈观念的重要性和可贵性，认为贞心贯日月，烈志塞两仪。

坚守节烈自然是节烈女子个人的志洁和行为，但作为节烈女子的家族也应予以支持。如张纯《普门张氏族约》曰："寡妇守志最难，族长等宜时加奖励，有异节则呈举于官；或遇生日，共作文轴为寿；死则共为铭旌，书之曰：某人守节妻某氏之柩；若贫之，月给薪米及教养其子，庶使不至于失守。"① 又如何伦《何氏家规》曰："节义之人，乃天地正气所钟，光祖宗，荣亲族，莫大乎是。后世但有男子仗义而穷，妇人守节而苦，不能自存者，岂可不为之虑，而使之失所耶？合族俱当议处资给，以成其美，不可轻慢靳啬。"② 再如汪辉祖《双节堂庸训》曰："妇人嫠居而能矢志不贰，或抚孤，或立后，其遇可矜，其行可敬，虽有遗资，总当善遇。若遭贫窭，更为无告，房族不幸而有是人，必须曲意保全，俾成完行。吾母两太宜人，艰难植节，吾所身亲。具官宁远，习俗不重贞节，会有茂才孀妻，贫难自立，谆谕族长于祭祀中，节赢资膳，坚其壹志。其后他族闻风式法，守节遂多。因知妇人立节，不可不思所以曲全之道。"③ 这些家训都认为节烈女子是家族的荣耀，家族应珍惜，同时节烈女子度日不易，房族之人应给予周济和帮助。

---

① 项乔撰，方长山、魏得良点校：《项乔集》，第 529 页。
② 张文嘉辑：《重定齐家宝要》，《四库全书存目丛书·经部》第 115 册，第 667 页。
③ 汪辉祖：《双节堂庸训》，第 91 页。

江南家训虽然也大力倡导女性节烈观，但思想相对开放，对于无志于秉节者也不强求。如汪辉祖《双节堂庸训》曰："秉节之妇，固当求所以保全之矣。其或性非坚定，不愿守贞，或势逼饥寒，万难终志，则孀妇改适，功令亦所不禁，不妨听其自便，以通人纪之穷；强为之制，必有出于常理外者，转非美事。"① 汪辉祖认为如果志向不坚定，或是势逼饥寒，孀妇也可以改适，不可强迫她们守节。又如蒋伊《蒋氏家训》曰："妇人三十岁以内，夫故者，令其母家择配改适，亲属不许阻挠。若有秉性坚贞、誓死抚孤守节者，听。众共扶持之，敬待之、赒恤之，不得欺凌孤寡。"又曰："妾媵四十岁以内，夫故者，即善嫁之，其有天付贞操，确乎不移，誓愿守节者，听。"②《蒋氏家训》对于较为年轻的孀妇是否守节，不作统一的强求，并且规定不许阻挠她们改适。当然，对于那些愿意守节者，则听从其志愿。

综上所述，女性贞节观主要包括防闲内外和从一而终两方面内涵，从一而终是就女子与丈夫关系而言，而防闲内外是就女子与其他男性关系而言。

第四节　女性知识观

古代女性的知识水平整体上不如男性，特别是社会下层囿于经济和生存的限制，绝大多数女子都缺少文化教育。探讨女性知识观

---

① 汪辉祖：《双节堂庸训》，第93页。
② 《丛书集成初编》第977册，第5页。

主要局限于士绅家族当中，一般来说士绅家族对于女性是否拥有文化知识持开放态度，但在涉及德才关系以及才之文化内涵的具体问题上则有不同见解和要求。

最早的女训强调女德而不是女才，如班昭《女诫》曰："妇德，不必才明绝异也。"程朱理学兴起之后，女德更加强调到无以复加的地步，以至于德与才形成了对立关系。如陈继儒《安得长者言》曰："男子有德便是才，女子无才便是德。"① 所谓"女子无才便是德"，是以"德"否定"才"。"女子无才便是德"典型地体现了传统社会对于女性学习和拥有文化知识的否定。但也有反对德才对立者，认为才德具有互助作用。如王刘氏《女范捷录》曰：

> 男子有德便是才，斯言犹可；女子无才便是德，此语殊非。盖不知才德之经，与邪正之辩也。夫德以达才，才以成德。故女子之有德者，固不必有才。而有才者，必贵乎有德。德本而才末，固理之宜然，若夫为不善，非才之罪也。故经济之才，妇言犹可用，而邪僻之艺，男子亦非宜。《礼》曰："奸声乱色，不留聪明；淫乐慝礼，不役心志。"君子之教子也，独不可以训女乎？古者后妃夫人，以逮庶妾匹妇，莫不知诗，岂皆无德者欤？末世妒妇淫女，及乎悍妇泼媪，大悖于礼，岂尽有才者耶？曷观齐妃有鸡鸣之诗，郑女有雁弋之警。缇萦上章以救父，肉刑用除；徐惠谏疏以匡君，穷兵遂止。宣文之授周礼，六官之钜典以明；大家之《续汉书》，一代之鸿章以备。《孝

___
① 《丛书集成初编》第375册，第1页。

经》著于陈妻,《论语》成于宋氏。《女诫》作于曹昭,《内训》
出于仁孝。敬姜纷绩而教子,言标左氏之章;苏蕙织字以致夫,
诗制回文之锦。柳下惠之妻,能谥其夫;汉伏氏之女,传经于
帝。信官闱之懿范,诚女学之芳规也。由是观之,则女子之知
书识字,达理通经,名誉著乎当时,才美扬乎后世,亶其然哉。
若夫淫佚之书,不入于门;邪僻之言,不闻于耳。在父兄者,
能思患而预防之,则养正以毓其才,师古以成其德,始为尽善
而兼美矣。①

《女范捷录》认为德可以达才,才也可以成德,两者相辅相成,女子
不善不是才之罪,相反女子有才,可以匡君正家,布德免祸,所以
为父兄者当使女子知书识字,达理通经,做到德才兼备。《女范捷
录》中列举了一系列才女经世布德的经典事例,正说明了女子亦当
有才,接受文化知识的教育。徐三重《家则》亦曰:"妇人贤明者
稀,况不读书,寡见大义,其啬以成家者,或昧大体,而乐于时俗
者,尤难执德。"② 徐三重认为女子不读书,鲜有大义,难以执德。

　　章学诚《妇学》则认为才须与学相结合,其曰:"古之贤女,
贵有才也。前人有云'女子无才便是德'者,非恶才也;正谓小有
才而不知学,乃为矜饰骛名,转不如村姬田妪,不致贻笑于大方
也。"章学诚认为有才而不知学,则矜饰骛名,所以才须与学相结
合。其《妇学》又曰:

---

①　张福清编注:《女诫——妇女的规范》,第40—41页。
②　徐三重:《明善全编》,《四库存目丛书·子部》第106册,第143页。

古之妇学，如女史、女祝、女巫，各以职业为学，略如男子之专艺而守官矣。至于通方之学，要于德、言、容、功……乃知古之妇学，必由礼而通诗，六艺或其兼擅者耳。后世妇学失传，其秀颖而知文者，方自谓女兼士业，德色见于面矣。不知妇人本自有学，学必以礼为本；舍其本业而妄托于诗，而诗又非古人之所谓习辞命而善妇方也；是则即以学言，亦如农夫之舍其田，而士失出疆之赍矣。何足徵妇学乎？嗟乎！古之妇学，必由礼以通诗，今之妇学，转因诗而败礼。礼防决，而人心风俗不可复言矣。夫固由无行之文人，倡邪说以陷之。彼真知妇学者，其视无行文人，若粪土然，何至为所惑哉？①

章学诚认为古之妇学是由礼以通诗，而今之妇学则因诗而败礼，因此妇学当是德本才末，以德导才，以才合德。

女才除了有助于成就女德外，妇人有才还有利于治理家务，使家道隆盛。如袁采《袁氏世范》曰："妇人有以其夫蠢懦，而能自理家务，计算钱谷出入，人不能欺者；有夫不肖而能与其子同理家务，不致破家荡产者；有夫死子幼而能教养其子，孰睦内外姻亲，料理家务至于兴隆者，皆贤妇人也。而夫死子幼，居家营生最为难事。托之宗族，宗族未必贤；托之亲戚，亲戚未必贤。贤者又不肯预人家事。惟妇人自识书算，而所托之人衣食自给，稍识公义，则庶几焉。不然，鲜不破家。"② 袁采认为当丈夫为蠢懦、不肖或早死

---

① 章学诚著，叶瑛校注：《文史通义校注》，中华书局1985年版，第536—537页。
② 袁采：《袁氏世范》，第47页。

者，贤妇治家尤为重要，特别是寡妇治家，妇人必须要有文化知识，能自识书算，才能不为人所欺。即便是丈夫贤达和在世，贤妇依然关系到家道兴废。如钟于序《宗规》曰："但问室人之贤否，因知家道之废兴。盖丈夫志在四方，惟在细君良淑。即开门事有七件，孰非健妇撑持？奉舅姑而养志，承欢涤髓之中。助夫子以成名，戒旦鸡鸣之候。内而诸姑伯姊，人人务得其心；外而姻娅宗亲，在在宜将其礼。贫能安分，井臼自必晨操；火可乞邻，机杼何妨夜织。从古贤人，伉俪恒多憔悴；姬姜仲孺，床头卧牛衣。而陨涕伯鸾庑下，举鸿案以增悲。况乎集蓼茹荼，尤且和熊画荻。柔肠百结，方看兰芷之馨；劲质干磨，永矢柏舟之操。"① 钟于序认为妇人是家事的主心骨，开门七件事，奉养舅姑，助夫成名，妇人都有着其独特的作用，因此妇人贤达与否，直接关系家道兴废。再如王刘氏《女范捷录》曰：

> 治安大道，固在丈夫，有智妇人，胜于男子。远大之谋，预思而可料，仓卒之变，泛应而不穷，求之闺闱之中，是亦笄帏之杰。是故，齐姜醉晋文而命驾，卒成霸业；有缗娠少康而出窦，遂致中兴。颜女识圣人之后必显，喻父择婿而祷尼丘；陈母知先世之德甚微，令子因人以取侯爵。剪发留宾，知吾儿之志大；隔屏窥客，识子友之不凡。杨敞妻促夫出而定策，以立一代之君；周岂母因客至而当庖，能具百人之食。晏御扬扬，妻耻之而令夫致贵；宁歌浩浩，姬识之而喻相尊贤。徒读父书，

---

① 张潮：《昭代丛书》丙集卷一八，《丛书集成续编》（台版）第 60 册，第 644 页。

如赵括之不可将；独闻妾恸，识文伯之不好贤。樊女笑楚相之
蔽贤，终举贤而安万乘；漂母哀王孙而进食，后封王以报千金。
乐羊子能听妻谏以成名，宁宸濠不用妇言而亡国。陶答子妻，
畏夫之富盛而避祸，乃保幼以养姑；周才美妇，惧翁之横肆而
辞荣，独全身以免子。漆室处女，不绩其麻而忧鲁国；巴家寡
妇，捐己产而保乡民。此皆女子嘉猷，妇人之明识，诚可谓知
人免难，保家国而助夫子者欤。①

《女范捷录》认为有智妇人，胜于男子，不仅可以保家，还可卫国，
由此王刘氏列举了一系列智妇典型作为女子学习的榜样。

　　正是基于智妇治家具有重要性，江南家训宣扬女子应该学习一
定的文化知识，要有一定的女教修养。如许相卿《许云邨贻谋》曰：
"妇来三月内，女生八岁外，授读《女教》《列女传》，使知妇道。
然勿令工笔札，学词章。"② 《节孝家训述》曰："妇女只许粗识
'柴''米''鱼''肉'数百字，多识字无益而有损也。"③ 蒋伊
《蒋氏家训》曰："女子但令识字，教之孝行礼节，不必多读书。"④
这些家训都主张女子应该受教识字，但只限于粗通文字，而不主张
学习词章之学。

　　由此可见，江南家训虽然不太赞同"女子无才便德"的文化观
念，对女子才学有所包容，但"才"的内涵一般只限于粗通文字以

---

①　张福清编注：《女诫——妇女的规范》，第39—40页。
②　《丛书集成初编》第975册，第6页。
③　温璜：《温宝忠先生遗稿》，《四库禁毁书丛刊·集部》第83册，第449页。
④　《丛书集成初编》第977册，第4页。

及女教知识等方面，而不赞成女子学习词章文学。如焦循《里堂家训》曰："至于妇女伪取诗名，尤为可笑。吾曾祖母卞孺人真能作诗作画，后深悔曰：'此非妇人事。'乃力田治家以立德，教家人戒不为诗。吾嫡母谢孺人亦知书而不看诗，曰：'与其有工夫看无益之诗，何不看古人贤孝故事。'此真足为后世法也。"① 焦循以其曾祖母卞孺人、嫡母谢孺人作为一反一正的事例来论说妇人不当取诗为名。

但事实上，明清时期许多女子都擅长吟诗诵词，特别是清代女性闺秀诗人异常兴盛。根据《历代妇女著作考》统计，汉魏六朝共33 人，唐五代22 人，宋辽46 人，明代近250 人，清代3660 余人，张宏生等又增补247 人，清代女性文人有3900 多人，远远超过此前所有朝代的总和。② 这些闺秀诗人尤以江苏、浙江、安徽、江西等江南地区为多，特别是江苏和浙江两省几乎占据了整个清代闺秀诗人的百分之八十以上。明清闺秀诗人走向兴盛，一方面是社会对女性吟诗更具有包容性，认为女性吟诗具有社会"合法性"。如袁枚曰："目论者动谓诗文非闺阁所宜，不知《葛覃》《卷耳》，首冠《三百篇》，谁非女子所作?"③ 又如谢章铤曰："予窃维妇人有四德……诗者，尤其言之精者也。……孔子曰：'不学诗，无以言。'后世妇学

① 《丛书集成续编》（台版）第 60 册，第 668 页。
② 胡文楷编著，张宏生等增订：《历代妇女著作考》（增订本），上海古籍出版社2008 年版，第 1218 页。
③ 袁枚：《听秋轩诗集·序》，胡晓明、彭国忠主编《江南女性别集二编》（上），黄山书社 2010 年版，第 579 页。

不讲，妇人之知言者鲜矣，不亦四德而缺其一乎?"[1] 前者以《诗经》有女性吟咏来为闺秀诗人张本，后者指出诗为言之精华来凸显诗歌的重要性。另一方面则是家庭更加重视女子吟诗的启蒙和教育，闺秀诗人具有较为宽容的家庭成长环境。[2] 因此，家训教化与社会现实具有不一致性，家训教化更具正统和严肃，而社会现实对女性吟诗更具宽容性。

---

[1]　谢章铤:《吟香室诗草·序》，胡晓明、彭国忠主编《江南女性别集三编》（上），黄山书社 2012 年版，第 561 页。
[2]　参见曾礼军《清代女性戒子诗的母教特征与文学意义》，《文学遗产》2015 年第 2 期。

第七章

江南望族家训的文学价值

　　家训作为一种家族教育的重要文化载体，也具有较为突出的文学价值。一方面，家训属于一种特殊的家族文学，一些以诗歌、散文等文体书写的家训作品凸显了文学作为家族教育功能的作用和价值，形成了以家族训诫为主要题材的文学类型。另一方面，家训还有着十分重要的文学教育作用，家训重视文学传承的家族意识教化，重视一些具体的文学思想和文学创作观念教育。

第一节　家训的家族文学特性

　　虽然不是所有的家训都具有文学特性，但一些以诗歌和散文等体裁形式书写的家训作品则是一类特殊的家族文学，可称之为家训文学，对于探讨以家族教育为主要功能的文学作品具有重要价值。家训的家族文学特性主要表现在三个方面，即训诫题材、说理艺术和家史书写。

　　文学作为教育手段在中国古代教育中特别突出，如孔子就提出《诗》可以"兴、观、群、怨"，"迩之事父，远之事君，多识于鸟兽草木之名"，强调《诗经》作为教育手段和工具的重要作用。以家族教育为主要目的的家训文学，使文学的教育功能发挥到了极致，从而形成了以家族训诫为主要题材的文学类型。家训文学题材的突出特点就在于十分重视家族精神的教化和宣扬，使之成为家风导向而浸润每个家族成员。

如陆游《放翁家训》非常重视教化耕读传家的思想观念。其曰："呜呼！仕而至公卿，命也，退而为农，亦命也。若夫挠节以求贵，市道以营利，吾家之所深耻。子孙戒之，尚无堕厥初。"又曰："吾家本农也，复能为农，策之上也。杜门穷经，不应举，不求仕，策之中也。安于小官，不慕荣达，策之下也。舍此三者，则无策矣。汝辈今日闻吾此言，心当不以为是，他日乃思之耳，暇日时与兄弟一观以自警，不必为他人言也。……子孙才分有限，无如之何，然不可不使读书。贫则教训童稚以给衣食，但书种不绝足矣。若能布衣草履，从事农圃，足迹不至城市，弥是佳事。关中村落有魏郑公庄，诸孙皆为农，张浮休过之，留诗云：'儿童不识字，耕稼郑公庄。'仕宦不可常，不仕则农，无可憾也。但切不可迫于衣食，为市井小人事耳，戒之戒之。"① 陆游认为耕读是传家之策，切不可迫于衣食为市井小人，市道以营利。这种耕读传家的精神在陆游其他的家训诗中也得到了反复宣扬。如《示儿》曰：

禄食无功我自知，汝曹何以报明时？为农为士亦奚异，事国事亲惟不欺。道在六经宁有尽，躬耕百亩可无饥。最亲切处

① 《丛书集成新编》（台版）第 33 册，第 141—142 页。

今相付，熟读周公《七月》诗。①

耕可无饥，读可明道，因此为农为士并无差异，"事国事亲惟不欺"即可，此诗对耕读传家的思想观念进行了教化和宣扬。又如《示子孙》，其一曰："为贫出仕退为农，二百年来世世同。富贵苟求终近祸，汝曹切勿坠家风。"其二曰："于家世守农桑业，一挂朝衣即力耕。汝但从师勤学问，不须念我叱牛声。"②此二首诗再次教化子孙要坚守耕读传家的家风，不汲汲于富贵，不戚戚于贫贱。此外，《示儿》曰："人生百病有已时，独有书癖不可医。愿儿力耕足衣食，读书万卷真何益！"《黄袄小店野饭示子坦子聿》曰："孺子虽知学，家贫且力耕。"《示元敏》曰："汝业方当进，吾言要细听。仍须知稼穑，勉为国添丁。"③这些家训诗也是对耕读传家的思想教化。

万斯同《与从子贞一书》则表达了重视典章等经世致用的学术理念，要求从子万贞一承继这种学术思想。其曰：

> 吾窃不自揆，常欲讲求经世之学，苦无与我同志者，若吾子者，既有好古之志，又有足为之才，是可与我共学矣。奈何专专于古文，而于经世之大业，不一究心也耶！夫吾之所为经世者，非因时补救，如今所谓经济云尔也。将尽取古今经国之大猷，而一一详究其始末，斟酌其确当，定为一代之规模，使今日坐而言者，他日可以作而行耳。若谓儒者自有切身之学，

---

① 王晓祥：《陆游示儿诗选》，南京大学出版社1988年版，第69页。
② 同上书，第93页。
③ 同上书，第31、35、126页。

而经济非所务，彼将以治国平天下之业，非圣贤学问中事哉？是何自待之薄，而视圣学之小也。吾尝谓三代相传之良法，至秦而尽亡；汉唐宋相传之良法，至元而尽失；明祖之兴，好自用而不师古，其他不过因仍元旧耳，中世以后，并其祖宗之法而尽亡之；至于今之所循用者，则又明季之弊政也。夫物极则必变，吾子试观今日之治法，其可久而不变耶？天而无意于生民则已耳，天而有意于生民，必当大变其流极之弊，而一洗其陋习。当此时，而无一人焉起而任之，上何以承天之意，下何以救民之患哉！则讲求其学以需异日之用，当必在于今日矣。吾窃怪今之学者，其下者既溺志于诗文，而不知经济为何事；其稍知振拔者则以古文为极轨，而未尝以天下为念；其为圣贤之学者，又往往疏于经世，见以为粗迹而不欲为。于是学术与经济，遂判然分为两途，而天下始无真儒矣，而天下始无善治矣。呜呼！岂知救时济世，固孔孟之家法，而已饥已溺若纳沟中，固圣贤学问之本领也哉。吾非敢自谓能此者，特以吾子之才志可与语此，故不惮昌天下之讥而为是言。愿暂辍古文之学，而专意从事于此。使古今之典章法制烂然于胸中，而经纬条贯，实可建万世之长策，他日用则为帝王师，不用则著书名山，为后世法，始为儒者之实学，而吾亦俯仰于天地之间而无愧矣。苟徒竭一生之精力于古文，以蕲不朽于后世，纵使文实可传，亦无益于天地生民之数，又何论其未必可传者耶！况由此力学不为无用之空言，他日发为文章，必更有卓然不群者，又未始非学古文者之事也。吾子其尚从吾言，而无溺于旧学，幸甚幸甚。①

万斯同反对举业之学和古文之学，认为学术要与经济合一，做到学以致用，因此特别重视古今典章法制。万斯同致力于其中，尽取古今经国之大猷，而一一详究其始末，斟酌其确当，认为此"可建万世之长策，他日用则为帝王师，不用则著书名山，为后世法"，实为儒者之实学。万氏家族是清初甬上著名学术世家，万氏子弟又是黄宗羲的及门弟子，对清代浙东学派的传承和发展作出了杰出贡献。万斯同《与从子贞一书》既表达了自己的学术思想观念，同时也是万氏家族的学术特征，其家训教化典型地体现了万氏家族学术精神和特征。

家训文学的题材大都以训诫为突出特点，其艺术特色则以说理为典型特征。家训文学说理方式丰富多样，试以家训诗为例，有对比论理、设象喻理、援典证理、即景说理、抒情隐理和格言示理等。

一是对比论理。通过两种对象的鲜明对比，在对比中得出教化道理，让受教化者领悟和接受。如汪辉祖《昔有诗二章示培壕两儿》（其二）曰："昔有一束书，无多手泽在。雒诵功易殚，文章溯流派。一瓻偶借人，何处得津逮。勤勤克期钞，腕脱敢云惫。一隅以三反，周行问向背。揣摩颛且精，幸邀尌菲采。即今万牙签，经史颇萃荟。余力罗百家，编辑及细碎。爱博情转疏，读多不求解。譬

---

① 万斯同：《石园文集》卷七，《续修四库全书》第 1415 册，第 512—513 页。

如宝山回，空手徒自慨。古贤惜分阴，青春可能再?"① 以昔者书少与今者书多进行对比，指出书少时能"揣摩颇且精"和"一隅以三反"，而书多时则"爱博情转疏，读多不求解"，教化儿子读书要少而精，不要多而杂，因为人的精力和时间是有限的。对比说理具有观点突出、结论鲜明的特点。

二是设象喻理。构设一些典型而又生动的意象来喻化训诫内容。如许宗彦《示儿延敬》曰:

> 蚊口之利嘬肤血，翼单腹壮遭指蔑。鹦口之巧善语言，翘矩笯密囚烦冤。物犹如是况于人，御人以口良不驯。一时快意逞捷给，弱者含愠强者瞋。招尤召败岂他罪，罪口之由弗可悔。诵言如醉何其愚，听言则对亦曰殆。小时或以辩慧夸，长者怜汝不疵瑕。大来谁肯更恕汝，恶声还复于汝加。孔子恂恂百世师，嗇夫喋喋无所施。举策数马保厥位，期期艾艾名声垂。戒汝不早我之耻，汝不我听亦已矣，汝口呐然我心喜。②

蚊口之嗜血，鹦口之巧言，但最终都未能善终，物犹如此，人更应慎言。许宗彦以蚊口和鹦口为喻来告诫儿子要谨言寡语，不做喋喋不休的嗇夫，这样才能远耻保身。设象喻理实际上是兼用类比和比喻来论说训诫内容，具有形象生动、典型深刻的特点。

三是援典证理。援引历史典故来佐证和论说要教化的道理。庄德芬《杂诗示儿》曰:"吾闻燕国公，爇火照书策。范相未遇时，

---

① 潘衍桐:《两浙辅轩续录》卷一一，浙江古籍出版社 2014 年版，第 667—668 页。
② 张应昌编:《清诗铎》卷二二，中华书局 1960 年版，第 792 页。

帐中盈烟迹。贵盛相门儿，贫贱无家客。青云与泥涂，勤苦同一辙。志学抱坚心，宁为境所易。诵读知其人，尚友若咫尺。流光驹过隙，分阴抵拱璧。毋令寡母心，戚戚忧干没。"① 援典证理具有言简意赅、说理深刻的特点。

四是即景说理。由诗人眼前的景、事、物触发而产生的教化。如魏骥《秋日有感书勉诸子》曰："凉飙动高柯，落叶坠庭户。节序互变更，春来又秋暮。人生百岁中，发黑忽改素。当为贵及时，其力宜自努。不见庸劣徒，终身无所措。嗟予日渐老，抚景亦深悟。"② 诗歌点明了教化和创作的机缘，由秋日落叶而比兴到青春易逝，因青春易逝所以要及时努力，景中有情，情中有理。

五是抒情隐理。在抒情的诗句中隐含着作者要教化的道理，以情显理。如徐世烺《冬日感怀示儿子惟怿》（其二）曰："落拓生涯久，年来更不侔。到家翻作客，强笑亦含愁。徒抱芸人病，曾无翼子谋。青毡虽故物，何业是箕裘。"③ 生命落拓，事业无成，作者在检讨自己时暗寓了对儿子兴家继业的期望和教化。抒情隐理的突出特点就是以情化理，在感化中寓于教化。

六是格言示理。运用一些具有哲思性的诗句来展示要教化的道理，给人以启迪和深思。如袁枚《示儿》："不将庭诰学延之，但说平生要汝知。骑马莫轻平地上，收帆好在顺风时。大纲既举凭鱼漏，

---

① 张应昌编：《清诗铎》卷二二，中华书局1960年版，第788页。
② 魏骥：《南斋先生魏文靖公摘稿》卷八，弘治刻本。
③ 阮元：《两浙輶轩录补遗》卷七，夏勇等整理《两浙輶轩录》第12册，浙江古籍出版社2012年版，第3479页。

小穴难防任鼠窥。三百六旬三十日，可闻谇语响茅茨。"① 作者采用格言式诗句教育儿子行事要小心谨慎、见好就收。

　　家训文学以家族子孙为教化对象，所写的祖先传统、作者自身及家庭和家族情况一般都具有纪实性，因此不少家训文学对于认识相关文人及其家庭和家族情况具有重要的文学史料价值。如王十朋《家政集》叙其家世曰：

　　　　王氏受姓自周灵王太子晋始，其所由来远矣。然而后世子孙历年既久，或因天下亡乱，或因家世衰微，失其谱系，今不可得而考也。姑志其近而可知者，以为始祖。吾家始祖，国初时自杭迁焉，家于乐清左原，至于今七世矣。有坟墓在焉。然子孙分派虽多，往因魔寇杀伤，及死绝无后者，所存仅二十余房，然皆未有能奋然起家之人。有世守农桑，而衣食仅能自给者；有衣食虽足以奉养，而鄙野不知书者；有虽略知书，而不卒业，以光大其门户者；有贫而不能受其祖业，而为台舆皂隶之贱者。惟吾家一房，奕世以来，伏腊之费粗给。自大父以诗书教其子二，今再世业儒矣。儒者读圣贤之书，学仁义之道，知孝悌之义，异乎农商皂隶之流也，其可不知奉先之道乎！大父幼虽不学，而天性纯孝，奉祖之道甚谨。十朋为儿童时尚及见之，犹能记忆其一二也。大父每逢正旦，必自岁除之夕，设祖先神位于厅事之中。列香茶果子于桌，汲净水以煎汤，然灯于四壁及两庑之间。四鼓未终起而盥洗，新其衣服。晓鸡初

---

① 袁枚：《小仓山房诗文集》第2册《小仓山房诗集》卷三六，第1022页。

唱，东方未明，则家人皆列拜讫，然后撤神位，始讲贺正之礼。往往自始祖高曾以来，相传不废。十朋不得而知也。第见大父昔日如此，至先人遵而行之，以至于今耳。寒食扫坟，命家僮，抱十朋，偕诣坟所。抚十朋背谓曰："翁欲汝识先祖坟墓之所在，汝他日不可忘之而不祭也。"诸房祭坟止于祖考一二代，惟吾家自始祖而下诸坟墓，皆亲往祭之，其祭必自始祖之墓始，盖自大父以来岁岁如此也。①

王十朋抒写了其源远流长的家世传承关系，尤为详细地叙述了其祖父相关情况，这对于探讨王十朋家族情况具有重要的史料价值。

又如袁绶《夜读示两儿》曰："尔祖少食贫，笔耕贳薪米。拔萃举明经，一毡为贫仕。贤良擢令尹，循声著遐迩。五十归道山，宦囊清若水。汝父少失怙，孤立鲜依倚。独木支大厦，恐坠箕裘美。好学寡交游，一编惜寸晷。平生重然诺，所为慎终始。家贫食指繁，菽水无可恃。饥来驱其行，负米长安市。近迹依我翁，幕游恒自耻。……嗟我出名阀，颇亦习诗礼。结褵归汝父，井臼躬料理。大母发垂白，所乐在甘旨。"② 袁绶字紫卿，钱塘人，袁枚孙女，袁通女，江宁诸生、南平知县吴国俊妻，生有吴师郊、师祁和师曾三子，皆入仕为官。此诗是诫勉长子和次子而作，当写于吴国俊中举入仕以前。诗歌对于吴氏父子的生平履历、吴国俊中举前的清贫生活、

---

① 王十朋：《王十朋全集·辑佚》（修订本），第 1034—1035 页。
② 袁绶：《瑶华阁诗草》，《清代诗文集汇编》第 590 册，上海古籍出版社 2010 年版，第 467 页。

袁氏侍姑育儿等家庭情况都有较为真实的记录，对于了解吴氏家族具有重要的文献价值。

第二节　家训的文学教育作用

家训不仅是一种特殊的家族文学类型，而且有着重要的文学教育作用。家训的文学教育作用一方面表现在重视文学传承的家族意识教育；另一方面则表现在对一些文学思想和文学创作观念进行教化。

家训非常重视文学传承的家族意识教育。家训诗中杜甫最早明确提出"诗是吾家事"，其《宗武生日》曰："诗是吾家事，人传世上情。"杜甫诗律精细，实渊源于其祖初唐诗人杜审言，因此他很强调文学传承的家族意识教化。此后，许多家训诗都以"诗是吾家事"之类诗句来教化子孙要树立起文学传承的家族意识。如周紫芝《九月十六日示内二首》（其二）："书种吾家事，郎曹汝旧门。"① 况钟《示诸子诗》曰："吾家诗书胄，况坊名阀阅。……书此为庭训，各宜踵先哲。"② 袁昶《寄示从子观澜德劭古诗一篇》曰："诗为吾家事，修辞质宜存。"③ "诗是吾家事"既强调了文学主体的家族意识，又凸显了文学传承的家族责任，对家族文学传承和发展起到内驱力的推动作用，因而对于促进家族文学的发展和繁荣具有重

---

① 《全宋诗》第 26 册，第 17319 页。
② 况钟著，吴奈夫等校点：《况太守集》卷一五，江苏人民出版社 1983 年版，第 160 页。
③ 袁昶：《安般簃集·诗续乙》，《丛书集成新编》第 73 册，第 323 页。

要作用和意义。①

家训还非常重视家集文献搜集和保存的教化，以此来凸显家族文学意识的传承。如王十朋《家政集》曰："先人壮年喜作诗，然不自取录，今无一字存者。所记者止一联，云：'有酒莫辞通夕醉，浮生谁是百年人。'此得之于乡里前辈之口，乃壮年所作之诗也。又吾家旧有结秀轩，叔父宝印大师有《古风》一章，纪轩中景物之大概。其首四句云：'朝见南山青，暮见北山耸。山青秀气发，揽结在轩愦。'此叔父诗也。一时作者皆和，惟先人之诗最工，为人所称赏。其诗并唱和者，昔皆书之轩壁之上，其后家为魔寇所焚，诗与轩俱泯灭矣！叔父之轩自能记其全篇，先人之诗遂亡焉。……先人晚年故旧零落，既无朋侪唱和，亦罕作诗，诸子又不在侍下，虽有诗，亦失收录，至先人之殁，所存仅五十余篇，然皆非壮年所作也。十朋近编成一集，其余一联半句，皆不忍弃之，并录于后。其集俟求知音者序之，以为家藏，子孙当永传之，谨勿失也。"② 王十朋父亲喜爱作诗，却少有存诗留传，王十朋多方搜集编成一集，作为家族文化和文学的象征，由此王十朋教育子孙后代要永远保存先人作品，不得有所散佚。

家训对文学思想和文学创作观念也有所教化，体现了家训教化者注重对家族子孙的文学教育。具体而言，主要包括以下四个方面：

其一，重视文学的创新性。创新是文学的生命，家训对文学的

---

① 参见徐雁平《清代文学世家的家族信念与发展内力》，《苏州大学学报》2012 年第 4 期。

② 王十朋：《王十朋全集·辑佚》（修订本），第 1050—1051 页。

教育首先是反对蹈袭模拟，强调创新的重要性。如《庭帏杂录》曰："作文、句法、字法，要当皆有源流，诚不可不熟玩古书，然不可蹈袭，亦不可刻意摹拟，须要说理精到，有千古不可磨灭之见，亦须有关风化，不为徒作，乃可言文。若规规摹拟，则自家生意索然矣。"又曰："余幼学作文，父书八戒于稿簿之前，曰：毋剿袭，毋雷同，毋以浅见而窥，毋以满志而发，毋以作文之心而妄想俗事，毋以鄙秽之念而轻测真诠，毋自是而恶人言，毋倦勤而怠己力。"① 袁氏《庭帏杂录》认为作文不可蹈袭，不可刻意摹拟，不可雷同，而要有自己独到的见解。又如袁枚《再示儿》："山上栽花水养鱼，卅年沈约赋郊居。书经动笔裁提要，诗怕随人拾唾余。三代文章无考据，一家人事有乘除。"② 袁枚教化儿子作诗要有独创性，认为诗怕拾人唾余，从而失去创新性。再如查揆《说诗示儿同》曰："诗于天地间，酝酿无不有。天地不自言，忽然脱吾口。雄声奋风雷，雌声掷瓦缶。下至野千鸣，上拟狮子吼。洪纤各异响，雷同转无取。往者东家妇，端正唯鼻丑。试与邻女易，圆玉截无垢。美则信美矣，安著各不受。徒使大痛苦，重为妇所诟。但当率胸臆，于以罄抱负。无为见异迁，幸勿逐臭走。"③ 查揆也认为诗歌应该发出自己的心声，如世界万物一样，洪纤各有异响，否则则是雷同无取；也正如各人相貌一样，要有自己的个性特点，如果光模仿他人，不但自己痛苦难受，也会被他人所诟病。

---

① 《丛书集成初编》第 975 册，第 4、14 页。
② 袁枚：《小仓山房诗集》卷三六，王英志校点《袁枚全集》第 1 册，第 901 页。
③ 查揆：《篔谷诗钞》卷一九，《清代诗文集汇编》第 497 册，第 365 页。

其二，宣扬文学的载道性。文以载道，诗道性情，是家训对文学功能的重要教化。如《庭帏杂录》曰："诗文有主有从，文以载道，诗以道性情。道即性情，所谓主也。其文词，从也，但使主人尊重，即无仆从可以遗世独立，而蕴藉有余。今之作文者，类有从无主，鏧悦徒饰，而实意索然，文果如斯而已哉？"① 诗文有主有从，内容是主，文词是从，而诗文内容是载道和道性情。又如汪辉祖《双节堂庸训》曰：

> 文以载道，表章忠孝，维持纲纪，尚已。降而托于寓言，比兴诙谐，犹之可也。至秽词亵语，下笔时心已不正，阅者神识昏摇，必有因而躐行者。他人之孽，皆吾所造。人谪鬼祸，忏悔无期。自来文人多悲薄命，未必不由于此。②

汪辉祖也主张文以载道的观念，认为文章应该起到表彰忠孝、维持纲纪的作用，因此文章内容不应有秽词亵语。同时，汪辉祖还认为文章不应有涉刺诽之语。《双节堂庸训》曰："言为心声，先贵立诚。无论作何文字，总不可无忠孝之念。涉笔游戏已伤大雅，若意存刺诽，则天谴人祸未有不相随属者。'言者无罪，闻者足戒。'古人虽有此语，却不可援以为法。凡触讳之字，讽时之语，临文时切须检点。读乌台诗案，坡公非遇神宗，安能曲望矜全。盖唐宋风气不同，使杜少陵、李义山辈，遇邢、章诸人，得不死文字间乎？士

---

① 《丛书集成初编》第 975 册，第 14 页。
② 汪辉祖：《双节堂庸训》，第 160 页。

君子守身如执玉，慎不必以文字乐祸。"① 汪辉祖以苏轼乌台诗案为例，指出诗歌不能意存刺诽，否则即会遭到天谴人祸。

其三，主张各擅其能其体。不同的人有不同的能力，不同的文体有不同文学功能和写作特点，因此文学创作应各擅其能，各擅其体。如焦循《里堂家训》曰：

> 天下之道同归而殊途，一致而百虑，一人有一人之能，不得以己之能，傲人之不能也，一事有一事之体，不得以此之体，混彼之体也。以学问言之，经自不同于史，史自不同于子，子史又自不同于诗赋；以经而论，《易》自不同于《诗》，《诗》自不同于《礼》，《礼》自不同于《春秋》，以文章而论，序自不同于传，传自不同于记，书牍笺奏自不同于骚赋；以诗而论，诗自不同于词，词自不同于曲，七言自不同于五言，小令自不同于长调；以书法而论，八分篆隶自不同于真草。凡事无不然，唯一事各还一事之体，缘其体而精之。不妨一人专精一事，养由基之射，王良之御，田何之经，司马子长之史，相如之赋，是也。以一人兼之，亦必各如其体而不相杂，乃为真博真通。近之学者，诡号穷经，执许叔重之胜句，拾郑康成之残唾，于是诗古文词无不以为缘饰，甚至杂取子史不切语羼入。时文鹑结百衲，充为藻衮，于时文之体既叛，而经史子集之部亦各失所归。譬如礼部之卿越俎论邢太学之职，逾阶计赋将军，参州县之政学，臣争盐筴之司。耳目手足同一气脉，而所司各别。

---

① 汪辉祖：《双节堂庸训》，第158页。

设髯生鼻上，瞳长握中，有如柳上开莲，荻枝结杏，有不以为
妖怪者乎？吾愿为学者勿为异端作文者，莫染妖乱。至切
至切。①

"道同归而途殊，一致而百虑"，因人不同，因文体不同，一人当专
精一事一体；如一人兼各体，亦必各如其体而不使各体杂混，此乃
真博真通，为真通人。由此，焦循反对时人不专精一事，却混杂各
体，其结果是不伦不类，犹如柳上开莲、荻枝结杏。

焦循特别指出文和诗两种文体创作有不同的要求。《里堂家训》
曰："不学则文无本，不文则学不宣。余二十三岁读三苏文，即解为
论序，见东坡文、范增晁错诸论，思拟而效，苦于不谙史事，乃阅
《汉书》《三国志》，递及《南北史》《唐书》《五代史记》又思不明
地理，何以作《水经序》；不通天文术算，何从作李淳风一行。论文
之有序也，必提挈一书之精要，而标举之序。经学书，必明于经序；
史学书，必明于史一切。阴阳天地医卜农桑，不少窥其疆域，而微
得其奥窔。何以各还其本末。文之有传、赞、墓、表、碑志也，必
形容一人之面目而彰显之。为经学之人立传，必道其得经之力者何
在；为文艺之人作铭，必述其成家之派何在；其人功在治平，必有
以暴其立政之心；其人学专理道，必有以核其传业之确。故非博通
经史四部，遍览九流百家，未易言文。吾生平无物不习，非务杂也，
实为属文起见。若徒讲关键之法，佝口于起伏钩勒字句之间，以公
家泛应之辞，自诩作者，如是为文，何取于文耶？吾尝见为人作传

---

① 《丛书集成续编》（台版）第 60 册，第 672—673 页。

志者，九九未娴，便称善历人，仅学究，辄拟程朱许以通经，而莫征所得，但调平侧，乃曰诗人。真赝不辨是非混淆如是，为文不亦鄙乎？故属文不难得乎，属文之本为难。慎之，慎之。"① 焦循认为学养是文章的根本，文章是学养的传播手段，因此作文者必须有足够的学养和文化知识，非博通经史四部，遍览九流百家，未可轻易言文。此是对文章创作的相关要求。

《里堂家训》还提出诗歌创作的条件。其曰："诗之难，同于文，而其体则异。眼前之景，意中之情，以声韵形容之，遂若人人所不能道，而实人人所共知。吾不计其为《三百篇》，为汉魏，为六朝，为初盛中晚，为西昆，为江西，为四灵，为七子，为袁中郎，为钟伯敬，为阮亭，为竹垞，为沈归愚，为近时之随园，唯本其志，以为诗不剿袭，不堆垛，皆可以陈风而论世。若无性情，无景物，徒以交游声气，供其诶谰为攀附之缘，吾无取乎尔也。诗变而为骚赋，为四六骈体，为词曲，大抵皆不可质言，而永言之，使人得于笔墨之外也。为四六者，好用冷僻故事，新异字句，往往见之，不解何谓及，一一考注明白，而其意又索然无理，是真天下之废文，吾不愿子弟习之。"② 焦循认为诗歌创作又不同于文章，诗歌创作不但要有创新，还必须有真性情，做到人人所不能道，而实人人所共知。

陆游也对诗歌创作进行了教化。其《示子聿》曰："诗为六艺一，岂用资狡狯？汝果欲学诗，工夫在诗外。"③ 陆游教化儿子作诗

---

① 《丛书集成续编》（台版）第 60 册，第 673—674 页。
② 同上书，第 674 页。
③ 王晓祥：《陆游示儿诗选》，第 133 页。

不能以儿戏待之，并且应在诗外的生活中多下功夫。《冬夜读书示子聿》则具体教导儿子深入生活的重要性，诗曰："古人学问无遗力，少壮工夫老始成。纸上得来终觉浅，绝知此事要躬行。"① 书本上的知识终究是浅薄的，只有经过亲身的实践才能真正成为自己的东西，只有这样才能创作出好的诗歌作品。

其四，重视时文创作教化。家训注重时文创作的教化，是因为家族的兴旺发达离不开科举的必经之路，而科举必须创作时文。如唐文献《家训》认为作文须勤练勤改，其曰：

> 所愿汝辈尽祛俗累，凡一毫米盐委琐，及求田问舍之事，一切屏绝。眠思梦想只在读书上，如此三年而不中，则我未之信也。文字须多做，以明年为始，一年须作经书文三百余篇，后年亦如之，只是三六九更不废缺一次，则文字自然多矣。至第三年，则止可作一百五十篇。但不可苟且塞责，亦不得自作稿，令人抄誊。作文全在自誊自改，改之得力，远胜干于作。我甲申年，在白氏馆中，全得此力，有一题之而誊至三四通者。近来膏粱子弟都是写一稿，令人誊真，此最恶习也。四书本经，必须一年细看一遍。粗疏之人，但以为经书无甚解不出者，何必又看？若肯细看，其中自有意味。一题到手，其中脉络意旨，自然分明。若不看书之人，题道茫然，而后悔其平日之不看，则已晚矣。②

---

① 王晓祥：《陆游示儿诗选》，第 77 页。
② 唐文献：《唐文恪公文集》卷一六，《四库存目丛书·集部》第 170 册，第 628 页。

唐文献认为连续三年持之以恒地勤练作文，然后尚须勤修改，自誊自改几通之后，作文能力必然会有所提高，从而掌握时文的撰写方法。

焦循《里堂家训》则认为时文有时文之绳尺，其曰："时文自有时文之绳尺，不可入于卑俗，尤不可入于孤高，不可入于拙滞，尤不可入于放纵。"①

同时，时文与古文也有很大的差异。焦循《里堂家训》曰：

> 时文之法与古文异，古文不必如题，时文必如题也。其原盖出于唐人之应试诗赋。然应试诗赋，虽必如题，不过实赋其事。而止无所为，虚实偏全之辨也。即无所为，连上犯下之病也，亦即无所谓钩勒纵送之法也。时文之题，出于四书，分合裁割，千变万化，工于此技者，亦千变万化以应之不失铢分，非童而习之，未有能精者也。是故其考核典礼似于说经，拘于说经者不知也；议论得失似于谈史，侈于谈史者不知也；骈俪撴拾似于六朝专学，六朝者不知也；关键起伏似于欧苏古文，模于欧苏古文者不知也；探赜索隐似于九流诸子严气正论，似于宋元人语录而矢心庄老役志程朱又复不知也。其法全视乎题，题有虚实两端，实则以理为法必能达不易达之理，虚则以神为法必能著不易传之神。极题之枯寂险阻虚歉不完，而穷思渺虑如飞车于蚕丛鸟道中。鬼手脱命，争于织豪，左右驰骋，而无有失。至于御宽平而有奥思，处恒庸而生危论。聚之则名理集

---

① 《丛书集成续编》（台版）第60册，第660页。

于腕下，警语出于行间，别置一处不可为典要者，时文之体也。①

时文必须"如题"作文，即按照题目要求陈述文章内容，而时文题目又出自四书，因此作文内容须紧扣经史内容，但又不能拘于经史文本，做虚实结合。

除了诗文、时文外，家训对于小说戏曲之类的通俗文学往往持反对态度，特别涉及戏谑淫亵之词的小说戏曲，家训教化者一般强烈要求禁毁之。如叶梦得《石林家训》曰："士大夫作小说杂记，所闻见以为游戏，而或者暴人之短，私为喜怒，此何理哉。世传《碧云骃》一卷，为梅圣俞所作，历诋庆历以来公卿隐过，虽范文正公亦不免。议者遂谓圣俞游诸公之间，官竟不达，怼而为此以报之。君子成人之美，正使万一不至，犹当为贤者讳，况未必有实。圣俞贤者，岂至是哉。后闻乃襄阳魏泰所为托之圣俞也。岂特累诸公，又将以诬圣俞也。欧阳文忠公《归田录》自言以唐李肇为法而少异者，不记人之过恶。君子之用心当如此，云汝等当谨守，勿以我言为泛言也。"②叶梦得认为君子当成人之美，为贤者讳，以小说杂记为游戏之文来曝人之短，诋人之过，实为君子所耻，因此训诫其子孙后代当禁作小说杂记。禁演戏剧的家训教化，如许相卿《许云邨贻谋》曰："歌舞俳优，鹰犬虫豸（鹦鹉、鹌鸽、斗鸡、促织之类），剧戏烟火，一切禁绝。虽悦宾怡老娱病，亦永勿用，以杜赌

---

① 《丛书集成续编》（台版）第60册，第675—676页。
② 同上书，第490—491页。

博、奸盗、争讼、焚荡之隙，且防小子眩惑耳目，蛊荡志习，荒废学业。后患犹未易殚言。"① 又如姚舜牧《药言》曰："凡燕会期于成礼，切不可搬演戏剧，诲盗启淫，皆由于此，慎防之守之。"② 戏剧虽有娱乐作用且深受大众欢迎，但许相卿和姚舜牧等人都倡导严禁演唱，认为这容易诲盗启淫，影响家风和世风。而对于那些涉戏谑淫亵之语的书籍更是被要求焚毁。如郑太和《郑氏规范》曰："子孙不得目观非礼之书，其涉戏谑淫亵之语者，即焚毁之，妖幻符咒之属并同。"③

综上所述，家训的文学教育重在诗文和时文，而反对小说、戏曲等通俗文学，其教化的目的很大程度上是出于修身养性和传家兴家的经世致用之目的。也正由于此，传统家训中有关文学教育的文本并不是十分丰富，对于文学思想观念的教化内容也有较大的局限性。

---

① 《丛书集成初编》第 975 册，第 11 页。
② 同上书，第 976 册，第 7 页。
③ 同上书，第 975 册，第 13 页。

参考文献

古籍、专著

王利器：《颜氏家训集解》（增补本），中华书局 1993 年版。

徐少锦等主编：《中国历代家训大全》，中国广播电视出版社 1993 年版。

包东波选编：《中国历代名人家训精粹》，安徽文艺出版社 2010 年版。

陈君慧编：《中华家训大全》，北方文艺出版社 2014 年版。

赵忠心编：《中国家训名篇》，湖北教育出版社 1997 年版。

张艳国编：《家训辑览》，武汉大学出版社 2007 年版。

夏家善主编：《名臣家训》，天津古籍出版社 1997 年版。

张英、张廷玉著，江小角、陈玉莲点注：《聪训斋语：父子宰相家训》，安徽大学出版社 2013 年版。

朱熹：《家礼》，《朱子全书》（修订本）（第 7 册），上海古籍出版社、安徽教育出版社 2010 年版。

吕祖谦：《家范》，黄灵庚、吴战垒主编：《吕祖谦全集》第 1 册，浙江古籍出版社 2008 年版。

袁采：《袁氏世范》，天津古籍出版社 1995 年版。

汪辉祖：《双节堂庸训》，天津古籍出版社 1995 年版。

石成金编著，李惠德校点：《传家宝全集》，中州古籍出版社 2000 年版。

王晓祥：《陆游示儿诗选》，南京大学出版社 1988 年版。

赵振：《中国历代家训文献叙录》，齐鲁书社 2014 年版。

冯班：《钝吟杂录》，中华书局 2013 年版。

项乔撰，方长山、魏得良点校：《项乔集》，上海社会科学院出版社 2006 年版。

方孝孺著，徐光大校点：《逊志斋集》卷一，宁波出版社 1996 年版。

费成康主编：《中国的家法族规》，上海社会科学院出版社 1998 年版。

徐少锦、陈延斌：《中国家训史》，陕西人民出版社 2003 年版。

王长金：《传统家训思想通论》，吉林人民出版社 2006 年版。

朱明勋：《中国家训史论稿》，巴蜀书社 2008 年版。

赵振：《中国历代家训文献叙录》，齐鲁书社 2014 年版。

［日］吾妻重二著，吴震编：《朱熹〈家礼〉实证研究》，华东师范大学出版社 2012 年版。

［日］多贺秋五郎：《宗谱研究·资料篇》，《东洋文库论丛》（第四十五），1960 年。

陈寿灿、杨云等：《以德齐家：浙江家风家训研究》，浙江工商大学出版社 2015 年版。

毛策：《孝义传家：浦江郑氏家族研究》，浙江大学出版社 2009
年版。

冯尔康等：《中国宗族史》，上海人民出版社 2009 年版。

徐扬杰：《中国家族制度史》，人民出版社 1992 年版。

张国刚主编：《中国家庭史》，广东人民出版社 2007 年版。

马镛：《中国家庭教育史》，湖南教育出版社 1997 年版。

刘海峰、李兵：《中国科举史》，东方出版中心 2004 年版。

刘虹：《中国选士制度史》，湖南教育出版社 1992 年版。

学位论文

曾永胜：《〈颜氏家训〉思想研究》，硕士学位论文，湖南师范
大学，2001 年。

李俊：《宋代家训中的经济观念》，硕士学位论文，河北师范大
学，2002 年。

朱明勋：《中国传统家训研究》，博士学位论文，四川大学，
2004 年。

闫续瑞：《汉唐之际帝王、士大夫家训研究》，博士学位论文，
南京师范大学，2004 年。

陈志勇：《唐代家训研究》，博士学位论文，福建师范大学，
2004 年。

洪彩华：《试论我国古代家训在现代家庭道德建设中的价值》，
硕士学位论文，湖南师范大学，2004 年。

卢万成：《〈颜氏家训〉家庭思想教育研究及对当代启示》，硕

士学位论文，首都师范大学，2005 年。

邱慧蕾：《〈颜氏家训〉中的人物论》，硕士学位论文，上海师范大学，2005 年。

韩敬梓：《〈颜氏家训〉的家庭教育思想研究》，硕士学位论文，兰州大学，2006 年。

孙琦：《〈颜氏家训〉连词研究》，硕士学位论文，辽宁师范大学，2006 年。

杨海帆：《〈颜氏家训〉文学思想研究》，硕士学位论文，河北大学，2006 年。

邱峰：《〈颜氏家训〉反义词研究》，硕士学位论文，曲阜师范大学，2006 年。

张玉清：《我国古代家训与现代启示》，硕士学位论文，华中师范大学，2006 年。

杨华：《论宋朝家训》，硕士学位论文，西北师范大学，2006 年。

程时用：《〈颜氏家训〉研究》，硕士学位论文，暨南大学，2007 年。

刘俊：《〈颜氏家训〉核心词研究》，硕士学位论文，华中科技大学，2007 年。

陈志勇：《唐宋家训研究》，博士学位论文，福建师范大学，2007 年。

王瑜：《明清士绅家训研究（1368—1840）》，博士学位论文，华中师范大学，2007 年。

陈黎明：《论宋朝家训及其教化教色》，硕士学位论文，华中师范大学，2007年。

　　李春芳：《〈颜氏家训〉中的家庭教育思想研究》，硕士学位论文，山东师范大学，2007年。

　　谢金颖：《明清家训及其价值取向研究》，硕士学位论文，东北师范大学，2007年。

　　许晓静：《由〈颜氏家训〉看南北朝社会》，硕士学位论文，山西大学，2007年。

　　李晓玲：《〈颜氏家训〉复音词研究》硕士学位论文，辽宁师范大学，2007年。

　　许静：《〈颜氏家训〉研究》，硕士学位论文，聊城大学，2007年。

　　钱海峰：《〈颜氏家训〉名词研究》，硕士学位论文，扬州大学，2007年。

　　续晓琼：《颜之推研究——从〈颜氏家训〉探讨颜之推的内心世界》，硕士学位论文，山东大学，2007年。

　　杨琦：《中国传统家训的系谱学研究》，硕士学位论文，首都师范大学，2007年。

　　于茹：《〈颜氏家训〉语文学习思想研究》，硕士学位论文，吉林大学，2007年。

　　强大：《〈颜氏家训〉初探》，硕士学位论文，东北师范大学，2007年。

　　刘凡羽：《论〈颜氏家训〉的内容与文体风格》，硕士学位论文，东北师范大学，2007年。

姚社:《宋代家训中的妇女观研究》，硕士学位论文，华中师范大学，2008 年。

付元琼:《汉代家训研究》，硕士学位论文，广西师范大学，2008 年。

程尊梅:《〈颜氏家训〉家庭伦理思想及其现代价值》，硕士学位论文，广西师范大学，2008 年。

杨伟波:《传统家训伦理教育思想探析》，硕士学位论文，长沙理工大学，2008 年。

邵明娟:《〈颜氏家训〉中的家庭道德教育思想研究》，硕士学位论文，首都师范大学，2008 年。

周文佳:《从家训看唐宋时期士大夫家庭的治家方式》，硕士学位论文，河北师范大学，2008 年。

汪甜:《〈颜氏家训〉和传统人文教化》，硕士学位论文，东北师范大学，2008 年。

张然:《明代家训中的经济观念研究》，硕士学位论文，华中师范大学，2008 年。

闫晶淼:《〈颜氏家训〉句法研究》，硕士学位论文，南京师范大学，2008 年。

安颖侠:《汉代家训研究》，硕士学位论文，河北师范大学，2008 年。

刘艳:《〈颜氏家训〉复句研究》，硕士学位论文，新疆师范大学，2008 年。

杨夕:《刘清之及其〈戒子通录〉研究》，硕士学位论文，南京师范大学，2008 年。

冯志珣：《司马光〈家范〉研究》，硕士学位论文，陕西师范大学，2008 年。

张敏：《我国古代家训中的家庭教育思想初探》，硕士学位论文，华东师范大学，2009 年。

徐媛：《〈颜氏家训〉教育思想研究》，硕士学位论文，华中师范大学，2009 年。

赵金龙：《明清家训中的经济观念》，硕士学位论文，山东师范大学，2009 年。

李兰兰：《〈颜氏家训〉单音节动词同义词研究》，硕士学位论文，新疆大学，2009 年。

李光杰：《唐代家训文献研究》，硕士学位论文，吉林大学，2009 年。

田雪：《乱世沉浮中的挣扎——从〈颜氏家训〉看颜之推文化心理之矛盾性》，硕士学位论文，河北师范大学，2009 年。

张茗茗：《〈颜氏家训〉同义词研究》，硕士学位论文，新疆师范大学，2009 年。

吴小英：《宋代家训研究》，硕士学位论文，福建师范大学，2009 年。

张锐：《〈颜氏家训〉联合式复合词研究》，硕士学位论文，西南大学，2009 年。

孙丽萍：《〈颜氏家训〉文献学成就及思想研究》，硕士学位论文，西北大学，2009 年。

孙永贺：《传统家训文化中优秀德育思想的现代转换》，硕士学位论文，哈尔滨工程大学，2009 年。

于蕾：《屯堡家庭教育中家训的价值分析》，硕士学位论文，西南大学，2009 年。

刘社锋：《儒家价值体系及其具体化研究——兼论〈颜氏家训〉的个体品德培育》，硕士学位论文，西北师范大学，2009 年。

李健：《哲学视域中的〈颜氏家训〉研究》，硕士学位论文，湘潭大学，2009 年。

刘欣：《宋代家训研究》，博士学位论文，云南大学，2010 年。

刘莹：《〈颜氏家训〉的教育思想及对现代语文教学的启示》，硕士学位论文，东北师范大学，2010 年。

柏艳：《魏晋南北朝家训研究》，硕士学位论文，湖南师范大学，2010 年。

刘晓丹：《明清家训家规文化及其对现代家庭教育的影响》，硕士学位论文，哈尔滨工程大学，2010 年。

陈天旻：《〈颜氏家训〉与颜氏家族文化研究》，硕士学位论文，江南大学，2010 年。

周海宁：《儒家文化对朝鲜时代家训的影响》，硕士学位论文，上海师范大学，2010 年。

王艳辉：《〈颜氏家训〉家庭伦理思想与现代价值研究》，硕士学位论文，黑龙江大学，2010 年。

苏亚图：《唐代士族家训探析》，硕士学位论文，曲阜师范大学，2010 年。

吴祖宏：《宋代家训与社会秩序的关系研究》，硕士学位论文，安徽大学，2010 年。

苏方：《〈颜氏家训〉及其伦理内涵初探》，硕士学位论文，上海师范大学，2010 年。

荣亮：《〈颜氏家训〉时间副词研究》，硕士学位论文，陕西师范大学，2010 年。

单金枝：《〈颜氏家训〉写作理论研究》，硕士学位论文，长春理工大学，2010 年。

岳丽丽：《我国传统家训蕴意及其现代伦理价值》，硕士学位论文，长春理工大学，2010 年。

刘敏：《家国之间——从家训、义庄和乡约现象看宋代士大夫的精神世界》，硕士学位论文，河北师范大学，2010 年。

周庆许：《〈双节堂庸训〉主体思想研究》，硕士学位论文，青岛大学，2010 年。

袁时萍：《〈颜氏家训〉家庭伦理思想及现代启迪》，硕士学位论文，西南大学，2011 年。

梁加花：《魏晋南北朝家训研究》，硕士学位论文，南京师范大学，2011 年。

李妹：《中国传统家训中的学前儿童教育思想研究》，硕士学位论文，山东师范大学，2011 年。

李红敏：《中国传统家训探析》，硕士学位论文，曲阜师范大学，2011 年。

高著军：《宋代家训类著述考述》，硕士学位论文，曲阜师范大学，2011 年。

李洁琼：《〈颜氏家训〉与曾国藩家教伦理思想比较研究》，硕士学位论文，湖南工业大学，2011 年。

郝玲：《〈颜氏家训〉虚词研究》，硕士学位论文，内蒙古师范大学，2011 年。

冯诚诚：《明清家训历史教育研究》，硕士学位论文，曲阜师范大学，2011 年。

张赟：《家训与宋代伦理生活——以司马光〈家范〉为例》，硕士学位论文，华东师范大学，2011 年。

姚迪辉：《宋代家训伦理思想研究》，硕士学位论文，湖南工业大学，2011 年。

梁素丽：《宋代女性家庭地位研究——以家训为中心》，硕士学位论文，辽宁大学，2012 年。

李敏：《〈颜氏家训〉中的儿童道德教育思想简论》，硕士学位论文，苏州大学，2012 年。

邓英英：《魏晋南北朝家训研究》，硕士学位论文，延安大学，2012 年。

姜卫星：《传统家训伦理思想研究》，硕士学位论文，南京师范大学，2012 年。

温超：《〈颜氏家训〉文体写作观念研究——兼论语文课程中的教学文体》，硕士学位论文，天津师范大学，2012 年。

冯瑶：《两宋时期家训演变探析》，硕士学位论文，辽宁大学，2012 年。

马志东：《〈朱子家训〉与大学道德素质研究》，硕士学位论文，河北工业大学，2012年。

尹海青：《颜之推文学研究——以〈颜氏家训〉为中心》，硕士学位论文，辽宁师范大学，2012年。

杨琳：《安徽桐城父子宰相家训思想研究》，硕士学位论文，安徽财经大学，2012年。

蒋黎茉：《袁采与〈袁氏世范〉研究》，硕士学位论文，东北师范大学，2012年。

董菁：《〈袁氏世范〉家庭德育内容探析》，硕士学位论文，山西师范大学，2012年。

韩安顺：《〈袁氏世范〉主体思想研究》，硕士学位论文，青岛大学，2012年。

封娟：《〈袁氏世范〉家庭伦理思想研究》，硕士学位论文，河北师范大学，2012年。

袁天芬：《宋代亲子诗研究》，硕士学位论文，西南大学，2012年。

张洁：《明清家训研究》，硕士学位论文，陕西师范大学，2013年。

李丽博：《〈朱子家训〉的伦理意蕴》，硕士学位论文，河南大学，2013年。

张静：《先秦两汉家训研究》，硕士学位论文，郑州大学，2013年。

钱娇：《试论宋代家训对我国现代家庭教育的启示——基于教育

社会学的视角》，硕士学位论文，重庆师范大学，2013年。

李莹：《中国古代家训的现代德育功能研究》，硕士学位论文，景德镇陶瓷学院，2013年。

申改敏：《中日两国古代家训的比较研究》，硕士学位论文，陕西师范大学，2013年。

王健：《传统家训文化对大学生健全人格培养的作用研究》，硕士学位论文，太原理工大学，2013年。

尹艳：《传统家训在现代家庭伦理教育中的价值》，硕士学位论文，重庆师范大学，2013年。

田雪：《〈颜氏家训〉中的士族文化研究》，博士学位论文，河北师范大学，2013年。

魏雪玲：《传统家训文化中的德育思想研究》，硕士学位论文，重庆师范大学，2013年。

舒连会：《唐代家训诗考述》，硕士学位论文，南京师范大学，2013年。

邵尉：《中国传统家训促进儿童道德发展问题研究》，硕士学位论文，哈尔滨理工大学，2013年。

范岚：《〈颜氏家训〉学习策略研究》，硕士学位论文，中南大学，2013年。

易金丰：《宋代士大夫的治生之学与消费伦理——以宋代家训为中心》，硕士学位论文，河北大学，2013年。

吴桂真：《〈戒子通录〉与刘清之教育思想研究》，硕士学位论文，华中科技大学，2013年。

王文娟：《二十世纪以来〈颜氏家训〉研究综述》，硕士学位论文，东北师范大学，2014年。

罗乐：《〈颜氏家训〉家庭美德思想及其价值》，硕士学位论文，南华大学，2014年。

朱文彬：《中国传统家训对当代道德教育的启示》，硕士学位论文，齐齐哈尔大学，2014年。

王莉：《明清苏州家训研究》，硕士学位论文，苏州大学，2014年。

汪俐：《〈颜氏家训〉与儒学社会化》，硕士学位论文，湖南大学，2014年。

李佳佳：《满族谱牒中的家训研究》，硕士学位论文，吉林师范大学，2014年。

刘竟成：《〈颜氏家训集解〉商补》，硕士学位论文，浙江大学，2014年。

谭荣：《〈了凡四训〉伦理思想研究》，硕士学位论文，西南大学，2014年。

刘迪：《古代家训的现代家庭教育价值研究——以〈颜氏家训〉〈曾文正公家训〉为例》，硕士学位论文，哈尔滨师范大学，2015年。

樊虹：《我国传统家训蕴意及其现代文化价值》，硕士学位论文，河北经贸大学，2015年。

刘鹏：《传统家训对初中生家庭教育的价值研究》，硕士学位论文，山东师范大学，2015年。

郑秀花：《中国传统家训家规词频分析》，硕士学位论文，黑龙江大学，2015 年。

钟华君：《清末民初徽州宗族家训及其传承研究》，硕士学位论文，安徽大学，2015 年。

刘江山：《宋代家训研究》，硕士学位论文，青海师范大学，2015 年。

王佳伟：《魏晋南北朝家训对语文教育的启示》，硕士学位论文，南京师范大学，2015 年。

郝嘉乐：《东汉家训研究》，硕士学位论文，安徽大学，2015 年。

刘杰：《〈颜氏家训〉与〈袁氏世范〉家庭教育思想比较研究》，硕士学位论文，东北师范大学，2015 年。

焦唤芝：《〈袁氏世范〉家庭伦理思想及其现代价值》，硕士学位论文，南京大学，2015 年。

张晨晨：《传统家训在当代大学生社会主义核心价值观教育中的应用研究——以个人层面为例》，硕士学位论文，北京林业大学，2016 年。

陈娟：《论〈颜氏家训〉在当代社会转型期家庭教育中的运用》，硕士学位论文，苏州大学，2016 年。

周姗姗：《〈颜氏家训〉的文字学研究》，硕士学位论文，山东大学，2016 年。

刘程：《朱柏庐〈治家格言〉的伦理思想研究》，硕士学位论文，湖南师范大学，2016 年。

期刊论文

谭家健：《试谈颜之推和〈颜氏家训〉》，《徐州师范学院学报》1982 年第 3 期。

段文阁：《〈颜氏家训〉中的家庭道德思想初探》，《长沙水电师院学报》1989 年第 2 期。

徐少锦：《试论中国历代家训的特点》，《道德与文明》1992 年第 3 期。

马玉山：《"家训""家诫"的盛行与儒学的普及传播》，《孔子研究》1993 年第 4 期。

张艳国：《简论中国传统家训的文化学意义》，《中州学刊》1994 年第 4 期。

徐秀丽：《中国古代家训通论》，《学术月刊》1995 年第 7 期。

陈延斌：《中国古代家训论要》，《徐州师范学院学报》1995 年第 5 期。

吴传清：《中国传统家训文化视野中的治生之学——立足于封建士大夫家训文献的考察》，《中南民族大学学报》2000 年第 1 期。

刘剑康：《论中国家训的起源——兼论儒学与传统家训的关系》，《求索》2000 年第 2 期。

林庆：《家训的起源和功能——兼论家训对中国传统政治文化的影响》，《云南民族大学学报》2004 年第 3 期。

杨华星：《从家训看中国传统家庭经济观念的演变——以宋代社会为中心的分析》，《思想战线》2006 年第 4 期。

曾礼军：《江南望族家训：家族教化与地域涵化》，《中国社会科学报》2012 年 1 月 13 日第 5 版。

曾礼军：《清代女性戒子诗的母教特征与文学意义》，《文学遗产》2015 年第 2 期。

后　记

　　本书是浙江省社会科学规划项目"江南望族家训研究"的最终成果。该课题早在 2010 年年底立项，由于手头工作较为繁忙，直到最近才抽出完整时间，集中精力完成该课题。在此之前，该课题的研究时断时续，但前期工作下过不少功夫，搜集了大量江南区域的家训文献，整理出约 80 万字的江南家训汇编，希望今后能有时间做一笺解，供同人共享。

　　21 世纪以来，家训研究受到了颇高的关注，特别是当下社会倡导良好的家风、家训，更是引起了人们对中国传统家训的重新解读和研究，这既有出于倡导良好社会风气的需要，也有出于学术研究的目的。因此，家训研究实际上是一个兼有学术探索与社会服务的重要课题，本人在学术研究过程中也曾为服务地方社会做过一点贡献。

　　本人从事该课题研究完全是出于偶然的机缘，且是跨学科研究，虽然力求在前贤时哲研究的基础上开拓新意和新境，但囿于学力和能力，仍有诸多的欠缺和不如意的地方，祈请学界同人给予包涵和指教！

　　最后需特别指出，传统家训精华与糟粕并存，今天重读这些家训，要注意扬其精华，去其糟粕，切不可盲目"复古"，亦不可肆意"批古"！这样，才能真正使传统文化得以复兴和发扬光大！

曾礼军

于婺城柳湖静闲亭

2017 年 1 月 12 日